魚類発生学の基礎

大久保範聡・吉崎悟朗・越田澄人 編

恒星社厚生閣

まえがき

　本書は，魚類の発生学に関する基礎的な知見をまとめた教科書である．発生学の教科書はすでにいくつも刊行されているが，魚類での知見に主軸を置いたものは本書がはじめてであろう．主として，魚類を扱う水産系などの学部や学科に所属する大学生を対象としており，魚類の発生学を学ぶために，高校生物の教科書の次に手に取るものという位置付けの教科書である．魚類の発生学に関する大学の講義で教科書として利用する，あるいは，魚類の発生学を独学で学んでみたい（あるいは学ぶ必要に迫られた）大学生が最初に手に取る教科書として利用することを想定した．そのため，発生学に関する特殊な予備知識がなくとも理解できるように，できる限り易しく記述することを心掛けて執筆・編集したつもりである（高校生物レベルの知識は前提としたが）．

　本書が取り扱う内容は，受精・卵割から初期の胚発生，体軸や体節の形成，中胚葉や神経系の誘導，各種器官の形成という発生学の教科書としてはオーソドックスなものだが，記述の中心は魚類での知見である．また，魚類の発生学は純学問としての発生学という側面だけでなく，水産学的な側面（水産業に対する実学的な側面）もあわせもつことを考慮し，発生学における実験技術や発生工学についても紹介することとした．

　ただ，魚類に焦点を当てた教科書とはいえ，他の動物種についての記述も，ところどころに敢えて盛り込んだ．発生のパターンには動物種間で異なっている部分も多く見られる．魚類のみで見られる発生のパターンも存在する．そのような発生パターンについて魚類の知見だけを紹介したのでは，魚類の特徴・特殊性を理解できない．また，本書で紹介した全ての記述が他の動物種にもそのまま当てはまると誤解されてしまうかもしれない．そのような考えから，魚類以外の動物種の知見にも触れ，動物全体の中で魚類の位置付けを明確にした上で，魚類の記述を進めていくこととした．

　学生の中には，発生学を難しい科目であると感じる者も少なくないようである．暗号のような遺伝子名や，馴染みのない難解そうな分子・細胞の相互作用の記述に取っつきにくさを感じるのだろう．そうして遺伝子や細胞レベルの話につまずき，発生学の原点とも言える形態形成の不思議さ，美しさ，ダイナミックさを味わえなくなってしまうのは，実に惜しいことである．本書ではそのような学生が多いことを認識し，できる限り易しく，かつ，遺伝子・分子から個体レベルまで体系的に記述することとした．本書が魚類の発生学を学ぼうとしている皆さんの理解を深め，皆さんの知的好奇心を少しでも刺激することができれば幸いである．

　最後に，本書の完成を辛抱強く支えてくださった恒星社厚生閣の小浴正博氏に，この場を借りて感謝を申し上げる．

　　2018年7月

編者一同

執筆者紹介 (50音順)　　　　　*は編者

荒井克俊	1954年生，北海道大学大学院水産学研究科（博士課程中退）水産学・博士．現在，北海道大学高等教育推進機構特任教授．第4章．
磯貝純夫	1950年生，日本大学農獣医学部水産学科修了．医学・博士．岩手医科大学医学部解剖学講座准教授、弘前大学大学院医学研究科解剖学講座非常勤講師、米国国立衛生研究所分子遺伝学分野客員研究員．第12章．
岩松鷹司	1938年生，名古屋大学大学院理学研究科修了．理学・博士．現在，愛知教育大学名誉教授．第3章．
*大久保範聡	1975年生、東京大学大学院農学生命科学研究科修了．農学・博士．現在，東京大学大学院農学生命科学研究科准教授．第1, 2, 10章．
亀井保博	1966年生，宮崎医科大学大学院医学研究科修了．医学・博士．現在，基礎生物学研究所生物機能解析センター特任准教授／総合研究大学院大学生命科学研究科准教授．第14章．
菊池　潔	1966年生，東京大学大学院農学系研究科修了．農学・博士．現在，東京大学大学院農学生命科学研究科附属水産実験所教授．第13章．
木下政人	1962年生．京都大学大学院農学研究科修了．農学・博士．現在，京都大学農学研究科助教．第14章．
*越田澄人	1970年生，名古屋大学大学院理学研究科修了．理学・博士．現在，秀明大学学校教師学部教授．第1, 8章．
小林麻己人	1963年生，総合研究大学院大学生命科学研究科修了．理学・博士．現在，筑波大学医学医療系講師．第12章．
斉藤絵里奈	1980年生，北里大学大学院水産学研究科修了．水産学・博士．現在，弘前大学大学院医学研究科神経解剖・細胞組織学講座助教．第12章．
清水貴史	1966年生，京都大学大学院医学研究科修了．医学・博士．現在，名古屋大学生物機能開発利用研究センター准教授．第5, 6, 7, 9章．
鈴木　徹	1955年生，京都大学大学院農学研究科修了．農学・博士．現在，東北大学大学院農学研究科教授．第11章．
竹内　裕	1975年生，東京水産大学大学院水産学研究科修了．水産学・博士．現在，鹿児島大学水産学部助教．第15章．
田中　実	1961年生，名古屋大学大学院理学研究科修了．理学・博士．現在，名古屋大学大学院理学研究科教授．第10章．
出口友則	1976年生,大阪大学大学院理学研究科修了．理学・博士．産業技術総合研究所バイオメディカル研究部門主任研究員．第12章．
橋本寿史	1968年生．京都大学大学院修了．農学・博士．現在，名古屋大学生物機能開発利用研究センター助教．第5, 6, 7章．

日比正彦	1963年生，大阪大学大学院医学系研究科修了．医学・博士．現在，名古屋大学生物機能開発利用研究センター教授．第5, 6, 7, 9章．
藤田深里	1980年生，東京工業大学大学院生命理工学研究科修了．理学・博士．現在，神奈川大学理学部特別助教．第12章．
森友忠昭	1967年生，日本大学獣医学研究科修了．獣医学・博士．現在，日本大学生物資源科学部教授．第12章．
矢澤良輔	1977年生，東京水産大学大学院水産学研究科修了．水産学・博士．現在，東京海洋大学学術研究院准教授．第15章．
山羽悦郎	1957年生，北海道大学大学院水産学研究科（博士課程中退）．水産学・博士．現在，北海道大学北方生物圏フィールド科学センター教授．第4章．
山本直之	1967年生，東京大学大学院理学系研究科（博士課程中退）．理学・博士，医学・博士．現在，名古屋大学大学院生命農学研究科教授．第9章．
*吉崎悟朗	1966年生，東京水産大学大学院水産学研究科修了．水産学・博士．現在，東京海洋大学学術研究院教授．第1, 15章．

魚類発生学の基礎　目次

まえがき ……………………………………………………………………………… iii

第1章　序論 ……………………………（大久保範聡, 吉崎悟朗, 越田澄人）……… 1

§1. 発生学とは …………………………………………………………… 1
§2. 発生学の変遷 ………………………………………………………… 1
§3. 今日の発生学 ………………………………………………………… 2
§4. 魚類の発生学 ………………………………………………………… 3
§5. 本書で扱う「魚類」の範囲 ………………………………………… 4

第2章　発生に関わる基本原理 ……………………………（大久保範聡）……… 6

§1. 転写因子と遺伝子カスケード ……………………………………… 6
§2. 全ゲノム重複と真骨魚類の多様性 ………………………………… 8
§3. 細胞間シグナル因子 ………………………………………………… 9
§4. 細胞接着 ……………………………………………………………… 12
§5. 細胞増殖 ……………………………………………………………… 14
§6. 細胞の分化と幹細胞 ………………………………………………… 16
§7. 細胞死 ………………………………………………………………… 17
§8. 細胞の移動 …………………………………………………………… 19

第3章　受精 ……………………………………………（岩松鷹司）……… 20

§1. 受精の準備 …………………………………………………………… 20
　1-1　卵が受精可能になるまでのプロセス（20）
　1-2　精子が受精可能になるまでのプロセス（23）
§2. 卵と精子の出会い …………………………………………………… 24
§3. 卵内への精子の侵入 ………………………………………………… 26
§4. 精子との融合に伴う卵の活性化 …………………………………… 27
　4-1　卵の膜電位の変化と細胞内 Ca^{2+} 濃度の一過的な上昇（27）
　4-2　表層胞の崩壊と卵膜の変化（28）
　4-3　減数分裂の完了と雌雄両前核の融合（29）
§5. 多精拒否機構 ………………………………………………………… 30
　5-1　細胞外多精拒否（30）
　5-2　細胞内多精拒否（31）
　コラム　受精波の発見 ……………………………………（岩松鷹司）……… 33

第4章　初期胚発生　　　　　　　　　　　（山羽悦郎，荒井克俊）　　34

§1．魚類の卵の特徴と卵割様式　　35
§2．初期発生段階の分類　　35
§3．1細胞期　　37
§4．卵割期　　38
§5．胞胚期　　39
　5-1　中期胞胚遷移（39）
　5-2　胞胚の構造（40）
　5-3　被覆層（40）
　5-4　卵黄多核層（41）
　5-5　卵黄細胞（41）
　5-6　深層細胞の運動（42）
　5-7　卵割腔の形成（42）
§6．エピボリー　　42
§7．嚢胚期　　44
　7-1　全割卵での嚢胚形成と予定運命図（44）
　7-2　盤割卵での嚢胚形成（45）
　7-3　盤割卵での予定運命図（46）
§8．おわりに　　47

第5章　体軸形成　　　　　　　　　　　（橋本寿史，清水貴史，日比正彦）　　49

§1．動物−植物極軸と母性因子　　49
　1-1　動物−植物極軸と前後軸（49）
　1-2　母性因子とBalbiani body（50）
§2．背腹軸の形成　　51
　2-1　母性因子と背腹軸形成（51）
　　1）背側決定因子と微小管（51）
　　2）Wnt/β-カテニンシグナルの活性化（52）
　2-2　腹側化因子Bmp（53）
　2-3　ニューコープセンターとオーガナイザー（53）
　　1）ニューコープセンター（53）
　　2）ニューコープセンターによるオーガナイザーの誘導（53）
　2-4　背腹軸に沿ったBmpの濃度勾配の形成（54）
§3．左右軸の形成　　55
　3-1　ノード相同器官とノード流（55）
　3-2　ノード相同器官周囲の左右非対称な遺伝子発現（57）
　3-3　側板中胚葉における左右非対称な遺伝子発現（58）

　　　　3-4　左右非対称な形態形成（58）

第6章　中胚葉誘導 ……………………（清水貴史，橋本寿史，日比正彦）……… 60

　§1．中胚葉性器官 …………………………………………………………… 60
　§2．予定中胚葉領域 ………………………………………………………… 60
　§3．卵黄細胞による中胚葉誘導 …………………………………………… 61
　§4．中胚葉誘導因子 ………………………………………………………… 64
　　　　4-1　アニマルキャップアッセイ（64）
　　　　4-2　FGFファミリー（64）
　　　　4-3　アクチビン（65）
　　　　4-4　Nodal（66）
　§5．中胚葉誘導の動物種間の多様性 ……………………………………… 67
　§6．背腹軸に沿った中胚葉組織のパターン形成 ………………………… 67
　§7．前後軸に沿った中胚葉組織のパターン形成 ………………………… 68
　§8．中胚葉と内胚葉の分岐 ………………………………………………… 68

第7章　神経誘導 …………………………（清水貴史，橋本寿史，日比正彦）……… 70

　§1．シュペーマンオーガナイザー ………………………………………… 70
　§2．神経誘導のデフォルトモデル ………………………………………… 72
　§3．表皮化因子 ……………………………………………………………… 73
　§4．シュペーマンオーガナイザー因子 …………………………………… 74
　§5．オーガナイザー活性の経時的変化 …………………………………… 75
　§6．神経系における前後軸の形成：2ステップモデル ………………… 75
　§7．頭部誘導因子 …………………………………………………………… 77

第8章　体節形成 ……………………………………………（越田澄人）……… 79

　§1．体節の発生 ……………………………………………………………… 79
　§2．体節形成の周期性 ……………………………………………………… 81
　§3．分節時計 ………………………………………………………………… 82
　　　　3-1　時計遺伝子（82）
　　　　3-2　隣接する細胞における振動の同調（84）
　§4．体節が形成される位置の決定 ………………………………………… 85
　§5．体節への分化 …………………………………………………………… 86

第9章　神経系の発生 ……………………（山本直之，清水貴史，日比正彦）……… 89

　§1．神経索と神経管の形成 ………………………………………………… 90

§ 2. 背腹軸に沿った神経管の区分化 91
§ 3. 前後（頭尾，吻尾）軸に沿った神経管のパターン形成 93
    3-1　形態的変化（93）
    3-2　パターン形成の分子メカニズム（95）
§ 4. 神経管の内外方向の分化 97
§ 5. 成体におけるニューロン新生（adult neurogenesis）........ 99
    コラム　ヌタウナギの神経堤細胞 ....（山本直之）...... 101

第10章　生殖腺の発生 ....（田中　実，大久保範聡）...... 102

§ 1. 生殖細胞の出現と移動 102
§ 2. 生殖腺の誕生 103
§ 3. 性決定様式の多様性 105
§ 4. 性決定遺伝子の多様性 106
§ 5. 性分化の起点となる支持細胞 106
§ 6. 生殖腺の性分化における生殖細胞のふるまい 107
§ 7. 卵巣分化における生殖腺体細胞のふるまい 109
§ 8. 精巣分化における生殖腺体細胞のふるまい 110
§ 9. 生殖腺の性分化の分子機構 111
§10. 生殖腺の性：維持と可逆性 112
§11. 生殖腺の性転換機構 112
    コラム　卵や精子をつくり続ける生殖幹細胞 ....（田中　実）...... 114
    コラム　魚類の脳の性分化 ....（大久保範聡）...... 115

第11章　骨格の発生 ....（鈴木　徹）...... 117

§ 1. 骨格の分類と発生の順序 117
§ 2. 骨格の胚葉起源 119
§ 3. 骨化様式 120
§ 4. 脊椎骨の発生機構 121
    4-1　硬節の分化（121）
    4-2　椎体と椎体間関節の形成（122）
    4-3　魚類と四肢動物の脊椎骨発生の違い（123）
§ 5. 咽頭骨格の発生機構 124
    5-1　咽頭骨格の発生（124）
    5-2　レチノイン酸の役割（125）
    コラム　骨格の発生異常 ....（鈴木　徹）...... 128

第12章　循環系の発生 　(磯貝純夫, 小林麻己人, 森友忠昭, 斉藤絵里奈, 藤田深里, 出口友則) 130

§1．血球の種類 131
§2．血球の発生（造血） 132
2-1　一次造血（胚発生期）（132）
2-2　二次造血（成体）（134）
§3．血管系の発生 136
3-1　脊椎動物に共通した血管系の発生（136）
3-2　真骨魚類以外の魚類の血管系の発生（137）
3-3　真骨魚類の血管系の発生（138）
3-4　ニジマスの血管系の発生（140）
3-5　ゼブラフィッシュとメダカの血管系の発生（141）
§4．リンパ管系の発生 142
4-1　リンパ管系の進化（142）
4-2　リンパ管内皮の起源（142）
4-3　メダカとゼブラフィッシュのリンパ管系の発生（143）

第13章　骨格筋の発生 　(菊池　潔) 145

§1．3種類の筋組織 145
§2．培養細胞から明らかとなった骨格筋の形成過程 146
§3．成魚の体幹筋 147
§4．2種類の筋線維 147
§5．体節における筋細胞分化と一次筋節の形成 148
§6．皮筋節細胞と二次的な筋形成 150
§7．魚類における保存性 150
§8．魚類と哺乳類・鳥類との間にみられる違い 151
§9．細胞間シグナル因子による筋発生の調節 151
§10．筋節の成長—線維数の増加と線維の肥大— 152
§11．筋線維の増加と肥大をもたらす前駆細胞 154
§12．鰭の筋肉の発生 155
§13．体節に由来する他の軸下筋 156
§14．筋発生の部位による多様性 156

第14章　発生学における実験技術 　(木下政人, 亀井保博) 159

§1．細胞系譜の解析（細胞の追跡） 159
§2．細胞や組織の移植 159
§3．遺伝子の発現部位の解析 161

3-1　*in situ* ハイブリダイゼーション（161）
3-2　免疫組織化学（163）

§4．トランスジェニック技術 ……………………………………………… 164
§5．順遺伝学的手法（ポジショナルクローニング）………………… 167
§6．逆遺伝学的手法 ……………………………………………………… 168
 6-1　遺伝子のノックダウン（168）
  1）アンチセンスオリゴによるノックダウン（169）
  2）RNAi によるノックダウン（169）
  3）ドミナントネガティブによるノックダウン（169）
 6-2　遺伝子のノックアウト（170）
  1）TILLING（170）
  2）ゲノム編集（171）

§7．顕微鏡，および顕微鏡を用いた実験技術 ………………………… 173
 7-1　顕微鏡の種類（174）
  1）通常の光学顕微鏡（174）
  2）共焦点レーザー顕微鏡（174）
  3）その他の特殊な顕微鏡（174）
 7-2　顕微鏡を用いた実験技術（175）
  1）タイムラプスイメージング（175）
  2）細胞を操作する顕微鏡法（175）

 コラム　マイクロインジェクション …………（木下政人，亀井保博）…… 177
 コラム　トランスジェニック，ノックダウン，
   ノックアウト，ノックインの違い…（木下政人，亀井保博）…… 177

第15章　発生工学 …………………………（吉崎悟朗，矢澤良輔，竹内　裕）…… 179

§1．性統御 …………………………………………………………………… 179
§2．染色体操作 ……………………………………………………………… 181
 2-1　三倍体・四倍体（181）
 2-2　三倍体の水産業への応用（183）
 2-3　単為発生（184）
§3．細胞操作 ………………………………………………………………… 185
 3-1　精子の凍結保存（185）
 3-2　核移植（186）
 3-3　生殖細胞移植（187）
  1）始原生殖細胞の移植（187）
  2）生殖幹細胞の移植（189）
§4．おわりに ………………………………………………………………… 190

第1章 序 論

§1. 発生学とは

　たった1つの細胞である受精卵から様々な種類の細胞が作り出され，最終的に複雑な生物の身体が形づくられる一連のプロセスを発生という．その発生のしくみを理解しようとする学問が発生学（embryology）である．最近では発生生物学（developmental biology）とよぶことの方が多い．発生の初期の段階の個体のことを胚（embryo）とよぶが，生物の身体の基本構造は，胚の時期にほぼできあがる．魚類の場合をみても，胚は成魚とは色彩や体型がかなり違っているが，孵化した段階で眼や鰭，心臓や筋肉などの基本構造がすでに揃っている．したがって単に発生といえば，ごく初期の胚発生（embryonic development）を意味することが多い．

§2. 発生学の変遷

　発生学の中身は時代とともに大きく変遷してきたが，今日の発生学がどのような歴史の上に成り立っているかを知ることは，本書の内容を理解する上での大きな手助けとなる．大まかに言えば，今日の発生学は，実験発生学（experimental embryology），発生遺伝学（developmental genetics），分子生物学（molecular biology）という3つの学問領域における知識の蓄積の上に成り立っている．それらを順にみていこう．

　19世紀末に始まった実験発生学は，発生過程における形態の変化を記述するにとどまっていたそれまでの発生学とは異なり，手術や移植といった人為的な実験によって発生のしくみを明らかにしようとする学問領域である．簡単に受精卵を得ることができ，胚の手術や観察が容易なウニ，カエル，イモリなどが好んで実験材料とされた．代表的な成果は，ハンス・シュペーマン（Hans Spemann）とヒルデ・マンゴルド（Hilde Mangold）による形成体（オーガナイザー；organizer）の発見である．シュペーマンとマンゴルドはイモリ胚の移植実験を繰り返し，胚の背側領域の一部（原口背唇部とよばれる領域）に，周りの細胞にはたらきかけて，神経系や筋肉などに変化させる能力があることを見出した．このような近接する領域の運命を決める特別な領域はオーガナイザーとよばれ，オーガナイザーによって近隣領域の運命が決められることを誘導（induction）とよぶ．このオーガナイザーによる誘導は，発見から100年近くが経過した現在でも，発生過程における最も重要な現象の1つとして認識されている．なお，このシュペーマンとマンゴルドの発見以降，胚発生に関わる様々な種類のオーガナイザーが見出されたため，この神経系や筋肉などを誘導するオーガナイザーを，他のオーガナイザーと区別してシュペーマンオーガナイザーとよぶこともある．また，オーガナイザーの発見以降，その他にも何らかの物質の濃度勾配が個々の領域の運命を決めることなど，発生を考えるうえで重要な現

象がいくつも見出された．しかし，手術や移植といった手法を用いた実験発生学だけでは限界があり，それらの現象を司る分子的な実体を特定するまでには至らなかった．

そのような状況を打破したのが発生遺伝学である．発生学の分野に遺伝学（genetics）の技術を取り入れることによって，実験発生学で明らかとなった現象を引き起こす遺伝子の正体を明らかにしようという学問領域である．遺伝学の中でも，子へと遺伝する特定の形質［表現型（phenotype）ともいう］に着目し，その原因となる遺伝子を探り当てる研究手法を順遺伝学（forward genetics）とよぶ．この方法論が確立し，発生学に導入された1970年代に発生遺伝学は花開いた．そこで実験材料として活躍したのはショウジョウバエ（*Drosophila melanogaster*）である．世代交代にかかる時間（受精卵が発生を経て成体になり，次の卵を産むまでに要する時間）がわずか10日間ほどであり，発生過程に何らかの異常を示す突然変異体がいくつも知られていたショウジョウバエは格好の材料となった．発生遺伝学のパイオニアであるエドワード・ルイス（Edward B. Lewis）は，後胸部が中胸部に変化し，通常は2枚しかない翅（羽）がトンボのように4枚になった突然変異体のショウジョウバエの解析を進め，その表現型の原因となる遺伝子を突き止めた．今なお，発生にかかわる最も重要な遺伝子の1つとして認識されているホメオティック遺伝子（胚体のそれぞれのパートを頭尾方向に沿って特定の構造に変化させる遺伝子）の発見である．この研究の流れを受け，ショウジョウバエの突然変異体の作製とその原因遺伝子の探索（スクリーニングともいう）が大規模に行われた．その結果，発生過程の個々の現象を引き起こす遺伝子が次々と同定されていき，多くの発生プロセスを遺伝子のはたらきによって説明することが可能となった．

この発生遺伝学の成功を大きく後押ししたのは，ジェームズ・ワトソン（James D. Watson）とフランシス・クリック（Francis H. C. Crick）によるDNA二重らせん構造モデルの提唱をきっかけとして1950年代に始まった分子生物学の流れである．遺伝子が複製されるメカニズム，遺伝子が生体内ではたらくメカニズムが次々と明らかとなるとともに，ポリメラーゼ連鎖反応（PCR；polymerase chain reaction）によってDNAを増幅する技術や，遺伝子の塩基配列を決定する技術など，順遺伝学による原因遺伝子の同定には欠かせない技術がいくつも確立された．

§3. 今日の発生学

今日の発生学でも，順遺伝学を用いたアプローチによって発生にかかわる遺伝子を同定する発生遺伝学的な研究は数多くなされているが，ショウジョウバエだけでなく，脊椎動物も実験材料として用いられるようになった．特に，ゼブラフィッシュ（*Danio rerio*）やメダカ（*Oryzias latipes*）などの小型魚類が好んで用いられるようになった．一度に多くの受精卵を得ることができ，胚発生が母体外で進行し，胚体が透明であるため観察が容易であること，世代交代にかかる時間が2～3カ月と比較的短いことなど，順遺伝学的なアプローチに適した多くの特徴をもつためである．ショウジョウバエと同様に，ゼブラフィッシュやメダカでも大規模な突然変異体の作製と原因遺伝子の同定がなされており，実際に，そこから発生にかかわる新たな知見が数多く得られてきた．本書で紹介する知見の中にも，このような研究によって得られたものは多い．

従来の順遺伝学とは逆の研究手法である逆遺伝学（reverse genetics）が確立されたことも，今日の

発生学を大きく支えている．特定の遺伝子の機能を人為的に欠失させ，その際の表現型を調べることで，その遺伝子の機能を明らかにする方法論である．ゲノム上の特定の遺伝子を破壊するノックアウト技術や，特定の遺伝子の転写産物の機能を阻害するノックダウン技術などが開発され，遺伝的な操作によって発生過程を改変することができるようになった．遺伝子のノックアウトが可能となったのは，遺伝子改変が可能で個体を作り出す能力をもつ胚性幹細胞（ES細胞；embryonic stem cell）が樹立されたことが大きな要因である．1980年代にマウス（*Mus musculus*）のES細胞が樹立されたことによってノックアウトマウスの作出が可能となり，マウスを用いた発生学研究が飛躍的に進むこととなった．なお，ES細胞はマウスでしか樹立されていない状況，つまり，マウスでしかノックアウトができない状況がしばらく続いたが，ゲノム編集技術の進歩によって，最近ではES細胞を使用せずとも遺伝子改変個体を作出することができるようになっている．それによって，魚類を含め，マウス以外の様々な動物種でもノックアウトが可能となっている．また，ノックダウンも様々な動物種で可能となっている．

こうして成熟期を迎えつつある今日の発生学で主流となっているのは，発生遺伝学によって明らかとなった遺伝子と実験発生学によって明らかとなった個体レベルの現象の間をつなぐ研究である．これまでの研究によって，特定の遺伝子の機能が欠失すると，形態形成に特定の異常が起きることは明らかとなったが，その間のメカニズムがわかっていないことが多く，それを明らかにしようという研究の流れである．遺伝子改変技術をはじめとする各種の分子生物学的な技術，そして分子や細胞の挙動を可視化して観察するイメージング技術の進歩によって，そのような研究が可能となってきた．ここでもショウジョウバエやマウス，ゼブラフィッシュやメダカが活躍している．

また近年，発生学に新たな流れも生じてきた．その1つは進化発生生物学（evolutionary developmental biology）である．英名を略してエボデボ（evo-devo）ともよばれ，どういうしくみで生物ごとに異なる形態的特徴が進化してきたのかを明らかにしようとする研究領域である．様々な生物種の発生を観察，比較することで，生物の進化と多様性を理解しよう（推察しようというのが正しいところであろう）とする試みは昔から行われてきた．エボデボはそれを遺伝子のはたらき方や構造の変化で実証しようとする新しい流れである．

もう1つは幹細胞を中心とした新しい発生学の流れである．幹細胞とは，別の種類の細胞に変化する能力と増殖し続ける能力の両者をもつ特別な細胞のことであり，代表的なものには上記のES細胞の他に人工多能性幹細胞（iPS細胞；induced pluripotent stem cell），神経細胞を作り出す神経幹細胞（neural stem cell），精子や卵を作り出す生殖幹細胞（germline stem cell）などがある．幹細胞が形成・維持されるメカニズム，他の細胞に変化するメカニズムなどを明らかにしようとする研究が盛んに行われるようになってきた．再生医療をはじめとする応用的な側面を視野に入れた流れである．

§4. 魚類の発生学

本書で焦点を当てる魚類の発生学も，上で述べたような発生学全般の歴史とともに変遷してきた．発生過程での形態変化を記述する研究が長らく続いた魚類の発生学は，ゼブラフィッシュやメダカが発生遺伝学の実験材料として広く用いられるようになったことで大きく様変わりした．それまで魚類

そのものの発生プロセスを知ることを目的として行われてきた魚類の発生研究に，脊椎動物に普遍的な発生プロセスを知るためという側面が加わったのである．ヒトも含めた脊椎動物全般のモデルとして魚類が使われ始めたわけだ．それによって，それまでは魚類の研究者のみによって比較的小規模で行われてきた魚類の発生研究が，多数の研究者によって大規模に行われるようになった．

　そして現在，上述したように，魚類は脊椎動物全般のモデルとして発生学になくてはならない実験材料となっている．胚体が透明であり一度に大量の受精卵が得られることなどの特徴をもつゼブラフィッシュやメダカは，発生遺伝学だけでなく，発生遺伝学によって明らかとなった遺伝子と実験発生学によって明らかとなった個体レベルの現象の間をつなぐ今日の発生学でも活躍している．本書で紹介する内容の多くも，必然的にゼブラフィッシュやメダカを使った研究によって明らかになったものである．

　しかし，ここで注意しなくてはならないことがある．それは，動物の発生パターンには，全ての動物に共通する普遍性が存在する一方で，動物種ごとに異なる多様性も存在するということである．実際に魚類特有の発生現象も数多くみられるので，魚類での知見がそのまま他の脊椎動物にも当てはまるとは限らない．さらには，魚類は脊椎動物の中でもとりわけ形態的な多様性に富んだグループであり，発生パターンについても種による違いが多くみられる．したがって，本書で述べる全ての記述についても，そのまま魚類以外の動物種にも当てはまるとは限らない．また，全ての魚種に当てはまるとも限らない．そのような場合には，できるだけ他種でのケースについても記述するようにしたが，発生パターンには種の多様性が存在するということを認識しておくことは重要である．

　このように種によって極めて多様な形態的特徴を示す魚類は現在，これまでの脊椎動物全般のモデルとしてだけでなく，エボデボにおける格好の材料としても注目されている．さらに，卵や神経細胞を生涯にわたって作り続けることができるという特別な特徴をもつ魚類の生殖幹細胞や神経幹細胞は，幹細胞研究での注目を集めている．これらの特徴を上手く活用していけば，魚類は今後も発生学にとって重要な研究材料となり続けるだろう．

　また，魚類の発生学は，水産業への波及効果が期待できる学問分野でもある．養殖用の魚類種苗の生産現場では，発生異常による斃死や奇形の出現は未だに大きな問題である．これらの多くは，魚類の発生機構を理解していくことで未然に防ぐことができるようになるであろう．また，発生に関わるプロセスを人為的に制御することで，経済的に重要な形質を改変し，養殖魚の商品価値を高めるなどの取り組みは，実際の産業の現場でも行われるようになってきた．今後，魚類の発生に対する理解がさらに進めば，水産業への波及効果もさらに拡大するものと期待される．

§5. 本書で扱う「魚類」の範囲

　最後に，本書で扱う「魚類」の範囲について説明しておきたい．魚類は大まかに言えば，無顎（むがく）類，軟骨魚類，硬骨魚類の3つのグループに分類される．無顎類は脊椎動物で唯一，顎（あご）をもたない原始的なグループで，ヌタウナギやヤツメウナギが含まれる．軟骨魚類は，いわゆるサメやエイの仲間（ギンザメも含む）で，名前の通り，骨格が軟骨で構成されている特徴をもつグループである．そして，これらのヌタウナギやヤツメウナギ，サメやエイ，ギンザメの仲間以外の魚類は全て，

硬骨魚類に含まれる．硬骨魚類はさらに肉鰭類と条鰭類に分かれる．肉鰭類には，ハイギョやシーラカンスの仲間が含まれ，それ以外の硬骨魚類は全て，条鰭類に含まれる．条鰭類はさらにいくつかのグループに分かれるが，最も原始的なポリプテルス，チョウザメ，ガー，アミアの仲間を除いたグループを真骨類（真骨魚：teleost）とよぶ．魚類といって普通にイメージされるのは真骨魚であり，上述した種類以外で，食卓に並んだり水族館で見たりする魚類全てを含む．単に魚類といった場合，この真骨魚を指すことが多い（裏を返せば，「魚類」は正式な（科学的な）分類単位ではなく，どこからどこまでを指すのか曖昧な語句である）．本書でも，特段の断りなく単に魚類と記述した場合は，真骨魚を指す．

（大久保範聡，吉崎悟朗，越田澄人）

第2章　発生に関わる基本原理

　次章以降で扱う様々な発生プロセスを理解するためには，発生に関わるいくつかの概念について理解しておくことが前提条件となる．そこで本章では，それらの概念について解説する．まずは，ここに記したそれぞれの概念をしっかり理解してもらいたい．

§1. 転写因子と遺伝子カスケード

　発生のプロセスは，様々な遺伝子（gene）が適切な時期に，適切な場所ではたらくことで進行する．遺伝子がはたらくとは，基本的には，遺伝子からRNAが転写（transcription）され，そこからタンパク質が翻訳（translation）され，その結果生じたタンパク質（protein）が生体内で機能することを意味する．この一連のプロセスを遺伝子の発現（gene expression），あるいは遺伝子が発現すると表現する．また，それぞれの遺伝子は特定のタンパク質を作り出す情報を含んでいるわけであるが，そのような状況を指して，遺伝子がタンパク質をコードすると表現する．遺伝子の中には，タンパク質をコードしておらず，転写されたRNAが最終産物として機能するものも多く存在する．その場合は，遺伝子からRNAが転写され，そのRNA（タンパク質をコードしていないので，ノンコーディングRNAという）が機能するまでのプロセスが遺伝子の発現となる．

　遺伝子の発現には様々な因子が関わっている．発現を促進する因子もあれば，抑制する因子もある．そのような因子の中でも，発生学の分野では，遺伝子からRNAが転写されるプロセスを制御する因子が特に多く登場する．転写因子（transcription factor）とよばれるタンパク質である．転写因子にも様々な種類があり，転写を促進するものもあれば，抑制するものもある．また，それぞれの転写因子は特定の遺伝子の転写を制御する．ごく少数の種類の遺伝子の転写を制御する場合もあれば，非常に多くの遺伝子の転写を一度に制御する場合もある．転写因子をコードする遺伝子の数は，ヒトやマウスでの報告によると，2,000種類以上といわれており，ゲノム中の全遺伝子の1割程度を占める．ゲノム上のそれぞれの遺伝子の近傍には，その遺伝子の転写を制御するプロモーターやエンハンサー，サイレンサーとよばれる部位が存在する．転写因子はそのプロモーターやエンハンサー，サイレンサーに結合し，遺伝子の転写を促進または抑制する．

　発生のプロセスの多くは，ある遺伝子が発現すると別の遺伝子が発現するようになり，その結果，また別の遺伝子が発現するというように，様々な遺伝子が連鎖して段階的にはたらくこと（これを遺伝子カスケードという）で成り立っている．その役割を考えれば，転写因子がこの遺伝子カスケードの中に重要な役者として組み込まれていることは想像に難くないだろう．転写因子がはたらけば，個々の発生プロセスに関わる様々な遺伝子の発現を一斉に上げ下げできるからである．

　では，発生に関わる遺伝子カスケードに組み込まれた転写因子の例をみてみよう．最も有名なのは，

ホメオティック遺伝子（homeotic gene）という，転写因子をコードする一群の遺伝子であろう．植物から動物まで共通に存在する遺伝子群であり，もちろん魚類にも存在する．胚体ははじめ，単純な棒状の形をしているが，ホメオティック遺伝子は，そこに前後方向の方向性（頭部から尾部への方向性で，前後軸ともいう）をもたせながら，それぞれの部位を特定の構造に変化させるプロセスの中心的な役割を担っている．個々のホメオティック遺伝子が，決まった時期に決まった場所で，決まった遺伝子の転写を制御することによって，前後方向のどの位置に眼や四肢，鰭が作られるかなどが決まる．

したがって，何らかのアクシデントが起こってホメオティック遺伝子が壊れると，姿かたちが劇的に変化することになる．そのような変化の有名な例としては，ショウジョウバエでの後胸部が中胸部に置き換えられ，通常は2枚しかない翅（羽）がトンボのように4枚になった変異個体（バイソラックス変異体）や，触覚となるべきところに脚が生えてしまった変異個体（アンテナペディア変異体）などがある．このような変異個体をホメオティック変異体とよぶが，ホメオティック変異体で壊れていた遺伝子（その変異体の原因遺伝子）を探索することで，様々なホメオティック遺伝子が次々と発見されてきた．

*hox*遺伝子群はホメオティック遺伝子の代表例である．発生に関わる遺伝子カスケードの中でも最も上位に近いところではたらき，胚体の各部位ごとに，様々な遺伝子の発現を一斉にオン・オフするマスタースイッチとして機能する遺伝子群である．*hox*遺伝子群のはたらきによって，胚体の各部位が将来どのような形態となるかが決まり，例えば，ヘビに脚がないのも*hox*遺伝子の発現パターンが独自に変化したからだと考えられている．体全体のデザイン（ボディプラン）を決める遺伝子群といっても過言ではないだろう．*hox*遺伝子はゲノム中，染色体上の狭い範囲に一列に並んで存在している（並び順に*hox1*から*hox13*まで番号が振られている）．このまとまりを*hox*クラスターとよぶ（図2-1）．不思議なことに，*hox*クラスター内での各*hox*遺伝子の並び順は，各*hox*遺伝子が作用する領域の前

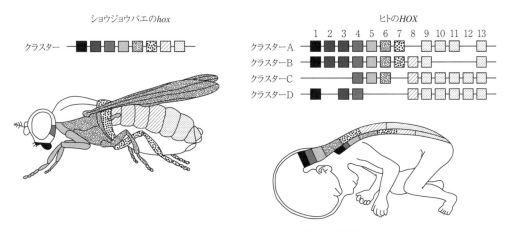

図2-1　ゲノム中の*hox*クラスターと各*hox*遺伝子の発現領域．
ショウジョウバエとヒトを例に示す．ショウジョウバエなどの無脊椎動物は1つのクラスターをもつのに対し，ヒトなどの脊椎動物は2度にわたる全ゲノム重複を経験しており，4つのクラスター（A，B，C，Dと番号が付けられている）をもつようになった．ヒトの各クラスター内には計13種類の*HOX*遺伝子（図中では四角で標記した）が存在するが，そのうちのいくつかは進化の過程で消失している．クラスター内での各*hox*遺伝子の並び順と，前後軸に沿った各*hox*遺伝子の発現領域の並び順が一致している．Markら（1997）の図を改変．

後軸に沿った並び順と一致している．その理由は未だに明らかになっていないが，興味深い現象として（何か特別な意味があるかもしれないと）大きな関心が寄せられている．

§2. 全ゲノム重複と真骨魚類の多様性

hox クラスターにはもう1つ興味深い現象が見つかっている．ショウジョウバエやホヤ，ナメクジウオなどの無脊椎動物のゲノム中には単一の *hox* クラスターしか存在しないが，両生類，爬虫類，鳥類，哺乳類といった脊椎動物のゲノム中には4つの *hox* クラスターが存在するということである（図2-1）．脊椎動物の祖先で2度にわたってゲノム全体が倍化（全ゲノム重複という）したため，そこで脊椎動物のゲノムの量はもとの4倍になったことが知られている．それに伴って *hox* クラスターの数も4倍になったと考えられる．

遺伝子の重複が起きると，全く同じ機能をもつ遺伝子が複数存在する必要はないので，多くの場合，片方が消失する（これを pseudofunctionalization とよぶ）．しかし，重複した遺伝子の中には，両者とも生き残って片方が新たな機能を獲得する（neofunctionalization という），あるいは，重複した遺伝子の間でもとの機能を一部ずつ分担する（subfunctionalization）ようになる場合もある．したがって，遺伝子の重複は進化の大きな原動力となり得る．ボディプランを決める *hox* 遺伝子の数が4倍に増えたことによって，脊椎動物はより複雑な，より多様な形態をとることができるようになったのではないかといわれている．

脊椎動物の祖先で2度にわたる全ゲノム重複が起きたと述べたが，実はその後，真骨魚類の祖先でさらにもう1回の全ゲノム重複が起きたことが知られている．真骨魚類は進化の過程で計3回の全ゲノム重複を経験しているわけだ．真骨魚類は全脊椎動物の半数以上の種を占め，脊椎動物の中で最も繁栄しているグループである．この繁栄の背景には，この真骨魚特有の（3回目の）全ゲノム重複がもたらした遺伝子数の増加によって，さらに多様な形態と環境適応能を獲得できたことがあると考えられている．もちろん *hox* クラスターの数も増加しており，メダカ，ゼブラフィッシュ，ミドリフグ（*Tetraodon nigroviridis*）などで7つの *hox* クラスターが確認されている（3回目の全ゲノム重複の直後は計8つの *hox* クラスターができたが，その後の進化の過程で1つのクラスターを失ったと考えられる）（図2-2）．このような *hox* 遺伝子の増加が，真骨魚類に多様な形態と繁栄をもたらした原動力となったのではないかと考えられている．

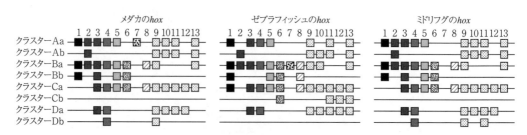

図2-2 真骨魚類の *hox* クラスター
真骨魚類の進化の初期過程で3回目の全ゲノム重複が起きたため，真骨魚類は他の脊椎動物の倍の *hox* クラスターをもつようになった．各クラスター内のいくつかの *hox* 遺伝子（図中では四角で標記した）は進化の過程で消失している．また，クラスターごと消失したケースも見受けられる．

表2-1 遺伝子と遺伝子産物（タンパク質）の表記法

動物種の例		遺伝子	遺伝子産物（タンパク質）
霊長類	ヒト・チンパンジーなど	*ABC*（イタリック体で全て大文字）	ABC（全て大文字）
霊長類以外の哺乳類	マウス・ラットなど	*Abc*（イタリック体で頭文字のみ大文字）	ABC（全て大文字）
非哺乳類	魚類・無脊椎動物など	*abc*（イタリック体で全て小文字）	Abc（頭文字のみ大文字）

現在最も一般的に使われている表記法のルールを記した．他の教科書や書物によっては，このルールが必ずしも守られているとは限らないので，注意が必要である．

なお，遺伝子の重複によって生じた姉妹遺伝子をパラログ（paralog あるいは paralogue）とよぶ．形容詞形はパラロガス（paralogous）である．類似の語句にオーソログ［ortholog または orthologue．形容詞形はオーソロガス（orthologous）］があるが，こちらは別の生物種における同じ遺伝子の意味である．真骨魚類は他の脊椎動物と比べて1回余計に全ゲノム重複を経験しているので，他の脊椎動物には1種類しか存在しない遺伝子にパラログが存在する場合がしばしばある．その場合，遺伝子名の最後に *a*, *b* を追加することで，真骨魚特有のパラログであることを示すルールとなっている．例えば，他の脊椎動物の *sox9* という遺伝子には，真骨魚では *sox9a* と *sox9b* の2つのパラログが存在する．

なお，原則として遺伝子のことを指す場合はイタリック体で表記し，遺伝子産物であるタンパク質のことを指す場合はイタリック体にしない．例えば，*SOX9* と標記すれば，SOX9遺伝子のことを意味し，SOX9と標記すればSOX9のタンパク質のことを意味する．また，ヒトを含めた霊長類の遺伝子名は全て大文字で，それ以外の哺乳類の遺伝子は頭文字のみ大文字で，魚類を含めた哺乳類以外の生物種の遺伝子は全て小文字で表記するのが一般的なルールとなっている（表2-1）．また，タンパク質については，哺乳類のものは全て大文字で，魚類を含めた哺乳類以外の生物種のタンパク質は頭文字のみ大文字で表記することになっている（表2-1）．

§3. 細胞間シグナル因子

転写因子は細胞の核内にあるゲノムに結合してはたらくわけであるから，細胞内に存在し，細胞内で機能する分子である．しかし，発生のプロセスは個々の細胞でばらばらに進むわけではない．細胞どうしが何らかのやりとりをしながら体全体で調和をもって進行する．そう考えると，転写因子だけでなく，細胞間のコミュニケーション（情報伝達，シグナル伝達）に使われる因子も，極めて重要な役割を担っていることが想像できるだろう．そのような因子を細胞間シグナル因子と称する．

細胞間シグナル因子は細胞の中で合成された後に細胞外に放出され，標的となる別の細胞に作用する（合成・放出した細胞自身が標的の場合もある）．細胞外の液体中に存在するので，液性因子とよばれることもある．多くの場合，細胞間シグナル因子は標的細胞に存在する受容体［レセプター（receptor）ともよばれ，細胞間シグナル因子を受け取る分子］に結合することで，標的細胞に何らかの応答を引き起こす（図2-3）．細胞間シグナル因子には様々な種類があるが，それぞれの細胞間シグナル因子に対して特異的な受容体が存在する．この関係はよく鍵と鍵穴の関係に例えられ，ちょうど「はまる」関係でないと，作用が発揮されない．したがって，細胞間シグナル因子はどのような細胞

にも作用できるのではなく，その細胞間シグナル因子に特異的な受容体を発現している細胞にのみ作用できるわけである．なお，受容体という語句に対応して，受容体に結合する物質のことをリガンド（ligand）と称する．また，受容体の中には，そのリガンドが未だに同定されていない種類も多いが，そのような受容体をオーファン受容体（孤児受容体；orphan receptor）とよぶ．

　細胞間シグナル因子の代表例は，成長因子（growth factor；増殖因子，細胞増殖因子ともいう），サイトカイン（cytokine），ホルモン（hormone）に分類されるような分子である（この分類はかなりあいまいであり，例えば，成長因子にもサイトカインにも分類される分子も多いので，分類自体にはあまり意味がない）．いずれも，標的細胞の受容体に結合することで作用を発揮する．

　通常，高い濃度の細胞間シグナル因子は標的細胞の応答を強く誘起し，低い濃度では弱い応答しか誘起しない．つまり，濃度依存的に作用の強弱が変わる．しかし，発生過程ではたらく細胞間シグナル因子の中には，作用する濃度によって全く異なる応答を引き起こすものもある．このような細胞間シグナル因子を特にモルフォゲン（morphogen）とよび，産生源の細胞から濃度勾配を伴って拡散し，その濃度の違いに応じて標的細胞に様々な応答を引き起こす．濃いモルフォゲンにさらされた細胞（産生源に近い細胞）と薄いモルフォゲンにさらされた細胞（産生源から遠い細胞）では全く異なる応答を示すわけだ．

　また，受容体にも様々なタイプが存在し，標的細胞の表面（細胞膜上）に存在するものもあれば，細胞内に存在するものもある（図2-4）．リガンドが水溶性の分子である場合，その受容体は細胞膜上に存在することが多く，リガンドが脂溶性の分子である場合，その受容体は細胞内に存在することが多い．細胞膜はリン脂質から構成されているため，水溶性のリガンドは細胞膜を通り抜けることができない．そのため，受容体は細胞膜上で待ち構えている必要がある．一方，脂溶性のリガンドは細胞膜を簡単に通過できるので，受容体は細胞内で待機している場合がほとんどである．なお，細胞内に存在する受容体の中には，リガンドと結合した後，核内に移動し，ゲノムと結合して転写因子として

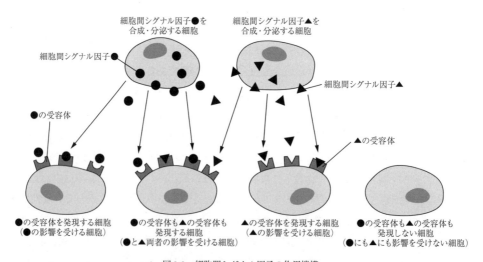

図2-3　細胞間シグナル因子の作用機構
　それぞれの細胞間シグナル因子に対して特異的な受容体が存在し，細胞間シグナル因子はその受容体に結合することで作用を発揮する．したがって，それぞれの細胞間シグナル因子は，その細胞間シグナル因子に特異的な受容体を発現している細胞にのみ影響を及ぼす．

機能するものも多い．そのような受容体を核内受容体とよび，エストロゲン（女性ホルモン）受容体，アンドロゲン（男性ホルモン）受容体などの性ホルモン受容体が代表例である．核内受容体を介したシグナル伝達系は，細胞間シグナル因子が標的細胞で標的遺伝子の発現を一斉に制御するのに好都合なしくみだといえる．

　細胞間シグナル因子から転写因子による遺伝子発現制御に至るまでの流れの別の例として，Wnt/β-カテニンシグナルを挙げておきたい（図2-5）．Wnt（ウィントと読む）はモルフォゲンとしてはたらく細胞間シグナル因子であり，標的細胞の細胞膜上に存在する受容体 Frizzled と結合すると，標的細胞内でいくつかの応答を引き起こす．そのうちの1つがβ-カテニンというタンパク質の安定化と蓄積，そして核への移行である．核に移行したβ-カテニンはTcfやLefといった転写因子と結合することで，種々の遺伝子の発現を促進する．このWnt/β-カテニンシグナルは，発生過程で体軸や体節の形成，各種器官の形成など実に様々なプロセスに関与することが知られており，本書でもこの後，何度か登

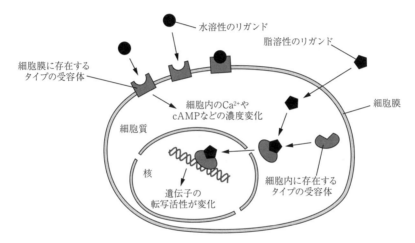

図2-4　細胞膜に存在する受容体と細胞内に存在する受容体
両者の間では，リガンドの性質やリガントと結合後に起こるイベントが異なる．

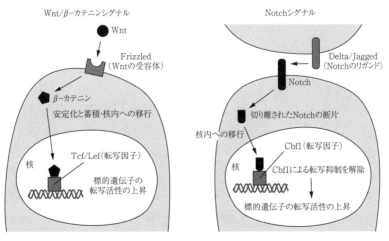

図2-5　Wnt/β-カテニンシグナルとNotchシグナル
いずれのシグナル伝達系も，様々な発生のプロセスに深く関与する．

場することになる．WntとFrizzledは単一の分子ではなく，それぞれ10種類以上のファミリーメンバーを含むため，結合するリガンドと受容体の組み合わせはかなり多くなる．それによって，標的細胞内で引き起こされる応答も多様になり，時期や場所に応じて様々な発生過程のイベントがもたらされると考えられている．

　ここまでみてきた細胞間シグナル因子はいずれも，合成された後に細胞外に放出され，離れた場所にある別の細胞に作用する液性因子である．しかし，細胞間シグナル因子の中には，細胞膜上に存在し，隣り合う細胞にのみ作用するタイプ（細胞外に放出はされないタイプ）のものも存在する．Notchシグナルというシグナル伝達系がそれである（図2-5）．Notchは細胞膜上に存在する受容体であり，そのリガンドであるDeltaやJagged（ショウジョウバエではSerrateとよばれる）もまた細胞膜上に存在する．したがって，これらのリガンドと受容体が結合し得るのは，両者を発現する細胞が隣り合っている場合のみである（なお，リガンドであるDeltaやJaggedと受容体であるNotchはよく似た構造をもつ）．DeltaやJaggedがNotchに結合すると，Notchの一部が切り離され，核内へと移行する．核に移行したNotchの断片は，遺伝子発現を抑制するタイプの転写因子であるCbf1と結合し，その発現抑制効果を解除する．NotchシグナルもWnt/β-カテニンシグナルと同様，複数種類のリガンドと受容体から成っており，様々な発生現象に関わっていることが知られている．例えば，体節が形成される際には，Notchシグナルによって隣接する細胞どうしの状態が同調し，均一な細胞集団が構築される．逆にニューロンが分化する際には，Notchシグナルは隣接する細胞が自分と同じ細胞にならないようにするために使われる．後者のようなシグナル伝達を側方抑制（lateral inhibition）とよび，特定の構造物を一定間隔でつくる際などに重要な役割を果たす．

§4. 細胞接着

　上記のNotchシグナルの項でも述べたが，細胞間のコミュニケーション手段は，何も液性因子のような飛び道具だけではない．生体内の細胞はほとんどの場合，遊離した状態ではなく，他の細胞と物理的につながった状態で存在する．そこでは細胞どうしが手を取り合い，より直接的なコミュニケーションを行っている．細胞どうしが物理的につながることを細胞接着（cell adhesion）といい，細胞どうしが直接つながっている場合もあれば，コラーゲンやフィブロネクチンなどの糖タンパク質で構成される線維状・網目状の構造体［これを細胞外マトリックス（extracellular matrix），あるいは細胞外基質とよぶ］を間にはさんでつながっている場合もある．細胞のつながり方にも様々なバリエーションがあり，細胞は自身がおかれた状況に最も適した方法で周囲の細胞とつながっている．また，細胞の表面には，細胞どうし，あるいは細胞と細胞外マトリックスをつなげる種々のタンパク質が突き出ている．このタンパク質を総称して細胞接着分子（cell adhesion molecule）とよぶ．

　細胞接着の具体例を説明する前に，組織（tissue）という概念について述べておきたい．組織とは同じ形態や機能をもつ細胞の集まりのことである．いくつかの組織が集まって形成されるのが，脳や心臓，筋肉などの器官（organ）である．一般的に，魚類を含めた動物の組織には，上皮組織（epithelial tissue），結合組織（connective tissue），筋組織（muscle tissue），神経組織（nerve tissue）の4種類がある（図2-6）．上皮組織は，体の表面や各種器官の表面を覆う層状の組織である．上皮組織の細胞

は互いに密着して並んでおり，隙間（細胞間隙）がほとんどない．それによって外側と内側がしっかりと隔てられる．内側の環境を一定に保つための仕切りやバリアのような役目をもつと考えればよいだろう．器官の表面を覆う細胞から派生し，消化液やホルモンなどを分泌する分泌細胞や，感覚器にあって種々の感覚刺激を受容する感覚細胞も上皮組織に含まれる．結合組織は基本的に，他の組織どうしをつなぎ合わせ，体や器官の構造・形態を支持する役目をもつ組織である．細胞はまばらで，大部分は上で述べた線維状・網目状の細胞外マトリックスである．それによって構造や形態が支えられている．特に，他の組織との境界には，コラーゲンを主成分とする膜状の細胞外マトリックスが存在し，これを基底膜（basement membrane）とよぶ．血液やリンパ，軟骨や骨，脂肪組織も結合組織に含まれる．筋組織は筋線維（筋細胞ともいう）とよばれる細胞から成る，いわゆる筋肉である．骨格筋，平滑筋，心筋を構成する．神経組織は，脳（中枢神経系）やそれ以外の各器官中の神経系（末梢神経系）を構成する組織で，神経細胞（ニューロンともいう）とグリア細胞から成る（グリア細胞とは，ニューロン以外で神経系に存在する全ての細胞の総称なので，神経系にはこの2種類の細胞しか存在しないことになる）．

　では，代表的な細胞接着の種類を4つみていこう．1つ目はタイトジャンクション（tight junction；密着結合ともいう）とよばれるもので，水のような低分子さえも通さないほど細胞どうしが密着して結合する接着様式である（図2-6）．上皮組織に典型的な細胞と細胞の間の接着様式であり，このタイトジャンクションによって，上皮組織の外側と内側が完全に分離された空間となる（もしも上皮組織の細胞どうしがタイトジャンクションによって結合されていなければ，細胞間隙から物質がどんどん内部に入ってきてしまうとともに，内部からも物質が漏れ出てしまうだろう）．タイトジャンクションは，主としてクローディン（claudin）という細胞接着分子によって2つの細胞が結合されることで形成される．

　2つ目はアドヘレンスジャンクション（adherence junction；接着結合ともいう）とよばれる細胞接着である（図2-7）．比較的ゆるめの結合様式で，状況に応じて離れることも，接着部分の形を変えながら結合を維持することもできる．そのため，細胞の移動や形態変化を可能とする．アドヘレンスジャンクションでの主要な細胞接着分子はカドヘリン（cadherin）やインテグリン（integrin）であり，カドヘリンは細胞どうしの接着に，インテグリンは細胞と細胞外マトリックスの接着に使われる．発生の過程で様々な組織が形成されていく際には，同じ種類の細胞どうしが集合し，別の種類の細胞が排除されなければならない．このプロセスの鍵となるのがカドヘリンである．カドヘリンには様々なタ

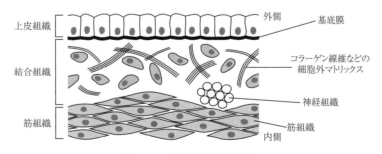

図2-6　一般的な器官の組織構成
各器官は一般的に，上皮組織，結合組織，筋組織，神経組織の4種類の組織から構成される．

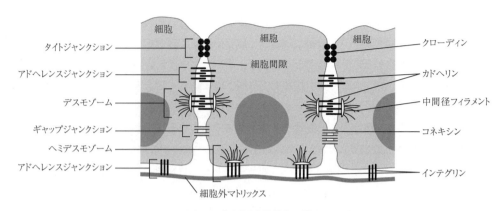

図2-7 代表的な細胞接着の種類
タイトジャンクション，アドヘレンスジャンクション，ギャップジャンクション，デスモゾーム，ヘミデスモゾームを示した．各接着様式には，それぞれ独自の細胞接着分子が関わっている．

イプがあり，細胞の種類によって，異なるタイプのカドヘリンが発現している．同種のカドヘリンどうしは接着するが，異なる種類のカドヘリンだと接着しないため，しだいに同種の細胞だけで集まるようになる．

3つ目はデスモゾーム（desmosome；接着斑ともいう）とヘミデスモゾーム（hemidesmosome；半接着斑ともいう）とよばれる細胞接着である（図2-7）．細胞骨格を構成する線維（中間径フィラメント）と結合した円盤状のタンパク質が細胞膜のすぐ内側にあり，そこから細胞外に向かって突き出ている細胞接着分子どうしで結合する接着様式である．細胞接着分子はアドヘレンスジャンクションと同様，カドヘリンやインテグリンである．デスモゾームとヘミデスモゾームの違いは結合する相手である．細胞どうしが結合している場合をデスモゾームとよび，細胞と細胞外マトリックスが結合している場合をヘミデスモゾームとよぶ．

4つ目はギャップジャンクション（gap junction；ギャップ結合ともいう）という細胞接着である（図2-7）．パイプ状の構造を形成する細胞接着分子であるコネキシン（connexin）によって，細胞どうしが連結される．このパイプ構造が連絡通路となり，細胞どうしの内部が物理的につながるので，イオンや小さな分子は細胞間を自由に行き来できるようになる．細胞どうしが同調してはたらく必要がある場合などに好都合な細胞接着様式だといえる．

§5．細胞増殖

ここまで，転写因子や細胞間シグナル因子，細胞接着分子について述べてきた．では次に，発生の過程でこれらの因子によって引き起こされる細胞レベルでのイベントをいくつか示してみたい．まずは細胞の増殖（proliferation）について述べる．そもそも発生プロセスのスタートはたった1個の受精卵であり，それが細胞分裂を繰り返して増殖し，胚体を形成していく．その過程では，転写因子や細胞間シグナル因子を含めた細胞内外のシグナルによって細胞が増殖していく状況が幾度となく繰り返される．そのことは，細胞増殖因子とよばれるカテゴリーに属する細胞間シグナル因子が数多く存在することからもうかがえる．細胞分裂には，通常の体細胞分裂（mitosis）と，生殖細胞のみが行う

特殊な減数分裂（meiosis）の2種類があるが，ここでは体細胞分裂についてのみ述べることとする．

体細胞分裂の過程は，前期（prophase），中期（metaphase），後期（anaphase），終期（telophase）の4つのステージに区分される．前期には核膜が次第に消失していき，核内にある染色体が凝集し始める．その結果，顕微鏡を使えば染色体がはっきり観察できるようになる．中期には分裂する断面（赤道面）に染色体が並び，後期にはその染色体が両極に分かれていく．終期には核の分裂が終了し，核膜が再形成される．分裂溝ができて細胞質も2つに分かれると，細胞分裂が完了する（図2-8）．

細胞分裂で新たに生じた細胞が，また次の分裂を終えるまでの期間を細胞周期（cell cycle）という（図2-8）．細胞周期は，DNA複製の準備を行うG1期，DNA複製を行うS期，成長によって細胞が大きくなるとともに，細胞分裂の準備を行うG2期，そして実際に細胞分裂を行うM期という4つのステージから構成される．細胞分裂を行うM期以外のG1期，S期，G2期を合わせて，間期あるいは静止期とよぶ．静止期という名称がついてはいるが，実際には上で述べたように，分裂のための様々な準備を行う重要なステージである．また，細胞周期から外れて分裂が休止している状態をG0期という．

細胞周期を直接的に制御する物質は，細胞内に存在するサイクリンとサイクリン依存性キナーゼ（cyclin-dependent kinase；Cdk）である．サイクリンは細胞周期にともなって細胞内で合成と分解が繰り返されるタンパク質であり，サイクリン依存性キナーゼはサイクリンと結合して活性化される酵素である．活性化したサイクリン依存性キナーゼは，種々のタンパク質をリン酸化させ，それらのタンパク質の活性を制御することで細胞分裂を引き起こす．これらの物質の発現は，各種の細胞増殖因子などの細胞間シグナル因子の影響を受ける．なお，サイクリンとサイクリン依存性キナーゼが結合したもの（複合体という）は，その作用からM期促進因子（M-phase promoting factor；MPF）ともよばれる．

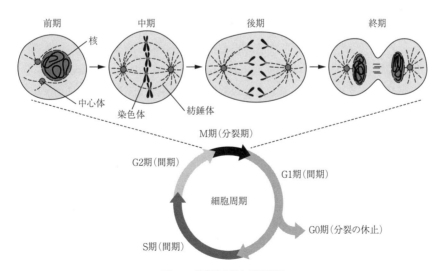

図2-8　体細胞分裂と細胞周期
体細胞分裂の過程は，前期，中期，後期，終期の4つのステージに区分される．細胞周期は，細胞分裂を行うM期の他に，G1期，S期，G2期から成る．また，細胞周期から外れて分裂が休止している状態をG0期という．

§6. 細胞の分化と幹細胞

次に細胞の分化（differentiation）について述べる．発生の過程で個々の細胞は，その場に応じた特殊な形態や機能をもつように変化，特化する．このように細胞が特殊化することを細胞の分化とよび，多くの場合，不可逆的なプロセスである．例えばヒトの体は数十兆個の細胞から構成されているが，その中には，ニューロン，皮膚の細胞，筋肉の細胞など多種多様な細胞が含まれる．細胞が分化した結果である．どのような細胞に分化するかは，その細胞でどのような遺伝子が発現するかで決まる．その遺伝子発現の制御に関わるのが，上記の転写因子や細胞間シグナル因子である．発生の過程では，ある細胞が細胞間シグナル因子を放出し，近くにある別の細胞を特定の細胞種に分化させることが多々あるが，このプロセスを誘導（induction）とよぶ．

発生学研究では，分化した，あるいは分化しつつある細胞を実験的に検出・可視化するために，マーカー遺伝子，マーカータンパク質というツールがよく用いられる．例えば，ニューロンに分化する細胞は，ニューロンの形態や機能を特徴づけるのに必要な遺伝子群を発現するようになり，皮膚の細胞は皮膚に特徴的な遺伝子群を発現するようになる．それぞれの細胞で特徴的に発現する遺伝子から転写・翻訳されたRNAやタンパク質，あるいはプロモーター活性を実験的に検出すれば，特定の分化した細胞を検出・可視化できる．このように，分化した各種細胞のマーカー（指標，目印）となる遺伝子やタンパク質のことをマーカー遺伝子，マーカータンパク質という．

細胞の分化を考えるうえで極めて重要なものに幹細胞（stem cell）がある．幹細胞とは，特定の細胞に分化する能力（分化能）をもち，かつ，未分化なまま増殖し続ける能力（自己複製能）をもつ特別な細胞のことである．発生の過程では各組織の中に存在する幹細胞から，その組織を構成する様々な細胞が分化する．例えば，脳内には神経幹細胞とよばれる幹細胞が存在し，それが増殖・分化してニューロンとグリア細胞ができる．また，生殖腺内には，生殖幹細胞とよばれる幹細胞が存在し，それが増殖・分化して卵や精子ができる．

分化能にはいくつかのレベルがある．全身のどのような細胞にも分化でき，その細胞だけから個体をまるごと形成することができる全能性（totipotency），全身のどのような細胞にも分化できるが，その細胞だけでは個体になり得ない多能性（pluripotency），限られた複数種類の細胞に分化できる多分化能（multipotency；多能性と訳されることもあり，その場合，日本語ではpluripotencyと区別できないので注意が必要）などである．最もレベルの高い分化能である全能性をもつことが知られている細胞は今のところ，受精卵（と卵割のごく初期の割球）のみである．分裂を繰り返し，様々な細胞に分化していくにつれ，受精卵の分化能は次第に失われていく．しかし，上で例に挙げた神経幹細胞などのように，各組織の中には多分化能のレベルで分化能を保持した幹細胞が残り，その組織を構成する様々な細胞を生み出していく．

一方，受精卵には劣るが各組織中の幹細胞よりもはるかに高い分化能である多能性をもつ細胞の代表例は，胚性幹細胞（ES細胞；embryonic stem cell）や人工多能性幹細胞（iPS細胞；induced pluripotent stem cell）である．いずれも，発生の過程で自然に出現する細胞ではなく，人為的に作り出された細胞である．ES細胞は初期胚の細胞を取り出し，それを未分化なまま生体外で培養することによって作製される多能性幹細胞である．適当な条件下で培養する，あるいは再び初期胚に戻すこ

とによって，様々な組織，器官に分化させることができる．一方のiPS細胞は，すでに分化し終えた細胞に数種類の転写因子の遺伝子を導入し，生体外で培養することで作製される多能性幹細胞である（はじめて作製された際には，*Oct3/4*，*Sox2*，*Klf4*，*c-Myc* という4種類の転写因子の遺伝子が用いられたが，それ以降，この遺伝子の組み合わせ以外にも，いくつかのバリエーションが報告されている）．通常，いったん分化した細胞が幹細胞に戻ることはないが，これを遺伝子導入によって人為的に起こさせたのがiPS細胞である［分化した細胞が幹細胞に戻るプロセスを初期化（リプログラミング；reprogramming）という］．iPS細胞もES細胞と同じように，適当な条件下で培養する，あるいは生体内に導入することによって，様々な組織，器官に分化させることができる．原則的に，分化したどのような細胞からも作製可能であるので，ES細胞のように受精卵や初期胚を扱う必要がなく，倫理的な問題がないこと，また，その個体自身の細胞から作製可能であり，生体に戻した場合に拒絶反応が起こらないと考えられることから，特に再生医療への応用に大きな期待が寄せられている．

§7. 細胞死

発生の過程で起こる細胞レベルのイベントとして，次に細胞死（cell death）について説明したい．細胞死とは文字通り細胞が死ぬことであるが，発生の過程では，組織や器官の形態や機能を変化させる，あるいは維持させるために，あらかじめ決まった時期に決まった場所で細胞死が起こることがよくある．寿命や損傷などによって事故的に細胞が死ぬわけではなく，精密に制御された状態で（あらかじめプログラムされた状態で）細胞死が起こるわけである．このような積極的な細胞死をアポトーシス（apoptosis）あるいはプログラム細胞死とよぶ（厳密に言えば，アポトーシスよりもプログラム細胞死の方が広義な細胞死であり，アポトーシス以外のプログラム細胞死もある）．逆に，事故的な細胞死はネクローシス（necrosis）あるいは壊死（えし）とよばれ，病原菌に感染してしまった組織や，有毒生物の毒に侵されてしまった組織などでよくみられる．

アポトーシスとネクローシス，この2つの細胞死は，起こるプロセスが全く異なっている（図2-9）．アポトーシスでは，細胞は収縮し，細分される．核内のクロマチン（DNAとヒストンタンパク

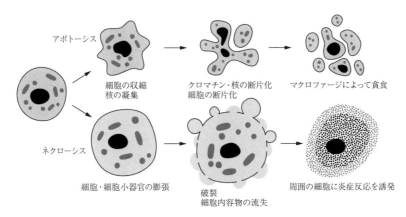

図2-9 アポトーシスとネクローシス
アポトーシスとネクローシスとでは，起こるプロセスが全く異なっている．

質が結合した構造体）や核自体も断片化される．これらのプロセスは，細胞膜が保持された状態で進行するため，細胞の内容物が外に漏れ出すことはない．また，アポトーシスを起こした細胞は最終的にマクロファージという細胞に貪食され，きれいに消失する．一方，ネクローシスでは，細胞小器官も細胞そのものも膨張し，やがては破裂する．内容物が漏れ出すので，周囲の細胞に炎症反応を引き起こす．また，アポトーシスは比較的速やかに進行するのに対し，ネクローシスはゆっくりと進行する．

以下，発生の過程で重要な役割を演じているアポトーシスが起こるプロセスについてみていくことにする．発生過程でアポトーシスが起こるのは，何らかの理由で生理的に細胞を除去する必要がある場合である．例えば，四肢動物の指は，発生の過程で生えてくるのではなく，指間の細胞がアポトーシスによって除去されることで形成される．また，オタマジャクシがカエルに変態する際に尻尾が消失するのは，尻尾を構成する細胞がアポトーシスを起こすためだと考えられている．自分自身を敵だと認識して攻撃してしまう免疫細胞が発生過程で死滅するのも，アポトーシスの代表例である．洞窟に生息し，眼が退化したブラインドケーブフィッシュ（*Astyanax jordani*）という魚では，発生過程でいったん眼が形成されかけるが，アポトーシスによって消失することが知られている．

アポトーシスを引き起こす分子機構にはいくつかの経路が存在するが，主要なものは以下の3つである（図2-10）．1つ目は，FasリガンドやTNFαなどのデスリガンドと称されるサイトカインの一種によって引き起こされる経路である．いわば，細胞に死を宣告する細胞間シグナル因子によってもたらされる経路である．細胞膜上にはFasリガンドやTNFαに対する受容体であるFasやTNFα受容体が存在する．そこにFasリガンドやTNFαが結合すると，細胞内でカスパーゼ（caspase）と総称される一群のタンパク質分解酵素が活性化され，アポトーシスが起こる．カスパーゼには様々な種類があり，アポトーシスの初期にはたらくイニシエーターカスパーゼと，そのイニシエーターカスパーゼによって活性化されてアポトーシスの後期にはたらくエフェクターカスパーゼの2つに大別される（カスパーゼの話に限らず，実際に効果を示す分子のことをエフェクターとよぶことがある）．デスリ

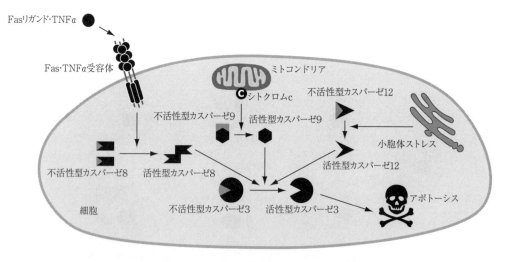

図2-10　アポトーシスが引き起こされる分子機構
主要な経路として，FasリガンドやTNFαなどのデスリガンドよって引き起こされる経路，ミトコンドリアを介する経路，小胞体ストレスが引き金となる経路の3つがある．いずれの経路によっても，連鎖反応的にカスパーゼの活性化が引き起こされる．

ガンドによって活性化される主要なイニシエーターカスパーゼとエフェクターカスパーゼは，それぞれカスパーゼ8とカスパーゼ3である．

　2つ目の経路は，細胞外からのシグナルではなく，細胞内の要因によって引き起こされる経路である．細胞内にはBcl-2ファミリータンパク質というアポトーシスを促進も抑制もするタンパク質の一群が存在する．それらのタンパク質のバランスによってアポトーシスを促進するシグナルが発せられると，ミトコンドリアからシトクロムcが放出される．それにより，イニシエーターカスパーゼの一種であるカスパーゼ9が活性化され，さらにエフェクターカスパーゼであるカスパーゼ3が活性化される．

　3つ目の経路も細胞内の要因によるものである．小胞体の中に異常な立体構造のタンパク質が蓄積すること（これを小胞体ストレスとよぶ）が引き金となり，それがイニシエーターカスパーゼの一種であるカスパーゼ12を活性化する．その結果，やはりエフェクターカスパーゼとしてカスパーゼ3が活性化される．

　これらのいずれの経路によってアポトーシスが引き起こされる場合でも，最終的にはカスパーゼ3がはたらくことになる．したがって，活性化されたカスパーゼ3を実験的に検出すれば，アポトーシスを起こしている細胞を同定できる．なお，アポトーシス細胞の同定には，断片化されたDNAを検出する方法もよく用いられる．

§8. 細胞の移動

　発生の過程では，特定の細胞が長い距離を移動する現象もみられる．例えば，発生のかなり早い段階で誕生した生殖細胞（卵や精子のもととなる細胞）は，かなり長い距離を移動し，発生後期に出現する生殖腺の原基に飛び込む．それによって生殖腺が形成される．また，神経系が形成される過程で神経管の背側に出現する神経堤細胞（neural crest cell）とよばれる細胞集団は，その後，胚体の様々な部位まで長い距離を移動し，末梢神経や色素細胞などに分化する．神経細胞も，最終的に定着する場所とは異なる場所で誕生し，そこから目的地まで移動することがしばしばある．

　このような細胞の移動には，ケモカイン（chemokine）というサイトカインに分類される一群のタンパク質によって制御されていることが多い．目的地となる組織からはケモカインが放出され，一方，移動中の細胞の細胞膜上には，ケモカインの受容体が発現している．ケモカインには，その受容体をもつ細胞を引き寄せる作用があり，細胞にとっては，いわば目的地の目印となる物質であるといえる．例えば，上に挙げた生殖細胞，神経堤細胞，神経細胞の移動のいずれも，目的地となる領域からはSdf1というケモカインの一種が放出され，移動中の細胞ではその受容体であるCxcr4が発現しており，これらの分子によって移動が制御されていることが知られている．

　また，移動中の細胞では一時的にカドヘリンのような細胞接着分子の量が減少することも知られているが，一時的に接着をゆるめ，移動しやすくするための現象と考えてよいだろう．また，多くの場合，細胞外マトリックスが移動の経路として重要であり，細胞はインテグリンなどを使い，細胞外マトリックスを足場として移動する．

〔大久保範聡〕

文　献

Mark, M., Rijli, F. M., Chambon, P. (1997): Homeobox genes in embryogenesis and pathogenesis. *Pediatr. Res.*, 42, 421-429.

第3章 受 精

有性生殖を行う動物種では通常，受精（fertilization）によって，新たな個体が生み出される．受精によって卵（egg）と精子（sperm）のゲノムが融合し，新たなゲノムの組み合わせをもつ個体が誕生することになる．それにより，絶えず変化し続ける自然環境に適応し得る多様な個体が生み出される．このことは，有性生殖の意義でもある．

受精にはもう1つの意義がある．卵を活性化することである．受精をきっかけとして，卵は停止していた減数分裂（meiosis）を再開し，完了させることができる．また，卵割（cleavage）とよばれる特殊な体細胞分裂を行うこともできるようになる．そうして，受精によって活性化された卵は，個体を生み出すための胚発生を開始する．

正常な受精のプロセスのためには，いくつかの重要なポイントがある．受精時までに卵や精子が受精可能な状態になっていること，卵が分裂様式を減数分裂から体細胞分裂に変更すること，同種間の卵と精子のみで受精が成立するようにすること，複数の精子が受精しないようにすること，などである．本章では，これらのポイントを中心に，魚類の受精について概説する．

§1. 受精の準備

まずは，卵や精子が受精可能な状態になるまでのプロセスをみていこう（図3-1）．詳細については第10章を参照してもらいたいが，脊椎動物では，卵と精子はいずれも，胚発生時に出現する始原生殖細胞（primordial germ cell）を起源とする．始原生殖細胞の出現からしばらくすると，卵巣や精巣のもととなる生殖腺原基が形成される．将来卵巣あるいは精巣になる生殖腺原基に入った始原生殖細胞は，それぞれ卵原細胞（単数形はoogonium，複数形はoogonia），精原細胞（単数形はspermatogonium，複数形はspermatogonia）とよばれるものになり，体細胞分裂を繰り返して増殖する．

1-1 卵が受精可能になるまでのプロセス

卵原細胞はその後，体細胞分裂を止めて減数分裂を開始し，卵母細胞（oocyte）とよばれるようになる（図3-1）．開始された減数分裂は，第一分裂前期の複糸期（ディプロテン期）まで進むが，個々の卵母細胞が濾胞組織とよばれる細胞集団に取り囲まれて存在するようになると，そこでいったん停止する．卵母細胞はその後，濾胞組織の助けを借りて成長，成熟していくことになる．

第一分裂前期で減数分裂を停止した魚類の卵母細胞は，胚発生時の栄養源となる卵黄を蓄積していくとともに，卵膜（egg envelope）とよばれる膜状の細胞外マトリックスに包まれるようになる．卵膜は，魚類ではコリオン（chorion），両生類では卵黄膜，鳥類では卵黄膜内層，哺乳類では透明帯とよばれることが多い．魚類の卵膜には，卵門（micropyle）という1個の精子がぎりぎり通ることが

できるほどの大きさの小孔が形成される．軟質魚類であるチョウザメの仲間の卵は数個ないし十数個の卵門をもつが，真骨魚類の卵は動物極（animal pole）とよばれる位置に1個の卵門をもつ．魚類では一般に卵膜が非常に厚く，精子が卵膜を貫通することができないため，受精時には，この卵門を通って卵に到達することになる．一方，四肢動物の卵には卵門がない．詳しくは後述するが，四肢動物の精子には卵膜を溶かして貫通する特殊な能力が備わっているため，卵門は必要ないのである．卵門は，濾胞組織中に存在する顆粒膜細胞（granulosa cell）から分化した1個の卵門細胞によって形成される．卵門細胞は卵母細胞に向けて太く長い突起を伸ばし，その突起を卵膜に差し込む．この突起は卵母細胞の成熟とともに退縮し，排卵時に除去されるので卵膜に小孔の卵門ができることになる．

　卵黄の蓄積や卵門の形成を終えた魚類の卵母細胞は，次に成熟の段階に入る．卵母細胞の成熟の引き金を引くのは，プロゲスチン（progestin；黄体ホルモンともいう）というステロイドホルモン（細胞間シグナル因子の一種）である．プロゲスチンは，下垂体から分泌される生殖腺刺激ホルモン（ゴナドトロピンともいう）の作用によって，成熟した顆粒膜細胞から分泌される．プロゲスチンはその役割から，卵成熟誘起ステロイド（maturation-inducing steroid；MIS），あるいは卵成熟誘起物質（maturation-inducing substance；MIS）ともよばれる．多くの魚種では，卵母細胞の核（卵核胞；germinal vesicle）はもともと卵母細胞の中心付近にあるが，プロゲスチンの刺激によって起こる細胞質の成熟に伴って動物極の卵門の近くまで移動する（ただし，卵門の直下ではなく，卵門から少しだ

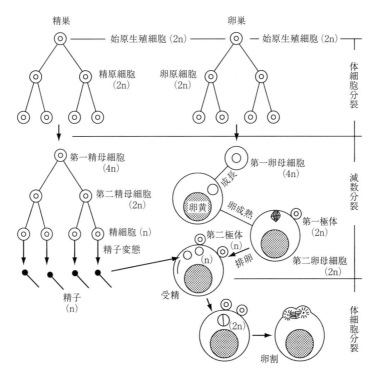

図3-1　卵形成と精子形成
　卵と精子はいずれも，始原生殖細胞から生じる．卵は，体細胞分裂を繰り返す卵原細胞が減数分裂を開始し，成長（卵黄蓄積）や成熟を行う卵母細胞を経て，排卵の後に受精に至る．精子は，体細胞分裂を繰り返す精原細胞が減数分裂を行う精母細胞，そして精子変態を行う精細胞を経て受精に至る．括弧の中には核相を示した．

け離れたところに位置するようになることが多い）．これにより，受精の際に卵門を通って卵表に到達した精子の頭部は卵表と速やかに融合できることになる．なお，動物極の反対側は植物極（vegetal pole）とよばれる．また，プロゲスチンの刺激によって，卵表層のみに数多く存在する表層胞（cortical alveolus）とよばれる細胞小器官も，細胞膜に内接する位置まで移動する．表層胞は精子侵入の刺激で外分泌によって，その内容物が卵表と卵膜の間の隙間（囲卵腔；perivitelline space）に放出される．それにより卵膜が細胞膜から著しく離れることになる．

さらにプロゲスチンの刺激によって，卵母細胞でサイクリンBというタンパク質が合成される．サイクリンBは，もともと卵母細胞にあったcdc2という別のタンパク質と複合体を形成して，卵母細胞成熟促進因子（maturation-promoting factor；MPF）となる．続いてこの複合体がリン酸化され，活性型のMPFとなる．この活性型MPFの作用によって，卵門付近まで移動した卵核胞の核膜が崩壊（卵核胞崩壊；germinal vesicle breakdown；GVBD）し，停止していた減数分裂が再開される．第一減数分裂の完了とともにサイクリンBが分解され，MPFは一時不活性化されるが，その後サイクリンBが再合成され，再びMPFが活性化されることで，速やかに第二減数分裂に移行する．しかし，卵母細胞中に含まれる細胞分裂抑制因子（cytostatic factor；CSF）のはたらきによって，第二減数分裂の中期で再び停止する．この第二分裂中期の状態で卵母細胞は成熟した濾胞組織層を卵巣に脱ぎ捨てて卵巣腔に排卵されることとなる．排卵された卵母細胞は，そこでようやく「卵」とよばれるようになり，やがて受精を迎える．ちなみに，MPFは卵母細胞成熟促進因子として発見されたのであるが，全ての真核生物の細胞で細胞周期をM期に移行させるはたらきをもつことも明らかとなり，M期促進因子（M-phase promoting factor；略称はMPFで変わらない）ともよばれるようになった．

多くの魚種では，第一分裂前期で減数分裂を停止した段階の卵母細胞には，まだ受精能（fertilizability）が備わっていない．この段階の卵母細胞から卵門細胞を含む濾胞組織を剥がして人工授精させても，卵細胞質に入った精子の核は雄性前核（male pronucleus）に変化せず，細胞内Ca^{2+}濃度の増加や表層胞の崩壊などの卵の活性化（卵付活；egg activation）反応もみられない．

卵核胞崩壊が起こり，減数分裂を再開して第一分裂中期まで進むと，卵母細胞は受精能を獲得する．この段階の卵母細胞から卵門細胞を含む濾胞組織を剥がして人工授精させると，第一極体を放出して第一減数分裂を完了し，正常な雄性前核の形成と卵付活反応も示す．ただし，通常とは異なり，雌性前核（female pronucleus）の核相は2nとなり，核相がnの雄性前核と融合して核相が3nの受精卵となる（図3-2）．第二減数分裂を省略した早熟受精（precocious fertilization）となるため，多倍数性の胚を生み出してしまうわけである（Iwamatsu, 1965）．つまり，卵母細胞は第一減数分裂を完了する前の段階ですでに受精能を獲得していて，その時点で受精すると第二減数分裂を省略するため，2nの雌性前核が生じる．したがって，その核と侵入した精子核が合体して胚は倍数体（polyploid）となってしまう．このような状況を防ぐために，卵母細胞は，精子侵入による付活によって第二減数分裂を省略するようなことがなくなる時期まで濾胞組織に包まれ，排卵が起きないことによって精子侵入から保護されているものと考えられる．

以上のような減数分裂の停止と再開，成熟，受精能獲得の機構は，魚類だけでなく，脊椎動物全般に共通な機構であると考えられている．

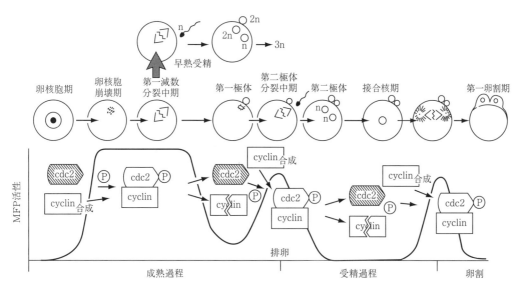

図3-2 卵成熟過程から受精，卵割に至るまでのMPFの増減

MPFはサイクリンBとcdc2の複合体であり，リン酸化されることによって活性化する．卵成熟期に活性化されたMPFは，その後，サイクリンBの分解と再合成に伴って増減を繰り返す．それにより，卵核胞崩壊，減数分裂の再開と停止などの重要なイベントが引き起こされる．Pはリン酸基を示す．図中には，第一減数分裂中期で受精してしまった場合（早熟受精）の様子も示してある．

1-2 精子が受精可能になるまでのプロセス

精原細胞も卵原細胞と同じように，体細胞分裂を繰り返して増殖した後，減数分裂へと移行し，精母細胞（spermatocyte）とよばれるようになる（図3-1）．ただ，精母細胞の減数分裂は卵母細胞の場合とは異なって等分裂を行い，途中で停止することなく完了するまで進む．また，減数分裂を終えた精母細胞を精細胞（spermatid）とよぶが，減数分裂によって1個の精母細胞から4個の精細胞が生み出される点も，減数分裂を経ても細胞数が増えない卵母細胞（1個の卵母細胞からは1個の卵しか生み出されない）とは対照的である．

精細胞はその後，精子変態（spermiogenesis）とよばれる劇的な形態の変化を起こし，精子となる．この過程で鞭毛が分化し，大部分の細胞質が脱落することで，精子らしい形態となる．鞭毛の分化と細胞質の脱落のいずれも，精子が遊泳し，卵まで到達するための形態変化である．魚類でも哺乳類でも，精子変態を終えたばかりの精子には運動能がない．魚類では，ここまでのプロセスは精巣中の精小囊（seminal lobule）という構造の中で進行するが，完成した精子が精小囊から輸精管に排出されることによって，はじめて運動能を獲得する．この過程を精子成熟（sperm maturation）とよぶ．輸精管内は高pH環境になっており，この高pH環境が精子成熟に必要であることが示されている．哺乳類でも，精子が精巣から精巣上体（epididymis）とよばれる密集した細精管の中を通過することで，はじめて運動能を獲得することが知られている．

一方，完成した精子を魚類と他の脊椎動物で比べた場合，大きく異なる点がある．真骨魚類の精子には先体（acrosome）がないことである．無脊椎動物も含めて大部分の動物種の精子の頭部には，卵膜などの卵を覆っている構造物を貫通するために重要な酵素を含む細胞小器官が備わっている．これが先体である．魚類の卵膜には卵門が開いており，そこを通って卵表に到達できるため，真骨魚類の

精子には卵膜を溶かして貫通するための先体のような構造は必要ないと考えられている．ただ，円口類のカワヤツメ（*Lethenteron japonicum*）や軟質魚類のチョウザメ（*Acipenser mikadoi*）では，卵に卵門があるにも関わらず，精子が先体をもつことが報告されている．

§2. 卵と精子の出会い

体外受精を行う多くの卵生魚類においては，環境水中で卵と精子が出会うことになる．魚類の精子は精子変態を終え，輸精管を通過する段階で，すでに運動能も受精能も獲得している．そのため，オスの放精（sperm release）によって体外に放出された精子は，すぐに活発な運動を開始し，メスの体外に放卵（egg release）された卵と出会えば，速やかに受精する．例外的に，メスの体内で卵と精子が出会うニジカジカ（*Alcichthys elongatus*）のような卵生魚も存在するが，その場合も受精が起こるのは放卵後の環境水中である．受精にはCa^{2+}が必要だが，ニジカジカのメスの体内にはCa^{2+}が少ないからである（Munehara ら，1989）．

輸精管内にある精子は運動能をもつものの，そこでは運動することはない．それが体外に放出されると，環境水との浸透圧差によって細胞内のCa^{2+}濃度が上昇し，鞭毛運動によって活発に泳ぎだす（海水魚では浸透圧の上昇が，淡水魚では浸透圧の低下が運動の引き金となる）．一方，サケ科魚類では，この原則とは異なり，環境水中のK^+濃度の低下に伴い，細胞内のcAMP濃度が上昇することで精子が運動を開始する．なお，魚類の鞭毛運動は，他の動物種と比べて振幅が小さいことが知られている．

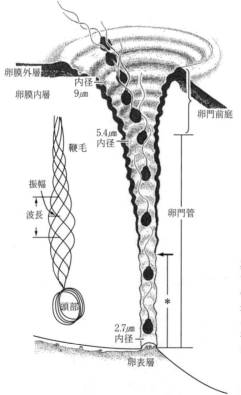

図3-3　メダカにおける卵門に進入する精子の様子
真骨魚類の卵の卵膜には，卵門という小孔が開いており，精子はそこを通って卵に到達する．卵門の奥の部分（卵門管）は，1個の精子がぎりぎり通ることができるほどの広さしかない．そこをスムーズに通過するために，真骨魚類の精子は，鞭毛運動の振幅が小さいという特徴をもつ．
※卵門管内壁が卵膜内層のみでできている部分で，受精で卵膜の薄層化に伴い，癒着して塞がる．（矢印：内層と外層の境）

卵門の入口の部分（卵門前庭；micropylar vestibule）は比較的広くなっているが，その奥の卵門管（micropylar canal）部分は1個の精子がぎりぎり通ることができるほどの広さしかない（図3-3）．精子がそこをスムーズに通過するためには，鞭毛運動の振幅が小さくなければならないのである．

　動物種を問わず，完成した卵と精子は受精能を失わないうちに互いに出会い，受精する必要がある．そのための機構として，精子の鞭毛運動を活性化したり，精子の運動軌跡を変化させて精子を引き寄せる物質が卵から放出されていることが，やはり種を問わず示されている．ただ，それらの物質の実体は動物種によるバリエーションが大きいようで，高分子のタンパク質から低分子のペプチド，単一のアミノ酸，さらには非タンパク質性の有機化合物まで，種によって様々である．このことは，これらの物質には種の特異性があり，それによって同種の卵と精子が出会う確率を特異的に高めていると解釈できる．

　魚類においても，様々な種の卵に，精子の鞭毛運動を活性化する物質が存在することが古くから示されてきた．それらの物質のほとんどは，その実体がまだ明らかにされていないが，ニシン（*Clupea pallasii*）においては，タンパク質分解酵素阻害因子の一種であるトリプシンインヒビターとよく似た構造をもつペプチド（herring sperm activating proteins；HSAPs）が，精子を活性化する物質として同定されている．このペプチドは濾胞組織で産生され，卵母細胞の卵膜全体に蓄積されている．成熟

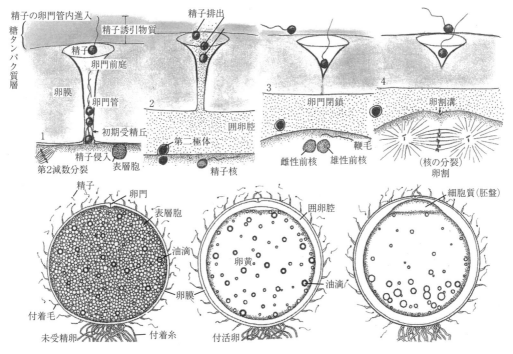

図3-4　メダカにおける精子の卵内侵入と卵の反応

上段には卵門付近の拡大図を示した．(1) 卵膜と卵門の表面には，精子を誘引する糖タンパク質の層が存在する．最初の精子が卵門を通過して卵に到達すると，受精丘という膨らみが形成され，卵門がいったん塞がれる．(2) 表層胞の崩壊によって囲卵腔が広がり，その内圧によって余剰精子が卵門外に押し出される．(3) 卵膜とその表面の糖タンパク質の層が薄くなるとともに，卵門管が潰れ始める．(4) 卵門管が完全に閉塞する．下段には，表層胞が崩壊することで囲卵腔が広がり，卵膜が上昇する際の卵の全体像を示した．卵門がある動物極に原形質が集積し，胚盤が形成される様子も示した．日本発生生物学会（1977）の図を改変．

後に放卵と同時に環境水中へと放精され，卵と出会った精子は，そのペプチドを受容して，鞭毛運動を活性化させる．ニシンにおいてはもう1種類の物質が報告されている．それは，精子運動開始因子（sperm motility initiation factor；SMIF）という分子量の大きな糖タンパク質である．SMIFもHSAPsと同様に精子の鞭毛運動を活性化するが，HSAPsとは異なり，卵門近くの卵膜に限局しており，環境水中に放出されることもない．HSAPsの作用によって卵門近くまでたどり着いた精子を卵門へと誘導する作用をもつものと考えられる．メダカ（*Oryzias latipes*）でも，未受精卵の卵膜および卵門の表面に，精子と強い親和性をもつ何らかの糖タンパク質が層状に存在していることが示されている（図3-4）．この糖タンパク質によって，精子は卵の表面に引き止められ，卵門へと誘導されると考えられている．受精が完了すると，卵膜の構造が変化して卵門が閉じるとともに，その糖タンパク質の層が消失し，卵門に進入する精子の数が激減することが示されている．未受精卵の卵門管を流動パラフィンでふさいでも，卵門前庭内に入る精子の数は変わらない．したがって，受精後に卵門に進入する精子の数が減少するのは，卵門が閉じるからではなく，この糖タンパク質の層が消失するためと考えられる．

　また，タナゴの仲間を用いた研究などから，魚類の精子活性化物質の種特異性は，それほど厳密ではないことが示されている．魚類の中には，他種の精子を借りて卵を活性化することで，メスだけで子孫をつくる雌（単）性発生（parthenogenesis）を行う種も存在するが（Beatty，1967），厳密な種特異性がないからこそ，このようなことが可能となっているのかもしれない．なお，脊椎動物の精子がどのようにして卵から放出された物質を受容するかは，あまりよくわかっていないが，哺乳類の精子が複数の嗅覚受容体（匂い成分を検知する受容体）を発現していることが報告されている．

　卵門の形態は魚種によって様々であるが，コイ科の一種（*Luciocephalus* sp.）やナマズの一種（*Sturisoma aureum*）などでは，卵膜の表面に，卵門に向かう放射状の溝が存在することが示されている．卵の表面にたどり着いた精子を卵門へと誘導するための構造だと考えられる．

§3. 卵内への精子の侵入

　次に，卵と精子が出会ってから，それらの細胞膜どうしが融合するまでのプロセスをみていくことにするが，上述したように，魚類の精子には先体がなく，卵には卵門がある．他の脊椎動物種にはみられないこの特徴のために，魚類は他の動物種とは全く異なるプロセスを経ることになる．

　哺乳類では，精子が透明帯に達すると，精子の頭端部の細胞膜とそれに内接する先体の前側の膜が融合する反応（細胞内膜融合）によってその先体部分の膜が胞状化して崩壊する．それにより，先体内に含まれていたタンパク質分解酵素が外分泌（エキソサイトーシス；exocytosis）によって外に放出されるとともに，先体の後側の膜が露出する．この現象は先体反応（acrosome reaction）とよばれ，哺乳類以外の四肢動物や無脊椎動物にも共通してみられる現象である．例えば，受精の研究に古くから用いられてきた無脊椎動物のウニでも，精子が卵膜のさらに外側を覆うゼリー層に到達すると先体反応が引き起こされることが示されている．先体反応で放出されたタンパク質分解酵素のはたらきによって，先体の後膜と接した透明帯部分が融解され，精子が透明帯を貫通できるようになると考えられている．哺乳類の先体反応は，まず精子の頭端部の細胞膜成分が，透明帯を構成する糖タンパク質

ZP3と結合することで引き起こされる．精子とZP3の結合には種の特異性があり，精子は同種のZP3であれば結合できるが，異なる種のZP3には結合できない．このことが，同種間の卵と精子でなければ受精が成立しない"受精の種の特異性"を保証していると考えられている．

一方，魚類では，多くの種の精子は先体をもたず，卵門のおかげで卵膜を融解する必要もないため，先体反応は起きない．そのような魚類で，受精の種の特異性がどのようなしくみで保証されているのかについては明らかとなっていないが，魚類の卵膜にも，ZP3に類似の糖タンパク質が存在することが知られている．このことから，魚類における受精の種の特異性にも，哺乳類と同様に卵膜が重要な役割を果たしていることが考えられるが，魚類では近縁種であれば雑種を作れることが多く，他種の精子を借りて雌性発生を行う種も存在することから，受精の種の特異性はそれほど高くはないと考えられる．

先体反応を終え，透明帯を通過した哺乳類の精子は，速やかに卵表に接着し，膜融合を開始する．魚類でも，卵門を通過した精子の頭端の細胞膜は卵の細胞膜との細胞間膜融合を開始する．真骨魚類と同様に，哺乳類でも，精子の先体内膜ではなく，その後方側面の細胞膜から膜融合が始まるが，無脊椎動物や先体をもつヤツメウナギ，チョウザメの仲間では露出した先体内膜から膜融合が始まる．動物種を問わず，卵表面の精子が侵入した部位には，受精丘（fertilization cone）とよばれる膨らみが形成される．魚類の場合は，形成初期の受精丘によって卵門がいったん塞がれることになる．このような現象は，メダカやゼブラフィッシュ（*Danio rerio*），アユ（*Plecogrossus altivelis*），コイ（*Cyprinus carpio*），サケ（*Oncorhynchus keta*）など，様々な魚種で確認されている．卵と精子の膜融合までにかかる時間は魚種によって大きく異なっており，媒精してから膜融合までにかかる時間はマミチョグ（*Fundulus heteroclitus*）が最速で3秒以内，コイがおよそ10秒，ヨーロッパナマズ（*Silurus glanis*）がおよそ20秒である．

§4．精子との融合に伴う卵の活性化

4-1 卵の膜電位の変化と細胞内 Ca^{2+} 濃度の一過的な上昇

卵と精子が膜融合を起こすと，その刺激によって卵に様々な反応が引き起こされる．最も早くにみられる卵の反応は，膜電位の変化と細胞内 Ca^{2+} 濃度の一過的な上昇であり，これが後に続く種々の反応の引き金となる．

卵は精子と膜融合すると，膜の脱分極（膜電位がプラス方向に変化すること）を起こす．脱分極が起こるタイミングは，膜融合した精子が運動を停止するタイミングとほぼ一致し，メダカでは，精子が卵門に進入してからおよそ5秒後である．この脱分極は無脊椎動物から魚類，哺乳類までに共通にみられる現象であるが，ウニでは脱分極状態がしばらく維持されるのに対し，メダカでは，ごく短い脱分極の後に，逆に過分極（膜電位がマイナス方向に変化すること）状態となることが知られている（Nuccitelli, 1980）（図3-5）．

また，卵と精子が膜融合を起こすと，精子の侵入時点で細胞質中の Ca^{2+} 濃度の一過的な上昇（メダカではおよそ300倍に上昇）が起こり，それが卵全体へと広がっていく．この現象も，動物種を問わず普遍的にみられる現象である．魚類では，卵門がある動物極が精子の侵入地点となり，細胞質は卵

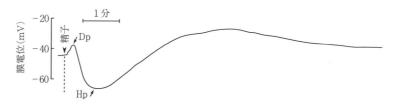

図3-5 受精に伴うメダカの卵の膜電位の変化
精子が卵門に進入してからおよそ5秒で膜の脱分極［depolarization（Dp）］が起こり，引き続いて表層崩壊に伴う膜の過分極［hyperpolarization（Hp）］が起こる．Nuccitelli ら（1980）の図を改変．

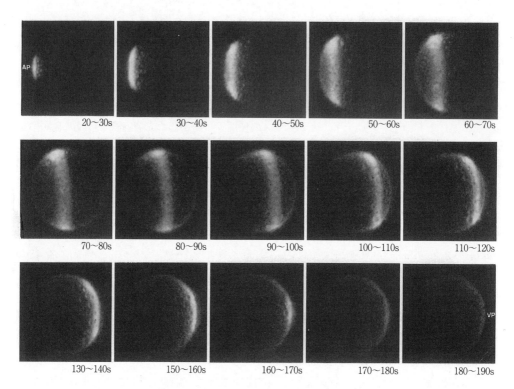

図3-6 受精に伴うメダカ卵の細胞内 Ca^{2+} 濃度の増加とその伝播
受精時のメダカ卵の細胞内 Ca^{2+} 濃度を可視化し，10秒ごとに連続撮影した．写真中の白い部分が Ca^{2+} 濃度が高い部分．動物極（図中の AP）の精子刺激点で生じた細胞内 Ca^{2+} 濃度の増加波が，植物極（図中の VP）に向かって卵表を伝播する様子がみてとれる．

の表面に薄く存在するため，細胞質中の Ca- 貯蔵部（小胞体）から放出される Ca^{2+} の濃度上昇は，動物極から植物極に向けて卵の表層部を伝播することになる．増加した遊離 Ca^{2+} は，細胞質中の卵付活に関与するタンパク質にすぐに取り込まれて消失するため，実験的に Ca^{2+} を可視化してみると，リング状の Ca^{2+} 濃度が高い領域が動物極から植物極に向けて移動していくのがみえる（図3-6）．Ca^{2+} 濃度の上昇が卵表全体に伝わる速度は動物種によって異なるが，メダカ卵ではおよそ130秒かかる．

4-2 表層胞の崩壊と卵膜の変化

卵の細胞膜のすぐ内側には，表層胞という細胞小器官が多数存在するが，卵と精子の膜融合に伴っ

て細胞質中のCa^{2+}濃度が上昇すると，それが引き金となり，表層胞の崩壊が起こる．すなわち，高濃度のCa^{2+}によって卵が精子と細胞間膜融合すると，そのまわりの卵細胞膜とそれに内接する表層胞の膜との細胞内膜融合によって，表層胞内容物の外分泌（エキソサイトーシス）が起こり，表層胞が崩壊して消失する．Ca^{2+}濃度が上昇した部位から表層胞が順次崩壊していくので，表層胞の崩壊も動物極から始まり，植物極へと伝播していくことになる．これに要する時間は，Ca^{2+}濃度上昇の伝播に要する時間とほぼ同じとなり，メダカでは上記の通り，およそ130秒（26°C），コイでは3～4分（20～22°C），トゲウオの仲間では3分強（18°C），タイリクバラタナゴ（*Rhodeus ocellatus*）では20～30分（25°C）である．なお，表層胞の崩壊は，精子による刺激だけでなく，Ca^{2+}の注入やガラス針などによる機械的な刺激や物理化学的な刺激でも引き起こすことができることが知られている．

表層胞はその膜が細胞膜と融合して，エキソサイトーシスによってその内容物（レクチンや多糖類，タンパク質分解酵素などが主成分）を，卵と卵膜の間の隙間である囲卵腔に放出する．それにより，卵表層の細胞質部分が薄くなって卵の容積が小さくなるとともに，囲卵腔に放出された成分が囲卵腔の浸透圧を上昇させるため，さらに外部から囲卵腔に水が流入する．これらの変化とともに，卵膜自体も薄くなって卵表面から離れるので，囲卵腔が著しく拡大する（図3-4）．この現象は，海産無脊椎動物では古くから知られている"受精膜の形成"である．

多くの動物種ではこの後さらに，卵膜の硬化（強靭化とも表現する）が起こる．そのため，例えば，受精前や受精直後のメダカの卵は触ると簡単に潰れてしまうが，受精後数十分経ったメダカの卵は指で揉んでも潰れないくらい強靭になる（メダカでは，表層胞の崩壊から10分ほどで卵膜の硬化が始まる）．こうして卵膜が硬化することで，胚体は孵化まで安全に発生を進めることができるようになる．卵膜の硬化は，卵膜を構成するタンパク質どうしが強固に架橋されることで起こる．その引き金を引くのは，表層胞から分泌されるアルベオリンというタンパク質分解酵素であることがメダカで示されている．また，卵膜の硬化には，環境水中にCa^{2+}が一定量以上存在する必要があることが，様々な魚種で示されている．したがって，Ca^{2+}を含まない飼育水中では卵膜の硬化が起きないので，胚の取り扱いが極めて難しくなる．

精子との膜融合が卵の表層部に引き起こすこれら一連の反応は，魚類に限らず，無脊椎動物から哺乳類まで普遍的にみられ，表層反応（cortical reaction）とよばれる．また，この反応の過程で表層胞の膜が卵細胞膜と融合して付加するため，卵表が増加し，ダブつきを起こす．その結果，卵の張力が減少する．しかし，やがては細胞膜成分が卵表層内に取り込まれて，細胞膜の構成が変化することでダブつきが減り，張力も増加するとともに，細胞膜のはたらきにも変化がもたらされる．この一連のプロセスは，受精卵に生理的な活性化を引き起こすので，卵付活とよばれている．

4-3 減数分裂の完了と雌雄両前核の融合

先にも述べたように，魚類を含め，脊椎動物の卵は第二減数分裂中期の状態で排卵され，受精を迎える．卵と精子の膜融合に伴って細胞質中のCa^{2+}濃度が上昇すると，それが引き金となり，CSFの活性が低下するとともに，サイクリンBの分解が起こり，MPFが不活性化される．それにより，第二減数分裂が再開，完了する（図3-2）．第二減数分裂の完了に伴って第二極体が放出され，卵核は，核相がnの雌性前核となる．卵と精子の膜融合から第二減数分裂の完了（第二極体の放出）までに要

する時間は魚種によって異なり，マミチョグでは約3分間，ニジカジカでは約5分間，メダカでは5〜10分間，ギンブナ（*Carassius auratus langsdorfii*）やタナゴ類では15〜30分間，そしてコイでは20〜30分間である．

一方，卵門直下の卵細胞質に侵入した精子の核は，核膜の崩壊とクロマチンの脱凝縮を経て膨潤化し，核膜を再形成して雄性前核となる．精子の侵入から核膜が崩壊するまでに要する時間も魚種によって異なり，メダカやニジカジカでは約3分間，タナゴ類では約5分間であるが，マミチョグでは約20分間かかる．

魚類では，表層反応の後に大規模な原形質流動が起き，卵表層にほぼ均一に存在していた細胞質が動物極側に集積する．こうして動物極に形成された原形質の集まりが胚盤（blastdisc）である．この過程で，雌性前核は大きくなりながら原形質流動に乗って雄性前核に向かって移動していき，形成途中の胚盤の中心部分で雄性前核と融合して接合子核を形成する．精子の侵入から雌雄両前核の融合までに要する時間は，メダカでは約40分間であるが，コイでは50〜60分間，タナゴ類では60分間である．

§5. 多精拒否機構

受精がもつ最大の意義は，核相がnの卵と精子のゲノムを合わせ，新たなゲノムの組み合わせをもつ核相2nの個体を生み出すことにある．そのためには，1個の卵に対して1個の精子が受精する必要がある．これを単精受精（monospermy）という．場合によっては，1個の卵に対して複数の精子が受精する多精受精（polyspermy）が起こることがあるが，その場合，多くの動物種では発生が正常に進まなくなる．卵には，このような多精受精を起こさないためのしくみがいくつか備わっており，これらを多精拒否機構とよぶ．多精拒否機構には，卵の細胞外ではたらく機構と細胞内ではたらく機構があるので，それらを順にみていこう．

5-1 細胞外多精拒否

排卵後の哺乳類の卵には，卵膜（哺乳類の卵膜は一般に，透明帯とよばれる）の外側に，粘性の高いマトリックスに包まれた卵丘細胞の層が存在する．したがって，精子が卵に到達するには，卵丘細胞の隙間のマトリックスをくぐり抜け，さらに卵膜（透明帯）を通過しなければならない．同様に，ウニの卵には，卵膜の外側にゼリー層とよばれる障害物が存在するため，精子はゼリー層を通過した上で卵膜を通過しなければならない．それぞれの精子がこれらの障害物をくぐり抜けるのに要する時間は均一ではないので，これらの動物種では，複数の精子が同時に卵表に到達する可能性は低くなる．さらに，これらの動物種では一般に，受精の場に到達する精子の数もそれほど多くないため，複数の精子が同時に卵に到達することは極めて稀となる．

一方，魚類の卵は卵膜の外側に障害物をもたないが，卵膜が内層と外層の二重構造となっており，精子が貫通できない構造となっている．そのかわり，前述のように卵膜に卵門という小孔が開いており，精子は狭い卵門管を通って卵表に到達する．一般に，卵門の太さ（管の内径）は1個の精子がぎりぎり通ることができるほどであるため，結果的に，複数の精子が同時に卵表に到達することはない．

したがって，複数の精子が卵門管内に一列に連なるが（図3-4），先頭の精子が卵の細胞膜に到達して膜融合すると，精子の侵入部位に受精丘という膨らみが形成されて卵門が塞がれるため，2番目以降の精子は卵に到達できなくなる．

　また，先に述べた通り，最初の精子が膜融合したことに伴う細胞内 Ca^{2+} 濃度の上昇によって表層胞が崩壊すると，卵膜および卵の細胞質表層が薄くなって囲卵腔が広くなる．その際，表層胞の内容物が囲卵腔に放出されることで囲卵腔の浸透圧が上昇し，それに伴う吸水によって，囲卵腔内圧も上昇する．その結果，魚類では囲卵腔の内液が卵門から噴出するようになり，卵門中に存在する2番目以降の精子は卵門の外に押し出される（図3-4）．さらに，卵膜が薄くなり，卵門管が塞がることで，2番目以降の精子は物理的に卵から遠ざけられることになる．また，レクチンなどの表層胞内容物には，精子の運動停止と凝集を引き起こす作用があるため，表層胞内容物を含む囲卵腔液にさらされた2番目以降の精子は運動を停止し，凝集することになる（Ginzburg, 1972）．

　以上のように，卵膜の薄層化に伴って卵門の卵門管部分（内壁が卵膜内層のみでできている）が潰れて癒着・閉塞するため，新たな精子の侵入を物理的に不可能にする（図3-4）．メダカやヒラメ（*Paralichthys olivaceus*）では卵門が完全に閉塞し，サケ科魚では卵門が精子が通れないほどに狭くなることが示されている．タイリクバラタナゴでは，卵門直下の卵細胞質の表層がちぎれ，卵門を塞ぐことが示されている．それと同時に，卵膜と卵門表面に存在し，精子を卵門へと誘導していた糖タンパク質の層が消失するため，卵門へと向かう精子の数が減少することが，メダカで示されている．

　チョウザメ類の卵は，動物極側の狭い領域に複数の卵門をもつので（*Ascipenser sturio* で3～9個，*A. transmotanus* で3～15個），複数の精子が卵内に侵入することを許す構造となっている．しかし，最初の精子が卵内に侵入すると，その後ごく短時間で上記のような表層反応や卵門の閉塞が起こるため，単精受精が保証されている．ただ，放精された精子の濃度が高いと，いくつかの卵門に精子が同時に侵入することがある．その場合は，表層反応が間に合わず，複数の精子の卵内侵入を許すことになる．こうして生じた受精卵は病的多精受精卵となり，胞胚期以降に発生を進めることはできない．

　また，海産の無脊椎動物の卵では，最初の精子が膜融合したことに伴う膜電位の変化が，2番目以降の精子が膜融合することを防いでいることが知られている．しかし，メダカの卵では，膜電位の変化は2番目以降の精子の膜融合を阻害しないことが報告されており，魚類では，卵の膜電位の変化は多精拒否に関与しないと考えられている（Nuccitelli, 1980）．

5-2　細胞内多精拒否

　これまで述べてきたように，真骨魚類の受精は原則として単精受精であるが，無脊椎動物では一部の軟体動物と多くの昆虫類，脊椎動物でもサメ類，有尾両生類，爬虫類，鳥類で，正常な現象として多精受精が認められることがある．これを生理的多精受精（physiological polyspermy）とよぶ．生理的多精受精の場合，複数の精子が卵内に侵入するが，卵核と合体する精子核は1つで，それ以外の余剰の精子核は細胞内で退化し，消失する．イモリでは，10個以上の精子核が卵内に侵入しても，卵核に最も近い精子核のみが卵核と合体し，それ以外の精子核は，雄性前核あるいは染色体様の形態をとるものの，接合子核に近いものから退化，消失していくことが示されている．

　単精受精を行うメダカの卵から卵膜を除去して媒精すると，数多くの精子が卵表に接着し，卵内に

侵入する．しかし，その後に雄性前核を形成する精子の数は，侵入した精子の10％程度にとどまる．卵細胞質中に存在し，前核形成を促進する物質の量に限りがあるため，あるいは卵細胞質中には複数の前核の形成を抑制する物質が存在しているために，このような現象が起こると考えられている．

　ギンブナは，地域集団によっては全ての個体が三倍体のメスであり，雌性発生によって繁殖することが知られている．しかし，卵を活性化し，発生を開始させるためには，これまでに述べてきたような受精のプロセスが必要であるため，異種の精子で受精が起こる．雌性発生を行う三倍体のギンブナの卵母細胞は，第一減数分裂を途中で停止して第一極体を放出しないまま第二減数分裂に移行する．そのため，異種の精子との受精に伴って第二極体を放出した後も，卵核の核相は3nのままとなる．その際，卵内に侵入した異種の精子核は，雄性前核には変化せず，もとの形状のまま卵核の近くにとどまる．その結果，精子の刺激と中心粒の導入によって，雌性前核のみで卵割を開始する偽受精となる．精子核が雄性前核に変化できないのは，核膜が崩壊しないことが原因である．このことは，卵内には本来，精子核の核膜を崩壊させ，雄性前核に変化させる因子が存在するが，雌性発生を行う三倍体のギンブナでは，何らかの理由でその因子がはたらかなくなっていることを示唆している．ギンブナの卵は，核膜を崩壊させ，雄性前核に変化させる因子の作用を阻害することで，細胞内で多精拒否を行っていると考えることもできる．

　魚類の受精についてより詳しく学びたい場合は，章末に記した岡田（1989），Iwamatsu（2000），岩松（2004）などを参照されたい．

（岩松鷹司）

文献

Beatty, R. A.（1967）: Parthenogenesis in vertebrates. In Fertilization（Metz C. B., Monroy, A. eds）, Academic Press, pp.413-440.
Ginzburg, A. S.（1972）: Fertilization in fishes and the problem of polyspermy.（Detlaf, T. A. ed）, Translated from Russian, pp.366.
Iwamatsu, T.（1965）: On fertilizability of pre-ovulation eggs of the medaka, *Oryzias latipes*. *Embryologia*, 8, 327-336.
Iwamatsu, T.（2000）: Fertilization in fishes. In Fertilization in Protozoa and Metazoan Animals（Tarin, J. J., Cano, A. eds）, pp.89-145.
岩松鷹司（2004）: 魚類の受精．培風館．
Munehara, H., Takano, K., Koya, Y.（1989）: Internal gametic association and external fertilization in the elkhorn sculpin, *Alichthys alcicornis*. *Copeia*, 1989, 3, 673-678.
日本発生生物学会（1997）: 受精の生物学．岩波書店．
Nuccitelli, R.（1980）: The fertilization potential is not necessary for the block to polyspermy or the activation of development in the medaka egg. *Dev. Biol.*, 76, 499-504.
岡田節人（1989）: 脊椎動物の発生（上）．培風館．

> コラム

受精波の発見

　精子の刺激によって起こる卵表層の劇的な変化として，表層胞の崩壊がある．山本（1944）は，メダカ卵において表層胞の崩壊が精子刺激によってどのように全卵表に伝播されるかを調べるために，未受精卵を遠心機にかけ，赤道部の遠心側に表層胞が，求心側に油滴が集まった卵を準備した．その遠心卵を媒精すると，精子の侵入部，すなわち表層胞のない動物極部から離れた赤道部にある表層胞が崩壊した．このことから，何か不可視的な衝撃波が精子の刺激点から卵表層を伝わって遠く離れたところにある表層胞の崩壊を引き起こすと考え，その衝撃波を「受精波（fertilization wave）」とよんだ．その33年後に精子刺激点から卵表全体に伝わる不可視的な衝撃波の本体が細胞の膜電位の変化ではなく，細胞内 Ca^{2+} の増加波であることが米国の Ridgway ら（1977）によって示された．

（岩松鷹司）

Ridgway, E. B., Gilkey, J. C., Jaffe, L. F.（1977）: Free calcium increases explosively in activating medaka eggs. *Proc. Nat. Acad. Sci. U.S.A.*, 74, 623-627.
山本時男（1943）: 魚類の発生生理. 養賢堂, pp.221.

第4章　初期胚発生

　たった1つの細胞である受精卵から様々な細胞が生み出され，それらの細胞が決まった位置に配置されることで，個体のもととなる初期の構造，つまり胚体が形成される．受精卵はまず，卵割（cleavage）とよばれる特殊な細胞分裂を繰り返し，細胞数を増やしていく．卵割を終えた受精卵は胞胚（blastula）とよばれ，細胞分裂によってさらに細胞を増やす．胞胚はその後，細胞の大規模な集団移動を伴う形態形成運動を開始し，嚢胚（gastrula）となる．その形態形成運動の過程で，組織学的に区別可能な3つの細胞層［外胚葉（ectoderm），中胚葉（mesoderm），内胚葉（endoderm）の三胚葉］が分化し，胚体が形成されるに至る．本章では，この一連の流れを概説することとする．

　卵割の様式は動物種ごとに大きく異なる（図4-1）．そこでまず，魚類の卵の特徴と卵割様式について説明する．その後，受精から第1卵割に至るまでの過程と卵割の過程を，魚類におけるそれぞれの卵割様式と対応させて説明する．次に，魚類の胞胚および嚢胚の形態と構造について，そして三胚葉，胚体を生み出す形態形成運動について説明する．

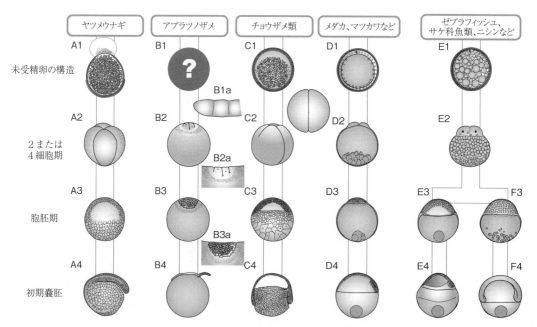

図4-1　様々な魚種の嚢胚期までの形態変化の模式図
Aはヤツメウナギ，Bは板鰓類（アブラツノザメ），Cはチョウザメ類，Dはメダカやマツカワなどの卵内に卵黄が1つの魚類，EとFはゼブラフィッシュ，サケ科魚類，ニシンなどの卵内に卵黄が多数含まれる魚類を示す．A1, B1, C1, D1, E1は，未受精卵の中の構造の模式図．B1aは排卵された卵の状態．A2, B2, C2, D2, E2は，2細胞期または4細胞期の外部形態．A3, B3, C3, D3, E3, F3は，胞胚期の胚の内部構造で，E3は卵割腔が顕著な胚，F3は卵割腔が少ない胚．A4, B4, C4, D4, E4, F4は，初期嚢胚の内部構造．本図の作成には，犬飼（1966），佐藤・影山（1989），岩松（2006）の情報を用いた．

§1. 魚類の卵の特徴と卵割様式

　魚類の卵の大きさは，最小で直径 0.3 mm（タナゴモドキ；*Hypseleotris cyprinoides*），最大で 240 mm × 227 mm（ジンベイザメ；*Rhincodon typus*）と様々である．魚類が様々な環境に適応し，多様性を獲得してきた結果に他ならない．なお，魚卵には様々な形態をした卵膜や卵殻が付属しているため，そのサイズは単純には比較できない．卵膜・卵殻には，卵そのものが分泌して形成した一次膜，卵形成の過程で卵巣の体細胞から付加された二次膜，そして，排卵後に輸卵管や子宮から分泌されて形成された三次膜がある．したがって，胚発生過程での卵サイズを比較する場合は，これらの卵膜を取り除いた一次膜までのサイズで比較する必要がある．

　基本的には卵サイズは遺伝的に決まると考えられるが，卵形成を行うメス親の栄養状態やゲノムサイズによっても変化する．例えば，ニシン（*Clupea pallasii*）では，栄養環境のよい秋産卵の群では卵サイズが大きく，栄養環境の悪い春産卵群では卵サイズが小さい．また，天然に三倍体や四倍体が存在するフナ類では，ゲノムの倍数性の増加に伴って卵サイズが大きくなる．これ以外にも，卵サイズには年齢や季節による変動があることが知られている．

　卵割の様式には，卵全体が分裂する全割と，卵の一部のみが分裂する部分割がある．さらに全割には，卵割によって生じる細胞（割球；blastomere という）の大きさが等しい等割と，大きさが異なる不等割の 2 つの様式がある．また，部分割には，動物極に集まった細胞質のみが分裂する盤割（discoidal cleavage）と，卵の中央部で核のみが分裂を繰り返した後，核が卵の表層に移動して表層の細胞質が分裂する表割がある．これらの卵割様式は，卵に含まれている卵黄（yolk）の量と局在によって決まると考えられている．無顎類や軟骨魚類，原始的な硬骨魚類も含めると，魚類の中には，全割を行う種と盤割を行う種が存在する．魚種によって卵中の卵黄の量と局在が大きく異なるのである．どちらの卵割様式になるかは分類群によって決まっているわけではない．例えば無顎綱では，ヤツメウナギ類は全割であるが，ヌタウナギ類は盤割である．軟骨魚綱のサメ類は盤割であるとされているが，詳細な卵割の状態が記載されているのはシビレエイの仲間とアブラツノザメ（*Squalus acanthias*）のみである．硬骨魚綱の中でも，肉鰭綱のハイギョ類，原始的な条鰭綱のポリプテルス類，チョウザメ類は全割であることが知られている．一方，これまでに調べられた真骨魚類は全て盤割である．盤割は，卵中に多量の卵黄を蓄積させる能力をもった魚類が，進化の過程で獲得した卵割様式であると考えられる．物理的な分断が細胞質よりもはるかに困難な卵黄部分を避けて卵割を進めるスタイルを獲得したわけである．そうであれば，卵黄量の多い大きな卵は盤割を行うと考えてよいだろう．実際，最も大きい全割卵の直径は，両生類のアシナシイモリ目の約 8 mm，魚類ではハイギョの一種（*Lepidosiren paradoxa*）の約 7 mm とされているのに対し，盤割卵ではニシネズミザメ（*Lamna nasus*）の 220 mm である．肉鰭綱のシーラカンス目は卵胎生であり，胚発生の様子は調べられていないが，卵の直径は約 70 mm であることがわかっている．この大きさから考えると盤割であると予想される．

§2. 初期発生段階の分類

　研究や調査の対象とした動物種の胚発生過程を理解するためには，発生の進行度合いに応じた特徴

的な外部形態に基づいて，それぞれの発生段階を定義しておくと便利である．このような考えのもと，いくつかの動物種で，外部形態を基にして各発生段階を定義した発生段階（発生ステージ）表が作られている．発生段階表は種間での胚発生過程を比較する際にも有用である．しかし，魚種ではそれぞれの種で研究の歴史的な背景が異なることもあり，各発生段階の定義や名称などに種間で統一されていない部分もある．一方，胚発生過程の詳細な解析が進むにつれ，旧来の発生段階区分だけでは不都合が生じることも出てきたため，発生段階は細分化される傾向にある．本章では以下に示す基準によって，受精から囊胚期までの発生段階を，1細胞期（one cell stage），卵割期（cleavage stage），胞胚期（blastula stage），囊胚期（gastrula stage）に区分することにした．

　1細胞期は，受精から第1卵割が起こるまでの受精卵の時期を指す．卵割期は，その名が示す通り，卵割が行われる時期である．卵割は全ての細胞で同調的に進むので，第1卵割によって細胞数は2個に，第2卵割によって細胞数は4個に，第3卵割によって細胞数は8個に，と規則的に細胞数が増えていく．細胞数が2個の時期を2細胞期，4個の時期を4細胞期，8個の時期を8細胞期などとよぶ．かつては64細胞期から128細胞期にかけての時期を桑実胚期とよんでいたが，近年はそうよぶことはほとんどなくなった．

　この受精から卵割までの過程は，単純に細胞数が増えるだけの過程ではなく，後に起こる細胞分化の土台を作る過程でもある．受精卵の細胞質は均質ではなく，その後の発生に必要な物質が細胞質中に不均一に存在している．したがって，卵割によって生じたそれぞれの細胞には，中身の異なる細胞質が分配されることになる．異なる細胞質をもった細胞は，異なる遺伝子発現パターンを示すようになり，それらの細胞どうしのコミュニケーションによって，さらに異なる細胞が生み出される．また，卵割によって生じた細胞はそれぞれ，胚中での空間的な位置が異なる．位置の違いは，環境の違いとして細胞に影響を与え，遺伝子の発現を変化させる．卵割を「様々な細胞を生み出す機構」と捉えると，初期発生をみる目が変わるであろう．

　胞胚期は，卵割期の特徴である同調分裂が終了する時期から，次に続く囊胚期までとする．胞胚期の開始時期をどこに設定するかは魚種間であまり統一されていないが，ここでは単純に同調分裂が終了する時期とする．ゼブラフィッシュ（*Danio rerio*）を含むコイ目魚類では，およそ10回目の卵割後が胞胚期の開始時期に当たる．この時期は従来，中期胞胚期とよばれていた．メダカ（*Oryzias latipes*）では，従来の後期胞胚期（発生段階表中のStage 11）の時点で非同調的な分裂が観察されるため，この時期から胞胚期とする．従来は，胞胚期を初期，中期，後期に細かく区分していたが，その境界が明瞭でないので，ここではそのような区分は行わないこととした．

　囊胚期は，全割卵では陥入が起こる時期から，盤割卵では胚環，胚盾とよばれる構造（詳しくは後述する）が認められるようになった時期からとし，胚体の前方部に脳胞（神経管の膨らみ；第9章参照）が形成され，神経胚期（neurula stage）となるまでとする．

　盤割を行う魚類では，胞胚期から囊胚期にかけての時期に，細胞層が平たくなり，卵黄を包み込むエピボリー（epiboly；覆いかぶせ運動ともいう）という形態形成運動が並行して起こる．エピボリーの進行状況は，胞胚期から囊胚期までを細分化するよい指標となる．しかし，魚種間による差が大きく，種を超えた共通の指標とはならないため，本章では，エピボリーと発生段階を対応させた記述はしないこととする．

§3. 1細胞期

　受精直後の卵と第1卵割直前の卵は同じ1つの細胞であるが，その内部構造は大きく異なる．卵には動物極（animal pole）と植物極（vegetal pole）の極性がある．動物極はその名の通り動的な領域であり，卵核が位置するのも，受精後に極体が放出されるのも動物極側である．盤割卵では，動物極に細胞質が集まり，胚盤（blastodisc）とよばれる構造（核を中心として原形質が多い部分）を形成する．一方，植物極は卵黄に富み，受精後の変化に乏しい．

　受精前（排卵後）の魚類の卵では，卵黄は卵黄球という構造物として細胞質中に存在する．卵黄球は限界膜で被われているため，細胞質と卵黄球は膜で隔てられている．この卵黄球の数によって，魚類の卵は2つのタイプに分けられる．1つ目は，大きな卵黄球が1つだけ卵内に存在し，その周囲を薄い細胞質が被っているタイプである（図4-1 D1）．卵の容積の大部分を卵黄球が占める．卵巣内での卵成熟過程で，はじめは複数あった小さな卵黄球が互いに融合することで，1つだけの巨大な卵黄球となる．マツカワ（*Verasper moseri*）を含む異体類やメダカなどの卵がこれに該当する．2つ目は，複数の小さな卵黄球が卵細胞質内に分散しているタイプである（図4-1 A1，C1，E1）．全割を行うヤツメウナギ類やチョウザメ類，盤割を行うサケ科魚類やニホンウナギ（*Anguilla japonica*），ニシン（*Clupea harengus*），ゼブラフィッシュなどの卵がこれに該当する．卵黄球が1つだけの卵では，卵割の際の分裂溝が巨大な卵黄球を分断できないため，全割することはない．それに対して，多数の卵黄球をもつ卵では，分裂溝が卵黄を避けて卵全体を分断し得るので，全割する魚種も存在する．

　受精前の卵では，細胞質や卵黄球，ミトコンドリアや油球を含め，様々な構造物や分子は卵内の特定の部位に偏って分布している．これらの不均一な卵内成分は，受精後にその配置を変える．動物半球に偏在していた細胞質はさらに動物極側へと移動し，胚盤を形成する．卵黄球が1つだけの卵では，動物極にレンズ状の胚盤が形成される．複数の卵黄球をもつ卵でも，動物極の細胞質量が増していく．後者のタイプに属するゼブラフィッシュの卵では，細胞質が動物極へと流れていくような像が観察されることから，この現象は細胞質流動（cytoplasmic streaming）と名付けられている．いずれのタイプの卵でも，結果として，卵黄球は植物極側に追いやられることになる．

　卵内での油球の位置でも，魚類の卵は2つのタイプに分けることができる．油球が細胞質内にあるタイプと卵黄球内にあるタイプである．サケ科魚類の卵は油球が細胞質内にあるタイプであるが，受精直後から油球の大部分が胚盤の直下に位置するようになる．そのため，油球の浮力で胚盤が上側に位置するようになる．メダカなどの卵でも油球は細胞質内にあるが，細胞質流動に逆らって植物極側へと移動していく．一方，多くの浮遊性の海産魚の卵では，1つまたは複数の油球が卵黄球内部に存在する．それらの油球は，人為的な方向転換や，発生の過程で卵黄球内での位置が変化することから固定されていないと考えられる．これらの卵では，卵黄球が植物極側に位置するため，その中の油球の浮力によって植物極が上，動物極が下という位置関係になることが多い．受精によって，卵の本体と卵膜の間に囲卵腔とよばれるスペースが形成されるが，卵の本体が油球の浮力でやや浮くため，これらの海産魚卵の囲卵腔は，下部，つまり動物極側でより広くなる．結果として，これらの卵では，動物極側の胚盤はこの鉛直下部の広いスペースの中で発生することになる．油球をもたないマツカワ（*Verasper moseri*）の卵でも胚盤は下方に位置することから，卵黄と胚盤の比重の差がこのような位

置関係を生み出している可能性も考えられる．

　受精後の細胞質の移動は，卵の表層に分布する微小管やアクチンフィラメントといった細胞内骨格のはたらきによると考えられている．微小管の脱重合を引き起こすコルセミドやノコダゾールなどの薬剤，あるいは低温や高温，圧力などで受精卵を処理することで微小管のはたらきを阻害すると，動物極への細胞質の集合が妨げられる．一方，サイトカラシンBなどのアクチンフィラメントの脱重合を引き起こす薬剤処理では，植物極への油球の移動が妨げられる．ゼブラフィッシュの卵表層を走査型電子顕微鏡で観察すると，細胞内に存在する線維状の細胞骨格に様々な物質が接着している様子が実際に確認できる．

　1細胞期の間に微小管束が植物極の表層部分に形成されるが，メダカの卵において，微小管は植物極を中心として放射状に広がるのではなく，植物極を跨ぐように半円形の束として形成されることが示されている．そして，この束が伸びる方向が将来の背側となる（第5章参照）．ゼブラフィッシュでは，受精卵を低温処理して微小管のはたらきを阻害すると，植物極に注入した蛍光物質が動物極方向へ移動しなくなることが報告されている．キンギョ（*Carassius auratus*）でも，受精卵を低温あるいは高水圧で処理して微小管のはたらきを阻害すると，その後の形態形成に関わる遺伝子の発現が失われたり少なくなったりする．これらの事実は，形態形成に関わる因子が，微小管に沿って植物極側から動物極側へ移動していることを意味する．魚類を含めた動物の卵は，受精前（母体内で成熟する間）に，受精後の初期発生時に必要となる様々な因子を合成・蓄積する．そのような因子を母性因子（maternal factor）とよぶが，微小管に沿って移動するのはこの母性因子に他ならない．受精後の細胞質の再配置は，卵形成過程で蓄積された母性因子のプログラムされた移動と捉えることができる．この移動を停止させたり乱したりすると，その後の発生に異常が生じることになる．

　受精後の細胞質の再配置がその後の発生に必要不可欠であることは，全割を行う両生類やホヤなどでも示されている．同じく全割を行うヤツメウナギ類ではまだ調べられていないが，チョウザメ類の受精卵では，細胞質の移動が起こることが知られている．このことは，卵の表面に分布していた色素の配置が変わるので，はっきりと確認できる．しかしながら，細胞質の再配置がその後の発生にどのような影響を与えているのかは，まだ明らかにされていない．

§4. 卵割期

　多くの真骨魚類の卵割は，胚盤のみが分裂する盤割である．第1卵割では，核分裂の後に胚盤上部の細胞膜に溝（卵割溝）が生じて細胞質が分断される．それにより，胚盤が二分され，2つの割球が生じる．しかし，細胞質は卵割溝によって完全には分断されないため，胚盤下部では両割球は細胞質を共有している．したがって，一方の割球に何らかの物質を注入すれば，もう一方の割球に流れ込むことになる．

　第2卵割以降のパターンは，大きな卵黄球を1つだけもつタイプの卵と多数の卵黄球をもつタイプの卵とでは若干異なる．大きな卵黄球を1つだけもつメダカの卵では，第2卵割後（4細胞期）に，第1，第2卵割で生じた卵割溝の下部の中央部分（胚盤底面の中心部分）から胚盤の周縁に向かって，細胞質を上下に分断する「くびり切れ」が起こる（影山，1990）．その結果，これ以降に誕生する割

球のうち，胚盤の中央部に位置するものは，全体を細胞膜で被われた完全に独立した割球となる．一方，この「くびり切れ」は胚盤周縁部の割球までは届かないため，胚盤周縁部の割球の細胞質は，隣接する割球の細胞質と連結していることになる．また，卵黄上には，無核の細胞質層が残る．それに対し，多数の卵黄球をもつ卵では，動植物極の軸に直行する卵割（水平に切れるイメージの卵割で，初期の卵割はこれに当てはまらない）によってはじめて，全体を細胞膜で被われた独立した割球ができる．ただ，独立した割球ができた後でも，胚盤の下部に位置する割球は，下側で互いに連結しており，この連結は，胞胚期の終わりまで続くこともある．

　卵割に伴う核の分裂，染色体の分配，細胞質の分裂のしくみは，通常の体細胞分裂と同様である．しかし，卵割には通常の体細胞分裂にはない特徴がいくつかある．1つ目は周囲の細胞と同調したタイミングで分裂することである．2つ目は分裂周期に関することである．通常の体細胞分裂では，分裂期（M期）と核DNAの複製期（S期）の間にG1期とG2期という準備期間があるが，卵割では，G1期がなくG2期も極めて短いため，ほぼM期とS期のみの繰り返しとなる．そのため，短い周期で分裂が繰り返される．例えば，ゼブラフィッシュの卵割では，15～20分間隔で分裂が繰り返される．また，準備期間がないために細胞はほとんど成長せず，分裂に伴って小さくなっていく．準備期間がなくても分裂を繰り返せるのは，分裂に必要なRNAやタンパク質が母性因子として卵形成の過程で卵内に蓄えられているからである．なお，水で付活化しただけの未受精卵の細胞質でも，分裂周期の存在を示す雌性前核の核膜の消失と再形成が自動的に起こることが明らかとなっている．以上のような卵割の特徴は，種によらず脊椎動物全般に共通してみられるものと考えられている．

§5. 胞胚期

5-1　中期胞胚遷移

　割球間で同調的に進む卵割は，ある時期を過ぎると非同調的な分裂へと変化する．卵割では，G1期がなくG2期も極めて短いため，ゲノムからの転写はほとんど起こらず，割球が動くこともない．しかし，非同調的な分裂に移行すると，G1期が出現し，分裂周期が長くなる．また，ゲノムからの転写と細胞の運動もみられるようになる．この時期は，中期胞胚遷移（mid-blastula transition；MBT；中期胞胚転移ともいう）と名付けられている．母性因子によって発生を制御する時期から，胚自身のゲノムからの遺伝子発現によって発生を制御する時期に移行する重要な分岐点である．非同調的な分裂は，細胞質の容積に対する核の容積の割合，すなわち，核／細胞質比が一定の値以下になると起こると考えられている．したがって，一腹の卵に由来しても，半数体，二倍体，三倍体とゲノムの倍数性が高くなるにつれて中期胞胚遷移の時期が早まる．

　真骨魚類において同調／非同調分裂期への移行から中期胞胚遷移の時期が調べられているのは，ゼブラフィッシュ，ドジョウ（*Misgurnus anguillicaudatus*）などにすぎない．メダカでは，割球の運動と雄性核からの遺伝子発現が認められるのは胞胚期の終わり頃であり，同調／非同調分裂の移行が認められる時期とずれている．

5-2 胞胚の構造

盤割卵では，胞胚期に入ると胚盤を構成する細胞の構造に変化が認められる．真骨魚類の胞胚の構造を図4-2に記した．胚盤を覆う最外層の細胞は，側方で互いに強固に結合し，被覆層（enveloping layer；EVL）とよばれる単層の細胞層となる．一方，卵黄と接する割球の核が卵黄の表層部に取り込まれ，複数の核を含む細胞質の層が形成される．この多核の細胞質層は，古くは鳥類と同様に周縁質（periblast）とよばれていたが，近年は卵黄多核層（yolk syncytial layer；YSL）とよぶことが多い．また，卵黄多核層を含む卵黄全体を卵黄細胞（yolk cell）とよぶ．被覆層と卵黄多核層に挟まれた部分に位置する細胞（胚盤を構成する大部分の細胞はこれに該当する）は，深層細胞層（deep cell layer；DCL，深部細胞層ともいう）とよばれる．これら3つの細胞層のうち，将来的に個体のからだを構成する細胞となるのは，深層細胞層のみである．盤割を行う胚では，深層細胞層と被覆層の間，深層細胞層と卵黄多核層の間，そして深層細胞層の細胞どうしの間に空間が観察されることがあるが，全割を行うヤツメウナギ類やチョウザメ類，両生類で認められる胞胚腔に相当する腔所は認められない．

5-3 被覆層

被覆層は，細胞どうしが側方で強固に結合した上皮組織である．被覆層における細胞間の結合は，細胞質の突起による単純なはまり合いから，次第にデスモゾーム（第2章参照）のような強固な構造に変わっていくことが，マミチョグ（*Fundulus heteroclitus*）での研究から明らかとなっている（Trinkaus, 1973）．胞胚期の中頃になると，被覆層の細胞は多くの場合，胚盤表面に平行に分裂して新しい上皮細胞を生み出す．しかし，直角方向に分裂して新たに深層細胞層の細胞を生み出す場合もある．したがって，被覆層のそれぞれの細胞がどの細胞系列になる運命にあるかは，胞胚期の中頃まで決まってはいないと考えられる．胞胚期の被覆層は単純なドーム型の形状であるが，その後，胚の形態に合わせながら変化し，胚体を覆い続ける．ただし，被覆層の形態変化は，内部の胚の形態に合わせた受動的な変化だけではない．後述するエピボリーの過程で，被覆層が自律的に表面積を広げることが，ニジマス（*Oncorhynchus mykiss*）での研究から明らかにされている．またその際，被覆層を構成する細胞は互いの位置関係をずらしながら，胚の形態に合わせて移動することが，マミチョグでの研究から明らかにされている．被覆層は孵化に至るまで胚を覆っているが，最終的には，外胚葉

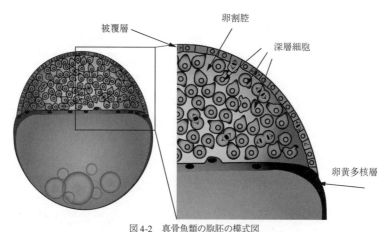

図4-2　真骨魚類の胞胚の模式図

由来の表皮細胞と置き換わることがいくつかの *Haplochromis* 属の魚種を材料とした研究で報告されている．被覆層は，卵割の過程で受精卵から生じるものの，個体にはならない胚体外組織とみなすことができる．

5-4　卵黄多核層

　卵黄多核層を構成する核は，胚盤の周縁部および下部に位置する割球に由来すると考えられている．多数の卵黄球を有する卵では，胚盤の周縁部や下部の細胞は，卵黄の細胞質とつながっている．これらの細胞から核が卵黄に落ち込み，卵黄多核層を形成する．卵黄を1つしかもたない卵では，胚盤の周縁部に位置し，「くびり切れ」がされていない割球の核が卵黄多核層を形成すると考えられる．ゼブラフィッシュでは，発生の進行とともに胚盤の中央部でも卵黄多核層が認められるようになる．次に起こるエピボリーの過程で，周辺部分から中央部に核が移動するからである．一方，キンギョでは，胚盤の中央部にも卵黄とつながっている割球が存在し，これらの割球からも核が落ち込んで，卵黄多核層が形成されると考えられる．また，卵黄多核層に移行した核は，胞胚期からエピボリーの時期にかけては有糸分裂によって活発に分裂する．

　キンギョやゼブラフィッシュ，ドジョウでは，胞胚期の胚盤を卵黄細胞から切り離して培養すると，胚盤は胚様体とよばれる不完全な胚体となる．胚様体には脊索や体節が認められる場合があるが，眼胞や脳胞は形成されない．しかし，卵黄多核層は残したままで卵黄細胞に傷を付けて卵黄を流出させた胚からは，眼胞のみならず，終脳から随脳にいたる脳が正常に形成される．一方，胞胚期に胚盤を切り離し，水平に180°回転させてもとに戻すと二次胚が形成される．これらのことは，卵黄多核層が胚盤に対して誘導作用をもつことを示しているが，詳しくは第5章で説明する．卵黄多核層は誘導作用をもつだけでなく，エピボリーの過程では細胞骨格の形成の中核をなす．また，孵化後は卵黄を分解し，卵黄中の栄養を胚体に供給するなど，胚発生の過程で様々な役割を担う重要な領域である．しかしながら，被覆層と同様に胚体外組織であり，卵黄吸収後は分解され，個体を形成する細胞として残らない．

5-5　卵黄細胞

　卵黄多核層が形成される動物極側の表層だけでなく，卵黄細胞の全ての表層は細胞質で被われている．これを卵黄細胞質層（yolk cytoplasmic layer；YCL）とよぶが，その厚さは魚種によって異なる．マミチョグやキンギョなどでは比較的厚いため，傷がついても内部からの卵黄の流出は少なく，すぐに修復される．一方，サケ科魚類やゼブラフィッシュ，ウグイ類などでは薄いため，小さい傷がついただけでも卵黄が流出し続け，致命傷となる．前者の魚種は，卵黄が細胞で被われていない発生段階においても，発生工学的な手術に堪えられる．それに対して後者の魚種では，卵黄が細胞で被われるエピボリーが完了するまで，外科的な手術は極めて困難で不可能に近い．

　卵黄細胞は周期的な収縮運動を示す．この運動は，律動収縮運動とよばれ，20種類ほどの硬骨魚類で報告されているが，その開始時期は魚種によって異なる．キンギョでは卵割期に始まり，メダカではエピボリーが1/3ほど進んだ時期から観察されるようになる．この運動はサイトカラシンBにより阻害されることから，マイクロフィラメントが関与すると考えられている．キンギョの律動収縮運動

は，卵黄の植物半球を除去するとほとんど観察されなくなる．一方，ワカサギ（*Hypomesus nipponensis*），チョウセンブナ（*Macropodus chinensis*），シマハゼの仲間（*Tridentiger trigonocephalus*）では，そもそも律動収縮運動自体が観察されない．細胞質に対して卵黄の量が多い魚種の卵では認められないことや，発生速度に関連した現象であることから，卵黄の吸収を助ける役割と関連するものと考えられている．

5-6 深層細胞の運動

中期胞胚遷移を過ぎると，分裂周期にG1期が出現するとともに，細胞運動が起こるようになる．深層細胞はまず，透明な細胞質の突起［葉足（bleb）という］を出し入れする．blebは他の細胞に粘着することがなく，細胞を他所へと移動させることもない．blebの中は細胞内小器官に乏しく，数個の小胞とポリリボソームが存在するのみである．しばらくすると，深層細胞に葉状突起（lamillipodia）と糸状突起（filopodia）という別の突起が生じ，各細胞が自律的に移動できるようになる．その後，胞胚期の終わり頃になると，細胞表面の粘着性が増大するとともに細胞外マトリックス（第2章参照）もみられるようになり，深層細胞が相互の位置関係を変えるようになる．キンギョやニホンウナギでは胞胚期に顕著な細胞の移動がみられるが，ゼブラフィッシュではそれほど大きな移動は起こらない．

魚類の胞胚期での割球の移動は，混合［ミキシング（mixing）ともいう］とよばれる方向性をもたないランダムな移動である．このミキシングと後述するバルジングによって，それぞれの深層細胞の胚盤内での位置はランダムに変わる．したがって，各深層細胞の予定運命（将来，どのような組織，器官の細胞になる運命にあるか）は，胞胚期ではまだ変わり得ると考えられる（その時点での各深層細胞の胚盤内での位置情報にはあまり意味はないと考えられる）．一方，後述するエピボリーや囊胚形成の過程での細胞運動は，細胞間で統一された集団的な形態形成運動となる．

5-7 卵割腔の形成

魚種によっては，深層細胞が被覆層の裏面に接着し，その結果，深層細胞の下部と卵黄細胞の間に空間が認められるようになる．この空間は卵割腔（segmentation cavity）とよばれる．卵割腔は，動物極側を胚盤の細胞層で被われているが，植物極側は卵黄多核層に面している．したがって，全割を行う胚で一般的にみられる胞胚腔とは異なるものである．ニホンウナギ（図4-3 b1）やサケ科魚類では顕著な卵割腔が認められるが，コイ目魚類ではあまり顕著でない．しかし，コイ目魚類でも，囊胚形成が進行して深層細胞が背側領域に移動し始めると，胚体とは反対側の腹側に顕著な腔所が認められるようになる．

§6. エピボリー

盤割卵では，卵黄多核層が胚盤の周囲に認められるようになると，胚盤が薄くなって広がり，植物極の卵黄を覆い始める．この運動は盤割卵特有の現象で，古くは覆い被せ運動とよんでいたが，近年ではエピボリーとよぶことが多い．エピボリーの進行度合いはパーセントで表すことが多く，胚盤が

卵黄のちょうど半分を覆った時期を50％エピボリー，胚盤が植物極に達し，完全に卵黄を覆った時期を100％エピボリーなどという．エピボリーが進む過程で三胚葉が分化し，嚢胚となるが，エピボリーそのものは嚢胚を形成する運動ではない．すなわち，全割を行う両生類やヤツメウナギ類，チョウザメ類で中胚葉が胚の内部に入り込み嚢胚を形成する（陥入）とは異なる運動である．

エピボリーは，卵黄多核層の細胞質が植物極側へ広がる運動と，卵黄多核層に接着している被覆層が植物極側へ広がる運動が重なったものである．被覆層と深層細胞を取り除いても，卵黄多核層は卵黄上を植物極側に広がっていく．また，エピボリー過程の被覆層と深層細胞を卵黄多核層から切り離し，エピボリーが始まっていない胚の卵黄多核層付近に移植すると，被覆層のみが拡張する．これらの事実は，被覆層と卵黄多核層の植物極側への拡張が，それぞれ独立した運動であることを示している．

卵膜を除去すれば，卵黄多核層の細胞質が植物極方向へと広がる様子を観察することができる．また，卵黄多核層の核どうしの間に微小管のネットワークが形成されていることが明らかとなった．ゼブラフィッシュ胚を微小管の脱重合剤であるノコダゾールで処理すると，エピボリーの進行が阻害される．これらのことから，微小管がエピボリーを主導していると考えられている．

コイ目魚類の胚では，胚盤の下部中央の卵黄多核層が動物極方向へ持ち上がるバルジング（bulging）とよばれる現象がみられる．胚盤周縁部の細胞が植物極へと移動すると同時にバルジングが起こることで，深層細胞層は薄くなり，ドーム状の構造となる．バルジングにより，胚盤周縁部の細胞の分布はそれほど乱されないが，胚盤の中央部に位置していた細胞はランダムに分散されることになる．ゼ

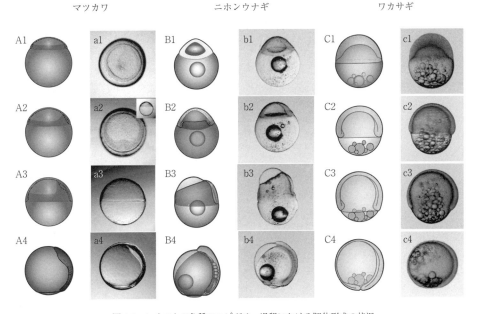

図4-3 いくつかの魚種のエピボリー過程における胚体形成の状況．
大文字のA，B，Cは模式図を，小文字のa，b，cは実際の写真を示す．Aとaはマツカワ．A1とa1は胞胚期，A2とa2は胚盾の形成期，A3とa3は胚体の形成期，A4とa4は90％エピボリー期（体節形成期）．Bとbはニホンウナギ．B1とb1は胞胚期，B2とb2は胚盾の形成期，B3とb3は胚体の形成期，B4とb4：90％エピボリー期（体節形成期）．Cとcはワカサギ．C1とc1は胞胚期，C2とc2は胚盾の形成期，C3とc3は80％エピボリー期，C4とc4は100％エピボリー期（体節はまだ形成されていない）．

ブラフィッシュの深層細胞は中期胞胚遷移以降，細胞どうしの位置関係をほとんど変えないが，エピボリーに伴うバルジングによって，その位置関係は大きく変わる．また，コイ目魚類で，胞胚期の細胞を同時期の別の胚の胚盤中央部に移植すると，移植された細胞はバルジングによって動物極へと移動する．その結果，移植細胞の多くは外胚葉系の器官へと分化する．胞胚期に細胞を移植する場合には，バルジング後の細胞の分布を考えた上で移植する位置を決める必要がある．

　エピボリーによって胚盤は表面積を広げ，最終的には卵黄全体を被うことになる．胚盤を被う被覆層の細胞は，細胞を増やすのではなく，細胞の形状を平坦化させることで，その表面積を広げていく．平坦化した被覆層の細胞は，デスモゾームによって互いに強固に接着しながらも，水平方向にずれることができる．そうして相互の位置関係を少しずつずらしながら，途切れることなく卵黄を被っていく．この様子はマミチョグで実際に観察されている（Keller and Trinkaus, 1987）．

　エピボリーは卵黄全体を覆うまで続くため，卵のサイズが大きいほど完了までに時間がかかる．魚種によって発生の至適水温条件が異なるため，一概に比較することは難しいが，直径 0.8 mm 程度のゼブラフィッシュ卵では，28.5℃で受精後 4 時間目に始まり，10 時間目に完了する．卵の直径が 5 mm 程度のニジマスでは，10℃でおよそ 14 日間要する．なお，エピボリーは胞胚期だけで完了するのではなく，その途中で囊胚期に移行することに注意してもらいたい．

　エピボリーの完了間際には，胚盤の細胞に覆われていない円形の卵黄部分が植物極に認められる．この部分は卵黄プラグ（卵黄栓）とよばれ，両生類の原口とよく似た形状を示すが，両者は全く異なるものである．

§7. 囊胚期

　囊胚とは，三胚葉，すなわち外・中・内胚葉が分化し，形態的に認識できるようになった胚のことであり，その形態が形成されるまでの過程を囊胚形成という．囊胚は両生類の原腸胚に相当する．しかし，からだの外部とつながる原腸は，全割を行い，胞胚腔を形成する動物種にしか形成されない．したがって，盤割を行う真骨魚類においては，胞胚期に続く発生段階は，原腸胚期ではなく囊胚期とよぶべきである．

7-1　全割卵での囊胚形成と予定運命図

　全割を行うヤツメウナギやハイギョ，チョウザメの仲間の囊胚形成は，両生類のそれに類似する．すなわち，胞状構造の背側に原口が生じ，陥入が開始するのである．原口の背側領域が胚の内部に移動すると同時に，動物半球が植物半球を覆うようになる（図4-1 A4, C4）．原口の陥入部分は外部とつながる構造であるため，原腸とよばれる．全割を行う魚類では，胞胚期の各細胞を色素などで標識し，その後の挙動を追跡することによって，古くから予定運命図が作られてきた（佐藤・影山，1989）．また，三胚葉に特異的なマーカー遺伝子の発現パターンを指標にして，胞胚のどの位置の細胞がどの胚葉に分化していくかが，いくつかの魚種で明らかにされてきた．

7-2 盤割卵での囊胚形成

　盤割卵では，動物極に形成された胚盤がエピボリーによって植物極側へと広がっていくが，その過程で，胚盤周縁部の深層細胞（植物極に向かう先頭の細胞）が下方に潜り込み，動物極方向にわずかに逆走する現象がみられる．この細胞運動を内部移行（internalization）といい，それにより，胚盤周縁部に厚みをもった細胞層が形成される．この細胞層は全体ではリング状の構造となるので，胚環とよばれる．胚環の一部では，潜り込んだ深層細胞がより顕著に動物極側へと逆走する伸長（extension）とよばれる細胞運動が起こる．それと同時に，この部位に向かって両脇の胚環から細胞が集まってくる収斂（convergence）とよばれる細胞運動も起こる．それにより，この部分は厚みをもった胚環の中でも特に肥厚化する．この肥厚化した胚環の一部を胚盾（embryonic shield）とよぶ．これらの細胞運動によって，胚盾と動物極を結んだ線上に細胞が密集することになる（図4-4）．この細長い細胞の塊が後に胚の本体となるのである．エピボリーという細胞運動に，伸長と収斂という別の細胞運動が重なることで胚体が形成されるわけであるが，エピボリーの進行と伸長・収斂の進行の時間的な関係は，魚種によって異なる．伸長・収斂が早くに起こり，エピボリーの初期から胚体が明瞭となるニホンウナギのような魚種もいれば，エピボリーがかなり進んでから伸長・収斂が起こるために胚体が明瞭となる時期が遅いワカサギのような魚種もいる（図4-3）．また，胚環が形成されてしばらくしてから胚盾が形成される魚種もいれば，両者がほぼ同時に形成される魚種もいる．

　盤割卵では，胚盤の表面は被覆層で覆われており，囊胚形成は内部の深層細胞の運動によって進行する．したがって，両生類の全割卵でみられるような，外部とつながるいわゆる原口は形成されない．また，胚環と胚盾の形成に伴って，胚盤周縁部の深層細胞が下方に潜り込むことは先に述べたが，この運動は，全割卵の囊胚形成でみられる陥入（invagination）とは異なるものである．この運動には魚種によるバリエーションがみられ，ゼブラフィッシュでは，胚盤周縁部で下方に潜り込んだ細胞はその後ばらばらに動物極側に進むが（Kimmelら，1995），サケ科魚類では，シート状となって進む（濱田，1980）．このため，前者では移入（ingression；内殖ともいう），後者では巻き込み（involution）と表現される．しかし，両者を明確に区別することは困難である．

　胚盤周縁部で下方に潜り込んだ深層細胞の層は胚盤葉下層（hypoblast）とよばれ，中胚葉と内胚葉に分化する．この時点ではまだ，将来，中胚葉に分化する細胞と内胚葉に分化する細胞が混在してい

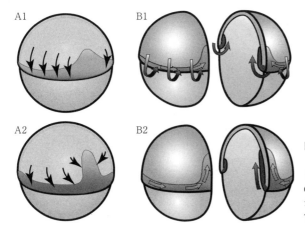

図4-4　ゼブラフィッシュの囊胚形成過程での細胞の動きの模式図
（A1）胚盾が形成される時期の外胚葉細胞の動き．（A2）60～70％エピボリー期の外胚葉細胞の動き．（B1）胚盾が形成される時期の中内胚葉細胞の動き．（B2）60～70％エピボリー期の中内胚葉細胞の動き．

るので，中内胚葉（mesendoderm）とよばれる．一方，潜り込まずに胚盤の表層に残った深層細胞は胚盤葉上層（epiblast）とよばれ，後に外胚葉に分化する．したがって，胚環や胚盾の形成とともに三胚葉のもとが出揃うことになるため，この時期をもって胞胚期から囊胚期に移行したとみなす．詳しくは第6章で述べるが，これらの胚葉への分化には卵黄多核層が深く関わっている．

7-3　盤割卵での予定運命図

胚盤葉上層の細胞は外胚葉となり，やがて脳や表皮などに分化する．一方，胚盤葉下層の細胞は中内胚葉となり，将来，様々な中胚葉性の器官や内胚葉性の器官に分化する．胚盤の周縁部の細胞が下に潜り込んで胚盤葉下層となることから，もともと胚盤の周縁部に分布していた細胞が，将来，中胚葉性の器官や内胚葉性の器官に分化することになる．将来どのような機関に分化するかを示した図を予定運命図とよび，ニジマス（図4-5）（Ballard, 1973）とゼブラフィッシュ（図4-6）（Kimmelら, 1990）で作られている．

ゼブラフィッシュで作られた後期囊胚の予定運命図では，胚盤の周縁部を除く動物極半球は予定外胚葉領域である．予定外胚葉領域の背側（胚盾が形成される側）が予定神経領域，腹側が予定表皮領域である．胚盤周縁部では，卵黄細胞に接する最も植物極側の細胞から6列目の細胞までが，予定中内胚葉領域である．そのうち，卵黄細胞から3列目までの細胞層には，中胚葉になる細胞と内胚葉になる細胞が混在する．一方，4列目から6列目までの細胞は中胚葉のみに分化する．予定中胚葉領域は，背側から順に脊索，頭部筋肉，心臓，腎臓，体節に分化する．予定内胚葉領域は，咽頭域，肝臓と膵臓，腸管に分化する．予定中内胚葉領域の最も腹側（胚盾の反対側）の部分は胚体の最後部となり，この

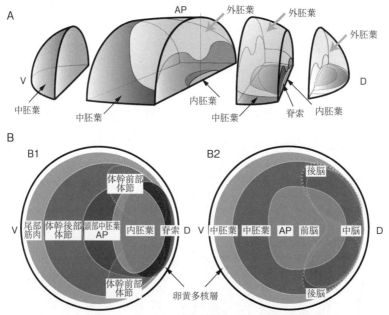

図4-5　ニジマスのエピボリー開始直後の予定運命図
A：胚盤の断面図．B：胚盤を下（B1）と上（B2）から見た場合の予定運命図．Dは背側（胚盾が形成される方），Vは腹側，APは動物極を示す．

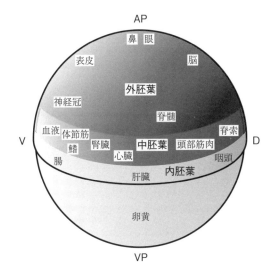

図4-6 50％エピボリー期におけるゼブラフィッシュの予定運命図
Dは背側，Vは腹側，APは動物極，VPは植物極を示す．

部分からは尾芽（胚の尾側の末端部分）が生じる．なお，後期嚢胚の段階では，これらの予定領域の間に明瞭な境界があるわけではない．また，この時期の胚の一部を別の胚の他の領域に移植すると運命が変わることなどからもわかるように，この段階では予定運命はまだ固定されていない．

§8. おわりに

　資源量の推定などを目的として，これまでに様々な水産対象魚種で発生過程の記載がなされてきた．しかし，そのほとんどは種判別のできる孵化後の形態変化を記載したものであり，受精から胚体形成までの記載はごくわずかに過ぎなかった．資源の減少を受け，近年，様々な魚種で増養殖研究が進められ，生殖を人為的に制御できるようになってきた．その結果，数多くの魚種で受精卵を得られるようになった．一方，器官，組織，細胞の分化過程を追跡するマーカー遺伝子が多数見出されてきたとともに，オーソログ遺伝子の発現を指標に，形態が大きく異なる魚種間の分化過程を比較することも可能となってきた．これまでの初期胚発生の研究は，ゼブラフィッシュやメダカを中心に進められてきたが，それらの魚種で得られた知見が他の魚種にも当てはまるのかはわからない．様々な魚種から受精卵が得られるようになった今は，魚類の初期胚発生過程を種間で比較し，その普遍性と多様性を明らかにする好機であると言える．

（山羽悦郎，荒井克俊）

文　献

Ballard, W. W. (1973) : A new fate map for *Salmo gairdneri*. *J. Exp. Zool*., 184, 49–73.
犬飼哲夫（1966）: 魚類．脊椎動物発生学（久米又三編），培風館，pp.99–122.
岩松鷹司（2006）: 新版メダカ学全書．大学教育出版．

濱田啓吉 (1980): B 脊椎動物 1 魚類. 現代生物学大系 11a 発生・分化 A (沼野井春雄監修), 中山書店, pp.294-300.
影山哲夫 (1990): 発生初期の形態形成. メダカの生物学 (江上信雄, 山上健次郎, 嶋昭紘編), 東京大学出版会, pp.76-92.
佐藤矩行, 影山哲夫 (1989): 魚類. 脊椎動物の発生 (上) (岡田節人編), 培風館, pp.249-282.
Kimmel, C. B., Ballard, W. W., Kimmel, S. R., Ullmann, B., Schilling, T. F. (1995): Stages of embryonic development of the zebrafish. *Dev. Dyn.*, 203, 253-310.
Kimmel, C. B., Warga, R. M., Schilling, T. F. (1990): Origin and organization of the zebrafish fate map. *Development*, 108, 581-594.
Keller, R. E., Trinkaus, J. P. (1987): Rearrangement of enveloping layer cells without disruption of the epithelial permeability barrier as a factor in *Fundulus* epiboly. *Dev. Biol.*, 120, 12-24.
Trinkaus, J. P. (1973): 細胞行動と器官形成. 発生生物学シリーズ 7 (岡田善雄監訳), 丸善, pp.327.

第5章　体軸形成

　脊椎動物のからだは，前後軸（頭尾軸ともいう），背腹軸，左右軸の3つの体軸に沿って形づくられる．体軸は，からだの3次元的な非対称構造の基本となるため，厳密な遺伝的制御の下で発生過程の早い段階に形成される．まずは前後軸と背腹軸が決まり，頭側と尾側，背側と腹側にそれぞれ特有の構造が形成される．次いで左右軸が決まることで，各種の器官が左右非対称に配置，形成される．本章では，これらの体軸が形成されるプロセスについて概説する．ただし，前後軸の形成プロセスについては，中胚葉誘導や神経誘導と切り離して考えることができないため，ここではごく簡単に触れるにとどめ，詳細はそれらの現象とまとめて後の章で説明することとする．

§1．動物－植物極軸と母性因子

1-1　動物-植物極軸と前後軸

　高校の生物でも習う両生類の卵と同様に，魚類の卵には動物極（animal pole）と植物極（vegetal pole）があり，受精前から明確な極性が存在する（図5-1 A）．魚類の卵には，動物極の卵膜に卵門（micropyle）という精子が通る孔があり，卵門の直下に卵核（雌性前核）がある．そのため，受精とそれに続く前核融合は必ず動物極側で起こり，胚盤も動物極側に形成される．魚類の卵の内部はほとんどが卵黄で占められているが，胚盤の成長に伴って卵黄は植物極側に偏るようになり，動物極と植物極の区別がより明確となる．

　胞胚期から嚢胚期にかけて，胚盤が薄くなって植物極側へと広がっていくことで，卵黄全体を覆うようになるエピボリー（epiboly）というイベントが起こる（第4章参照）．その過程で，赤道面付近の1カ所に，胚盾（embryonic shield）とよばれる中胚葉性の肥厚化した構造ができる（図5-1 B）．

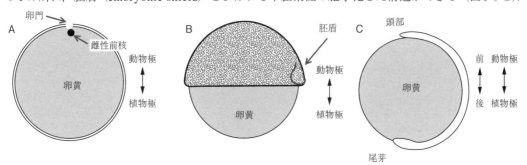

図5-1　魚類における動物－植物極軸と前後軸の関係
A：受精直前の卵．動物極－植物極の極性がある．雌性前核は，卵門から侵入した精子から放出される雄性前核と，動物極付近で融合することになる．B：嚢胚期．赤道面付近の1箇所に胚盾が形成される．C：尾芽胚期．胚盾のはたらきによって頭部と尾部の原基（尾芽）が形成されることによって，前後軸に沿った形態的な非対称性が明瞭になる．頭部と尾部を結ぶ前後軸は動物－植物極軸とほぼ一致する．

この胚盾のはたらきによって，動物極付近の外胚葉に頭部神経系が誘導される．一方，エピボリーによって植物極まで達した細胞集団は，植物極付近に尾部の原基である尾芽（tailbud）を形成する（図5-1 C）．このように，頭部と尾部の位置は動物 - 植物極軸に則って決まるため，前後軸と動物 - 植物極軸はほぼ一致することになる．

1-2 母性因子とBalbiani body

魚類を含めた動物の卵は，受精前（母体内で成熟する間）に，受精後の初期発生時に必要となる様々な因子（mRNAやタンパク質など）を合成・蓄積する．このような因子を母性因子（maternal factor）とよぶ．胚自身によるmRNAやタンパク質の合成，つまり胚性の遺伝子発現（zygotic gene expression）は中期胞胚遷移（mid-blastula transition；MBT）の時期になってはじめて起こるが（第4章参照），その時期までの発生プロセスは，母性因子を使って進められる．

ゼブラフィッシュ（*Danio rerio*）の受精卵から1細胞期の間に植物極端の卵黄を除去すると，背腹軸（と前後軸も）が正常に形成されず，明確な極性をもたない胚ができる．このことは，ゼブラフィッシュの卵の植物極領域には，初期胚の背腹軸形成に必須の母性因子が存在することを示している．この母性因子を特に背側決定因子（dorsal determinant）とよぶ．

植物極領域に存在する母性因子によって体軸（特に背腹軸）が決まるこのようなしくみは，魚類と両生類でよく保存されているが，哺乳類や鳥類は母性因子に依存しない異なる戦略をとっている．哺乳類や鳥類では，受精後すぐに胚性の遺伝子発現が始まることから，初期発生における母性因子の寄与は小さいと考えられる．鳥類では，前後軸および背腹軸の決定は重力によるところが大きいと考えられている．哺乳類の卵には卵黄がなく，極性もない．哺乳類では初期胚にも明確な極性がみられず，体軸形成への母性因子の寄与は不明である．

Balbiani bodyは，ミトコンドリア雲ともよばれ，昆虫から哺乳類まで保存された卵母細胞（母体内で成長，成熟中の卵のこと）特有の細胞内構造である．魚類の卵母細胞においては，Balbiani bodyははじめ核に隣接して形成されるが（図5-2 A），卵成熟の進行に伴い植物極に移動して崩壊し，そこ

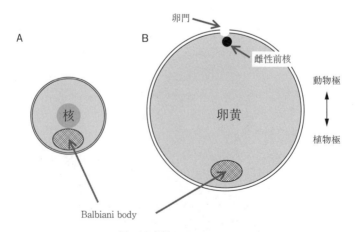

図5-2　魚類のBalbiani body
A：卵母細胞．Balbiani bodyが核に隣接して形成される．B：受精直前の卵．動物極と植物極があり，Balbiani bodyは植物極に位置している．このBalbiani bodyの中に背側決定因子が含まれる．

で内容物［ミトコンドリア，mRNA やタンパク質，生殖質（第 10 章参照）などの母性因子］を放出する（図 5-2 B）．背側決定因子もこの Balbiani body に含まれる．

§2. 背腹軸の形成

2-1 母性因子と背腹軸形成

1) 背側決定因子と微小管

アフリカツメガエルの卵では，受精に伴って細胞質の表層部分と内側部分の間の結びつきが弱まり，第 1 卵割が起こる前に，表層の細胞質が内側の細胞質に対して 30°ずれるように回転する（表層回転；cortical rotation）．その結果，母性の背側決定因子を含む植物極の表層部は，もとの位置から 30°ずれて，精子の侵入点のほぼ対極に移動する．その背側決定因子が運ばれた先が将来の背側となる．

表層回転は両生類のみでみられる現象であるが，魚類でも，受精に伴って植物極に存在する背側決定因子が移動することが知られている．そのしくみはアフリカツメガエルと共通で，微小管が重要な役割を果たしている．ゼブラフィッシュでは，受精後 20 〜 30 分頃（1 細胞期）に，互いに平行な数本の微小管が植物極の表層部分に形成される（図 5-3 A）．この微小管はその後，将来の背側方向に伸長し，伸長した微小管に沿って，背側決定因子を含む表層顆粒（顆粒を含む小胞構造）が将来の背側に移動することになる．なお，微小管の伸長する側の末端をプラス端とよび，伸長しない側のマイナス端と区別している．植物極の微小管の形成を紫外線照射や微小管重合阻害剤で阻害すると，背側決定因子が輸送されなくなるので，背側構造が形成されず，胚全体が腹側化する．

微小管形成および微小管依存性の背側決定の分子機構は，ゼブラフィッシュ母性効果変異体を用いて解析されてきた．母性効果変異体とは，ある母性因子が完全に欠損していると（母親がその遺伝子の変異をホモ接合でもっていると）胚に表現型が現れる変異体のことである．これまでに，背側構造の形成に異常を示す母性効果変異体がいくつか報告されている．変異体の原因遺伝子の解析から，グルタミン酸受容体に結合するタンパク質の一種である Grip2a（glutamate receptor interacting protein 2a）が植物極の平行な微小管形成に関与すること，また，微小管のモータータンパク質キネシン 1 と

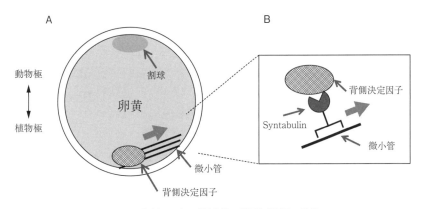

図 5-3 魚類における受精直後の背側決定因子の移動
A：受精後 20 〜 30 分頃の 1 細胞期．植物極の卵黄の表層部分に，線維状の微小管が方向性をもって並ぶようになる．
B：背側決定因子は Syntabulin に結合し，微小管上を将来の背側に向かって運ばれる．

結合するタンパク質であるSyntabulinが背側決定因子の輸送に関与することが示されている．Syntabulinの mRNA は Balbiani body の一部として植物極に局在するが，Syntabulinのタンパク質は微小管の伸長に伴って植物極から非対称性に側方に移動する．これらのことは，Syntabulinが微小管輸送に関与しており，微小管に依存して背側決定因子が植物極から将来の背側に運ばれることが，ゼブラフィッシュの背側決定に重要であることを示している（図5-3 B）．

2）Wnt/β-カテニンシグナルの活性化

将来の背側まで輸送された母性の背側決定因子は，そこでWnt/β-カテニンシグナル（第2章参照）を活性化する（図5-4 A）．そして，活性化されたWnt/β-カテニンシグナルによって将来，背側構造が形成されることになる．これらのプロセスもアフリカツメガエルとゼブラフィッシュに共通したものである．Wnt/β-カテニンシグナルに関わる分子を欠損した変異体や，逆にそれらの分子を過剰に発現するトランスジェニックの胚では，それぞれ胚全体の腹側化と背側化が起こることが示されている．また，Gsk3（glycogen synthase kinase 3）は，β-カテニンをリン酸化することでその分解を促進する酵素であるが，その活性を抑制すると，胚が背側化することが示されている．

β-カテニンは母性因子として胚盤葉全体に広く分布しているが，母性の背側決定因子によって，背側の周縁細胞においてのみ分解されずに安定化し，核に局在するようになる．この局所的なβ-カテニンの安定化と核局在は，胚の背腹極性の最初のサインであり，背側においてのみWnt/β-カテニンシグナルが活性化されたことを示す．ゼブラフィッシュは2種類のβ-カテニンのパラログ遺伝子をもつが，母性遺伝子として発現するβ-カテニン2遺伝子のゼブラフィッシュ母性効果変異体では，胚が腹側化する．背側特異的にWnt/β-カテニンシグナルが活性化されてβ-カテニンが核移行すると，背側構造を誘導するのに必要な種々の遺伝子が背側特異的に発現するようになる．このプロセスについては，後に詳しく述べる．

母性の背側決定因子の実体は長らく不明であったが，最近，アフリカツメガエルではWnt11およ

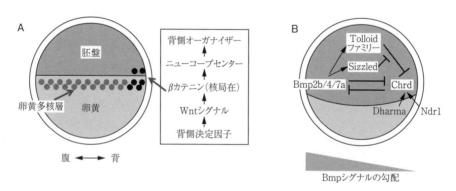

図5-4　魚類における背腹軸の形成

A：胞胚期から嚢胚期にかけての背腹軸形成の流れ．将来の背側に運ばれた背側決定因子は，卵黄多核層でWnt/β-カテニンシグナルを活性化する．その結果，背側の卵黄多核層特異的にβ-カテニンが安定化し，核に移行する．核に蓄積したβ-カテニンの作用によって種々の遺伝子が発現するようになり，背側の卵黄多核層がニューコープセンターとして機能するようになる．このニューコープセンターのはたらきによって，背側の中胚葉から背側オーガナイザーである胚盾が誘導される．B：ニューコープセンターの分子的実体であるDharmaとNdr1によって誘導された背側オーガナイザーはchordin（Chrd）などを発現し，腹側から分泌されるBmpを阻害することによって，背腹軸に沿ったBmpの濃度勾配を形成する．このBmpの勾配は，Chrdの分解酵素であるTolloidファミリーとその阻害因子であるSizzledのはたらきによって，より確固としたものとなる．

びWnt5aが，ゼブラフィッシュではWnt8aが，その最有力候補として同定された（いずれもWntの一種）．ゼブラフィッシュのWnt8aのmRNAは，受精後まもなく微小管依存的に植物極から背側へ移動することが示されている．しかし，Wnt8aのmRNAは胚盤の細胞に取り込まれるわけではないため，背側胚盤でWnt/β-カテニンシグナルが活性化されるメカニズムには，まだ不明な点が多く残されている．

2-2 腹側化因子 Bmp

ここまで背側化を促進する因子について話を進めてきたが，それとは逆に腹側化を促進する因子も存在する．実際の背腹軸は，これらの背側化因子と腹側化因子が互いに拮抗してはたらくことで形成される．腹側化因子の代表例は，TGF-βスーパーファミリーという細胞間シグナル因子の一グループに属するbone morphogenetic protein（Bmp；骨形成タンパク質）ファミリーである．Bmpはその名が示す通り，もともと骨形成を誘導する因子として見つかったが，その後の研究によって，母性にも胚性にも発現し，腹側の運命決定に重要な役割を担うことが明らかとなった．細胞膜上に存在するBmp受容体に結合することで作用を発揮し，これまでに20種類以上のBmpファミリーメンバーが同定されている．ゼブラフィッシュでは，Gdf6aやBmp2b，Bmp4，Bmp7aなどのBmpファミリーメンバーが，腹側化に作用する母性Bmpとして知られている．胚性に発現するBmpとしては，Bmp2bとBmp7aが腹側化に重要であるとされている．

転写因子であるPou5f3（Oct4）は，腹側のBmpの発現を促進することが知られており，母性，胚性ともにPou5f3を発現しないゼブラフィッシュ変異体では，腹側のBmpの発現が減弱し，胚が背側化する．

2-3 ニューコープセンターとオーガナイザー

1）ニューコープセンター

アフリカツメガエルでの研究から，母性の背側決定因子によって背側で活性化されたWnt/β-カテニンシグナルは，植物極側の背側に内胚葉性の特殊な領域を形成することが明らかとなった．この領域はニューコープセンター（Nieuwkoop center）とよばれ，背側中胚葉を誘導する活性をもつ．この誘導は，β-カテニンの作用によってニューコープセンターで発現するようになる遺伝子群によって引き起こされる．β-カテニンの核局在は，アフリカツメガエル胚においてはニューコープセンターにみられるが，ゼブラフィッシュ胚では背側の卵黄多核層（dorsal yolk syncytial layer）にみられる．また，卵黄多核層を動物極側に移植すると，異所的に背側中胚葉マーカーの発現が誘導される．これらのことから，ゼブラフィッシュでは，背側の卵黄多核層がニューコープセンターに相当する役割を果たすと考えられる（図5-4 A）．

2）ニューコープセンターによるオーガナイザーの誘導

魚類のニューコープセンター（卵黄多核層）は，その動物極側に隣接した領域に，胚盾（embryonic shield）とよばれる肥厚化した中胚葉組織を誘導する．胚盾は，最も早くに出現する背腹方向に非対称な魚類特有の構造であり，神経系などの種々の背側構造を誘導する機能をもつ．1920年代にシュペーマンとマンゴルドによって，イモリ胚の原口背唇部という部位が，神経系などの種々の背側構造を誘

導するオーガナイザー（シュペーマンオーガナイザーとよばれる）であることが見出されたが，胚盾は，イモリの原口背唇部に相当する魚類のシュペーマンオーガナイザーである．なお，シュペーマンオーガナイザーは，背側構造を誘導するという意味で背側オーガナイザーとよばれることもある．胚盾の形成は，収斂（convergence）と伸長（extension）とよばれる細胞運動（第4章参照）と連動しており，胚盾を中心に，細胞が収斂する部位が背側，伸長する方向が前側となる．

　ゼブラフィッシュのニューコープセンターの分子的実体，つまり，ニューコープセンターで発現し，背側オーガナイザーである胚盾を形成させる分子は，Dharma（Bozozokともよばれる）とNodal-related 1（Ndr1）であると考えられている．Dharmaは抑制性の転写因子であり，腹側化因子として機能するventral homeobox（Vox），ventral expressed homeobox（Vent），ventrally expressed dharma/bozozok antagonist（Ved）などの転写因子の発現を背側領域で抑制する．ゼブラフィッシュの*dharma*変異体では，胚盾が形成されず，背側オーガナイザーの機能が失われる．Ndr1は細胞間シグナル因子の一グループであるNodalファミリーに属する．将来胚盾となる細胞に作用し，そこで*chordin*（細胞間シグナル因子の一種）や*goosecoid*（転写因子の一種）などの背側オーガナイザー特異的な遺伝子の発現をもたらす（図5-4 B）．ゼブラフィッシュの*dharma*と*ndr1*の二重変異体は，それぞれの単独の変異体よりも顕著な表現型を示す．

2-4　背腹軸に沿ったBmpの濃度勾配の形成

　腹側化因子としてはたらく細胞間シグナル因子Bmpは，腹側領域で発現し，そこから胚全体へと拡散していく．その過程で，以下に述べるような種々の因子の作用を受け，腹側で高レベル，背側で低レベルとなる背腹軸に沿った明瞭なBmpの濃度勾配が形成される．Bmpは濃度によって標的細胞に様々な応答を引き起こすモルフォゲンとしてはたらくので，その濃度勾配によって種々の腹側構造が形成されることになる（図5-4 B）．

　ゼブラフィッシュでは，背側オーガナイザーである胚盾からchordin（Chrd），noggin（Nog），およびfollistatin-like 1b（Fstl1b）という分子が分泌される．これらの分子はいずれもBmp結合タンパク質であり，Bmpに結合することで，BmpがBmp受容体に結合するのを阻害する．それにより，Bmpのシグナル伝達は遮断されることになる．実は，これらのBmp結合タンパク質こそが，背側オーガナイザーから分泌され，背側化を引き起こす分子である．つまり，背側化を引き起こす分子の実体は，自律的に背側化を引き起こす分子なのではなく，腹側化を阻害する分子（腹側化因子Bmpのシグナルを遮断する分子）なのである．背側の胚盾からこれらの分子が分泌されることによって，Bmpシグナルには，背腹軸に沿った明瞭な濃度勾配が形成されることになる（図5-4 B）．ゼブラフィッシュでは，*chrd*単独の変異体でも（NogやFstl1bは残存していても）腹側化の表現型を示し，逆に*chrd*を過剰発現させると背側化することが報告されている．

　これらの分子とは逆に，Bmpシグナルを正に制御する因子も知られている．細胞外に分泌されるタンパク質分解酵素であるマトリックスメタロプロテアーゼの一グループ，Tolloidファミリーである．Tolloidファミリーは，Bmpシグナルを阻害するChrdを切断，不活性化することで，主として原腸胚期後の尾部組織の腹側を形成する．Tolloidファミリー遺伝子の一種*tll1*のゼブラフィッシュ変異体では背側化が起こる．

さらにTolloidファミリーを阻害する因子として，Sizzledが知られている．Sizzledは，細胞膜上に存在するWnt受容体のFrizzled（第2章参照）と似た構造をもつが，受容体としてはたらくのではなく，細胞外に分泌されてTolloidファミリーの一種Bmp1に結合し，Bmp1によるChrdの分解を阻害する．Sizzledのゼブラフィッシュ変異体が腹側化することからもわかるように，Sizzledは背側化を促進する因子としてはたらくが，その発現が腹側に限局する点，Bmpシグナルによって正に制御されている点でユニークである．

§3. 左右軸の形成

脊椎動物は外観こそ左右対称であるが，体の内部ではほとんどの器官が左右非対称に配置，形成される．このような器官の正しい配置と形態形成には，胚発生時に左右軸が正しく形成されることが必要不可欠である．背腹軸に比べ，左右軸が形態的に確認できるようになるのは遅く，血流開始期頃まで胚の形態は左右対称である．最も早く左右非対称な形態を示すのは心臓であり，心臓は胚体の中心を前後軸方向に走る血管が胚の右側に屈曲したループ（心臓ルーピング）を起こした部分から作られる（図5-5 A）．このループの左右非対称性は，それに先だって形成される左右軸に基づくが，左右軸形成の最初のきっかけとなる「左右対称性の破綻」は，原腸胚期（魚類では嚢胚期とよぶ；第4章参照）が終わる頃まで遡る．

脊椎動物の左右軸は一般に，以下のようなプロセスによって形成される．(1) 原腸胚後期に，ノード相同器官（詳しくは後述）で左右対称性を破綻させるイベントが起こる．(2) それを受け，ノード相同器官の周囲に左右非対称な遺伝子発現が出現する．(3) この左右非対称な情報が側板中胚葉まで伝わると，細胞間シグナル因子の一種であるNodalが側板中胚葉の左側のみではたらくようになる．(4) この左側特異的なNodalシグナルが*pitx2*などの左右非対称な発現を誘導し，それらの遺伝子によって各種器官が左右非対称に形成される．では，これらのプロセスを順にみていこう．

3-1 ノード相同器官とノード流

左右対称性の破綻は，魚類ではクッパー胞（Kupffer's vesicle）（図5-5 B），哺乳類ではノード（node；

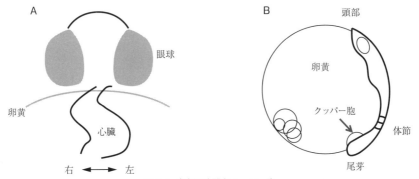

図5-5　魚類の心臓とクッパー胞
A：血流開始期の胚を頭部側から見た模式図．頭部の腹側を走る血管が左右軸に沿って非対称にねじれ，心臓が形成される．B：体節期の胚を側方からみた模式図．尾芽の腹側表面にクッパー胞とよばれる液胞がみられる．このクッパー胞のはたらきによって，心臓をはじめとする種々の左右非対称性が生み出される．

結節ともいう），鳥類ではヘンゼン結節（Hensen's node），両生類では原腸蓋板（gastrocoel roof plate）とよばれる器官で起こる．いずれも，胚発生過程で一過性に出現する器官である．ここでは，これらの機能的に相同な器官を，動物種を限らない一般的な名称「ノード相同器官」とよぶことにする．ノード相同器官の上皮細胞（腹側に表面を向けている）には，それぞれ1本ずつ繊毛（Cilia）が生えている．この繊毛が細胞表面からみて時計回りに回転することによって，ノード相同器官付近の体液に左向きの流れ（ノード流；Nodal flow）が生じる（図5-6）．このノード流が引き金となって，ノード相同器官の周囲で後述するような遺伝子群が左右非対称に発現するようになる．

　この一連のプロセスについては，マウスで詳細に解析が進んでいる．マウスのノードの繊毛には2つのタイプが存在する．回転する繊毛（運動性繊毛）と回転しない繊毛（非運動性繊毛）である．運動性繊毛をもつ上皮細胞は，ノードの中央部に位置する．運動性繊毛の基底小体（繊毛の基部にある細胞小器官）は，細胞の後方寄りに存在する．ノードを構成する個々の細胞の表面は腹側を向いてドーム状に盛り上がっているため，繊毛は下側，後方を向くことになる．運動性繊毛は，細胞表面からみて時計回りに回転するので，胚の左方向に動くときは細胞表面から離れた位置を，右方向に動くときは細胞に近い位置を通過する．細胞に近い液体は動きにくいため，左方向に動くときの方がより効率的に流れを生み出し，全体としては左向きの流れが生じることになる（図5-6 A）．一方の非運動性繊毛はノードの周縁部の上皮細胞に存在し，運動性繊毛によって作られたノード流の物理的な力を感知しているらしい．その情報がノード周辺部の細胞に伝わり，左右非対称な遺伝子発現が誘導されると考えられている．ゼブラフィッシュやメダカのクッパー胞，アフリカツメガエルの原腸蓋板でも左向きのノード流が確認されているが，それがマウスと同様のしくみで左右非対称な物理的刺激として感知されるのかはまだ明らかとなっていない．

　ノード相同器官の繊毛が欠損したり運動性を失ったりすると，ノード流がなくなり，左右非対称性はランダムとなる（本来は左側で特異的に発現する遺伝子が，左右両側で発現するようになる．ある

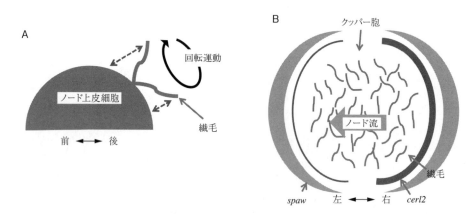

図5-6　ノード相同器官とノード流
A：マウスのノード上皮細胞における繊毛の回転運動．回転運動する繊毛は細胞の中心より後方側に生えている．ノードの上皮細胞の表面はドーム状に盛り上がっているため，回転運動する繊毛と細胞表面との距離は一定ではない．このことがノード流の左右非対称性を生み出す要因となっている．B：魚類のクッパー胞を背中側から見た模式図．胚体の腹側表面の上皮細胞に生えている繊毛が回転し，左向きのノード流を形成する．その左右非対称性が引き金となり，クッパー胞の周囲でcerl2（魚類ではcharonあるいはdand5ともよばれる）が右側で強く発現するようになる．この右側に偏ったcerl2の発現が，後にsouthpaw（spaw；Nodal遺伝子の一種）の発現を左側に偏らせることになる．

いは発現しなくなる，右側でだけ発現するようになるなど）．繊毛の形成や繊毛運動に関わる遺伝子を遺伝的に欠失したヒトの家系や動物の系統では，内臓逆位（situs inversus）がみられることがあり，ヒトではカルタゲナー症候群（Kartagener syndrome）として知られる．魚類では，メダカで繊毛運動不全変異体 *kintoun* や，繊毛形成不全変異体 *mirror image of the internal organs* などが見つかっており，ヒト疾患モデルとしても解析されている．*kintoun* の原因遺伝子は，細胞質での軸糸ダイニン前駆体の形成に必須な遺伝子であり，クラミドモナスからヒトまで保存されていた．

以上のようなノード流の発生は，魚類を含む多くの動物種において，胚発生過程で最も早くに起こる左右非対称なイベントであると考えられている．しかし，ニワトリとアフリカツメガエルでは，それよりも早い時期に H^+/K^+ 依存性 ATPase など，いくつかの分子が左右非対称に分布し，左右軸形成に影響を及ぼす可能性が示唆されている．ただし，それらの分子がどのような役割を担っているのかや，その左右非対称な分布がどのくらい動物種間で保存されているのかは未だ不明である．また，ニワトリやブタではノード流そのものが確認されておらず，それらの種では，方向性のある細胞移動によって左右対称性が破綻すると考えられている．

3-2 ノード相同器官周囲の左右非対称な遺伝子発現

ノード流の形成などによって左右対称性が破綻すると，それが引き金となり，ノード相同器官の周囲に左右非対称な遺伝子発現が誘導される（図5-6 B，5-7）．cerberus-like 2（*cerl2*；魚類では *charon* あるいは *dand5* ともよばれる）はそのような左右非対称な発現が誘導される遺伝子であり，ノー

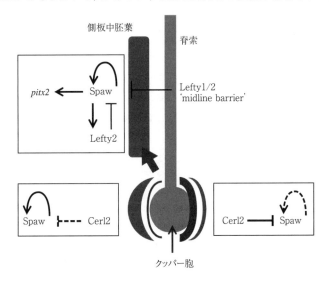

図5-7　魚類における左右非対称性を生み出す遺伝子カスケード

クッパー胞の周囲では，Nodal の一種である Spaw の作用を阻害する Cerl2 が右側で強く発現するため，Spaw のシグナルは Cerl2 とは逆に左側で強くなる．また，Nodal には Nodal 自身の発現を誘導する作用があるため，Spaw の発現も左側で強くなる．Spaw の発現が側板中胚葉まで拡大すると，そこで Spaw は Lefty2 の発現を活性化する．Lefty2 は Spaw の作用を阻害し，Nodal シグナルが過剰に増幅されるのを防ぐ．また，Lefty1 と Lefty2 が正中線で発現し，Nodal が右側にまで拡散するのを防ぐ midline barrier としてはたらく．そうして左側特異的となった Nodal シグナルによって，左側特異的に *pitx2* の発現が活性される．なお，中胚葉組織は，正中線から側方に向かって，中軸中胚葉，傍軸中胚葉，中間中胚葉，側板中胚葉とよばれるが，左右非対称な遺伝子発現は側板中胚葉にみられる．これら一連のイベントは体節期の中頃に起こる．

ド相同器官の右側で強く発現するようになる．その遺伝子がコードするタンパク質 Cerl2 は Cerberus ファミリーに属する分泌性のタンパク質であり，Nodal と結合し，Nodal の作用を阻害する．Nodal もノード相同器官の周囲で発現するが，右側で発現した Nodal は Cerl2 によって阻害されるため，Nodal シグナルは左側の方が圧倒的に強くなる．Nodal には Nodal 自身の発現を誘導する作用があるため，Nodal の発現は Cerl2 とは逆にノード相同器官の周囲で右側よりも左側で強くなる．ゼブラフィッシュやメダカの Nodal には，ニューコープセンターの説明でも登場した Ndr1，Ndr2，Southpaw（Spaw）とよばれる 3 つの分子種が存在するが，クッパー胞周辺および左側の側板中胚葉で発現し，左右軸形成に中心的な役割を果たすのは Spaw である．

3-3 側板中胚葉における左右非対称な遺伝子発現

上にも述べたように，Nodal には Nodal 自身の発現を誘導する作用がある．そのため，ノード相同器官の左側で Nodal が発現するようになると，少し離れた左側の側板中胚葉でも Nodal が発現するようになり，その発現はやがて左側の側板中胚葉の全域にまで拡大していく．その過程で，Nodal は左側の側板中胚葉に Lefty2 という別の細胞間シグナル因子の発現も誘導するようになる（図 5-7）．Lefty2 は Nodal の作用を抑制する作用をもつため，Nodal シグナルが存在する領域がそれ以上広がることはない．右側の側板中胚葉でもわずかに Nodal が発現するが，その作用は，左側の側板中胚葉から拡散してくる Lefty2 によってほぼ完全に阻害される．さらに，マウスでは LEFTY2 のパラログである LEFTY1 が，ゼブラフィッシュでは Lefty1 と Lefty2 の両方が脊索で発現しており，その正中線での Lefty1/2 がバリアとなって，左側特異的に活性化された Nodal シグナルは右側にまで拡散できなくなる（このバリアを midline barrier という）（図 5-7）．このような Nodal と Lefty1/2 の作用の仕方は自己増幅側方阻害系とよばれ，このしくみによって，ノード相同器官で発生したわずかな左右差が増幅され，側板中胚葉に明瞭な左右差が形成されることになる．このしくみははじめマウスで見つかったが，脊椎動物で進化的に保存されていることが明らかとなっている．脊索を欠損する *no tail* 変異体（脊索がないので，Lefty の midline barrier がない）では，右側も左側化する left isomerism がみられる．

3-4 左右非対称な形態形成

側板中胚葉で左側特異的に存在するようになった Nodal シグナルは，そこで転写因子の一種である forkhead box h1（Foxh1）の発現を誘導する．Foxh1 は別の転写因子である paired-like homeodomain 2（Pitx2）の発現を誘導する．その結果，側板中胚葉での Pitx2 の発現も Nodal と同様，左側特異的となる（図 5-7）．この左側特異的な Pitx2 の発現が，心臓，肺，胃，腸，肝臓，生殖腺など各種の器官に左右非対称性をもたらす最も直接的な要因だと考えられている．

例えば，鳥類の多くの種では，卵巣は左側のみに形成されるが，この左右非対称性は上記のような Nodal と Pitx2 によってもたらさることが示されている．Pitx2 は卵巣の発達を阻害するレチノイン酸の合成酵素の発現を抑制する作用をもつため，Pitx2 が発現する左側の側板中胚葉ではレチノイン酸シグナルが抑制され，卵巣が形成される．一方，Pitx2 が発現しない右側の側板中胚葉では，レチノイン酸シグナルが活性化され，そこで形成された卵巣は発生過程で退化してしまう．また，ゼブラ

フィッシュでは，側板中胚葉の細胞の移動パターンが左右で異なることにより，消化管にねじれが生じるが，このプロセスも Nodal と Pitx2 によって制御されていることが報告されている．しかし，器官の左右非対称な形態形成のプロセスが動物種間で異なることを示すデータも多く得られており，そのしくみと普遍性については未だ不明な点も多く残されている．

　不思議なことに魚類では，側板中胚葉に形成された左右非対称性が，そこから遠く離れた間脳の背側に位置する手綱核という神経核にも，左右非対称性をもたらしている．ゼブラフィッシュでは，手綱核におけるニューロンが左右非対称に発生することが示されている．*ndr2* や *lefty1*，*lefty2*，*pitx2* といった遺伝子の発現も左右非対称であり，左の手綱核のみでみられる．左右軸形成に異常を示す変異体では，手綱核の左右非対称な遺伝子発現も異常になる．クッパー胞の左右軸情報が，遠く離れた脳にどのようにして届くのか，また脳の左右非対称性が機能的な左右差とどのような関係にあるのか，興味がもたれる．

　魚類の体軸形成についてより詳しく学びたい場合は，章末に記した文献を参照されたい．

〔橋本寿史，清水貴史，日比正彦〕

文　献

Gilbert, S. F.（2015）：ギルバート発生生物学（第 10 版）（阿形清和，高橋淑子監訳）．メディカル・サイエンス・インターナショナル．
濱田博司ほか（2008）：生物はなぜ左右非対称なのか．細胞工学，27．
日比正彦（2000）：脊椎動物の体軸形成における Wnt シグナルの役割．細胞工学，19，1634-1643．
日比正彦（2003）：基礎発生生物学の再生医療における役割―胚葉形成・体軸形成―．病理と臨床・別冊，21，743-749．
日比正彦（2007）：分泌型シグナル分子による背腹軸形成機構．細胞工学，26，1142-1146．
Hibi, M., Hirano, T., Dawid, I. B.（2002）：Organizer formation and function. Results Probl. *Cell Differ*., 40, 48-71.
日比正彦，清水貴史，橋本寿史，柳成林，山中庸次郎，平野俊夫（2000）：脊椎動物初期体軸形成の分子機構―ゼブラフィッシュからの知見．蛋白質核酸酵素，45，2720-2731．
村岡修，日比正彦（2006）：Sizzled による Chordin タンパク質の分解制御と背腹軸形成の制御．実験医学，24，1658-1661．
清水貴史，平野俊夫（2001）：ゼブラフィッシュのオーガナイザー形成機構．医学のあゆみ，199，897-901．
Wolpert, L., Tickle, C., Lawrence, P., Meyerowitz, E., Robertson, E., Smith, J., Jessell, T.（2012）：ウォルパート発生生物学（武田洋幸，田村宏治監訳）．メディカル・サイエンス・インターナショナル．

第6章　中胚葉誘導

　魚類のからだは，ヒトを含む他の脊椎動物と同じように外胚葉（ectoderm），中胚葉（mesoderm），内胚葉（endoderm）の3つの大別された胚葉とよばれる細胞群から成り立っている．そのうち，中胚葉は，外胚葉と内胚葉に挟まれた様々な器官に分化する細胞群である．また，中胚葉は嚢胚における形態形成運動において主要な役割を果たしている．

　中胚葉は自律的に生じるのではなく，誘導によって胚の決まった領域に形成される．脊椎動物における中胚葉誘導は，発生過程で起こる最初の誘導現象であり，発生生物学上の古典的な問題の1つである．そのため，多くの発生学者によって研究がなされてきた．本章では，魚類の中でも発生学の研究によく用いられているゼブラフィッシュ（*Danio rerio*）とメダカ（*Oryzias latipes*）から得られた知見を中心に，魚類の中胚葉誘導について解説する．

§1. 中胚葉性器官

　中胚葉は，その発生する場所と将来形成される器官によって，正中線から側方に向かって順に中軸中胚葉，傍軸中胚葉，中間中胚葉，側板中胚葉の4つに分類される（図6-1）．中軸中胚葉は，神経管を裏打ちする脊索と脊索前板（脊索の前方部分を特にこのようによぶ）を形成する．脊索と脊索前板は，ヌタウナギ（*Eptatretus burgeri*）やヤツメウナギ類などの円口類を除いて，個体の成長とともに退化し，脊柱内に痕跡的に残存するのみとなるが，胚発生期には体を支える軸支持器官としての役割を担う．また，神経誘導や神経管の前後軸形成でも重要な役割を担っており，さらには sonic hedgehog（Shh）などの細胞間シグナル因子を分泌することによって，神経管の背腹軸に沿ったパターン形成や硬節の分化誘導も制御する（第7章，第9章参照）．傍軸中胚葉は沿軸中胚葉ともよばれ，主として分節構造である体節を形成し，骨格筋，脊椎骨や背側の真皮に分化する（第8章）．中間中胚葉は腎臓などに分化する．側板中胚葉は真皮，消化管間充織，心臓，血管，血球，生殖腺などに分化する．

§2. 予定中胚葉領域

　魚類や両生類においては，原腸胚期（魚類では嚢胚期とよぶ；第4章参照）の初期に周縁部の細胞が内側に入り込むことによって，中胚葉の形成が始まる．両生類では，細胞のシートが内側に巻き込まれて入るようにみえるので，この細胞運動は巻き込み運動（involution）とよばれている．魚類でも似たような巻き込み運動が起こるが，個々の細胞が独立して内側に侵入するため，involution と区別して ingression とよばれている．

　両生類では，将来中胚葉になる予定中胚葉領域は，胚の赤道域（帯域；marginal zone あるいは

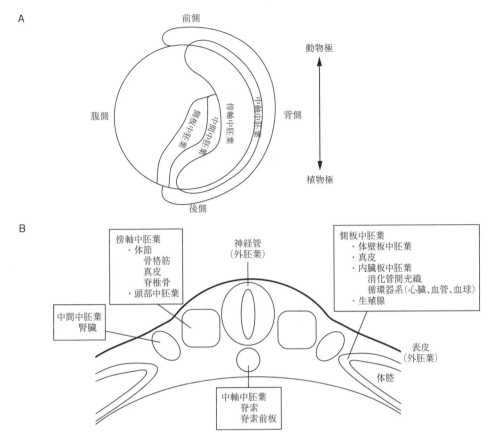

図 6-1 中胚葉の領域化と中胚葉から分化する器官
A：初期体節期における中胚葉．正中線から側方に向かって順に中軸中胚葉，傍軸中胚葉，中間中胚葉，側板中胚葉の4つに領域化する．B：Aの断面図とそれぞれの中胚葉領域から分化する器官．

marginal layer) に存在する（図 6-2 A）．一方，魚類の中胚葉（mesoderm）は，内胚葉（endoderm）になる細胞も混在する中内胚葉（mesendoderm）として形成される．中内胚葉は，胞胚後期から嚢胚初期にかけての時期に，卵黄細胞と胚盤胞が接する胚盤周縁部（blastoderm margin）にリング状に形成される（図 6-2 A, B）．第4章で紹介した胚環という構造が，この中内胚葉である．ゼブラフィッシュ胚では，胚環中の卵黄に近い（植物極側の）細胞層には，中胚葉と内胚葉になる細胞が混在するが，卵黄との境界から4〜6個の細胞相当分離れた（動物極側の）細胞は中胚葉のみに分化する．

§3. 卵黄細胞による中胚葉誘導

両生類の胚では，帯域が予定中胚葉領域である．将来中胚葉になるこの領域は，受精直後に取り出して培養しても中胚葉にならず，胞胚期以降にならないと自律的には中胚葉に分化しない．1970年代にニューコープや浅島らによって，桑実胚から帯域の細胞を取り除き，残りの植物極割球と動物極割球を合わせて培養すると，境界面の動物極割球側に中胚葉組織が誘導されることが示された．このことから，植物極割球から分泌された何らかの細胞間シグナル因子によって，帯域に中胚葉が誘導され

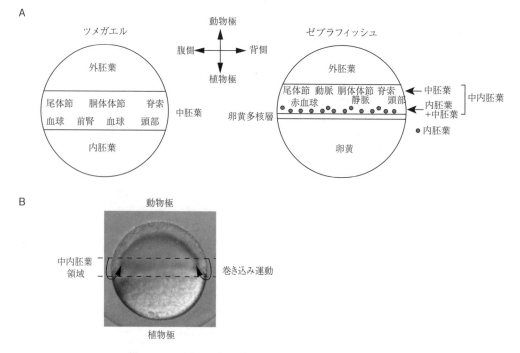

図 6-2 アフリカツメガエルとゼブラフィッシュの予定中胚葉領域
A：胞胚後期から原腸胚（嚢胚）初期における予定中胚葉領域と予定運命図．
アフリカツメガエルとは異なり，ゼブラフィッシュの中胚葉は，内胚葉になる細胞も混在する中内胚葉として形成される．中内胚葉の植物極側の細胞層には，将来内胚葉になる細胞と中胚葉になる細胞が混在しているが，動物極側の細胞層には，中胚葉になる細胞のみが存在する．B：細胞の巻き込み運動（矢印で示した）によって，中内胚葉がリング状に形成されたゼブラフィッシュ胚の写真．

ると考えられるようになった．後の研究によってそのしくみが分子レベルで説明できるようになり，現在では，中胚葉の誘導とパターン形成に関して，次のような4シグナルモデルが提唱されている（図6-3）．シグナル1は，上記のような植物極割球が帯域に向かって分泌する中胚葉誘導因子による中胚葉誘導シグナルである．シグナル2は，ニューコープセンターから分泌されるシュペーマンオーガナイザーの誘導シグナルである（第5章参照）．このシグナルによって，背側の中胚葉が誘導される．シグナル3は，シュペーマンオーガナイザーから分泌される因子によるもので，中胚葉の背側化を引き起こす．シグナル4は，腹側から分泌される因子によるもので，中胚葉の腹側化を引き起こす．シグナル3とシグナル4は拮抗して作用し，その結果として背腹軸に沿った中胚葉のパターン形成が起こる（第5章参照）．

ドジョウ（*Misgurnus fossilis*），コイ（*Cyprinus carpio*），メダカなどで胚盤を卵黄から分離して培養すると，胞胚の中期から後期以降であれば胚盤の細胞は自律的に中胚葉に分化するが，それ以前であれば中胚葉に分化しない．このことから，魚類の中胚葉の誘導も両生類と同様に，胞胚期に開始されることがわかる．卵黄細胞を単離して胞胚期の動物極側（本来中胚葉にはならない領域）に移植すると，移植部位に異所的な中胚葉が誘導される（図6-4）．その際，異所的な中胚葉マーカー遺伝子の発現も誘導されるが，その発現は，卵黄細胞の卵黄多核層（yolk syncytial layer；YSL）とよばれる領域に近接したところでみられる．卵黄多核層は，胚盤周縁部の細胞群が卵黄域の表層に潜り込ん

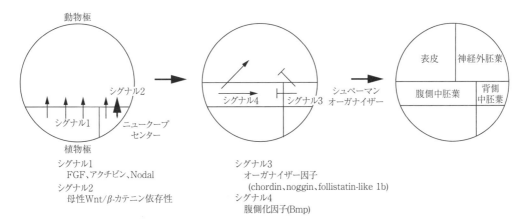

図6-3 中胚葉の誘導とパターン形成の4シグナルモデル
シグナル1は中胚葉誘導因子によるシグナルで，近接する領域に中胚葉を誘導する．シグナル2はニューコープセンターからのシグナルで，シュペーマンオーガナイザーを誘導する．シグナル3はシュペーマンオーガナイザーからのシグナルで，中胚葉を背側化する（神経誘導も行う）．シグナル4は腹側からのシグナルで，中胚葉を腹側化する．シグナル3はシグナル4を阻害するようにはたらく．

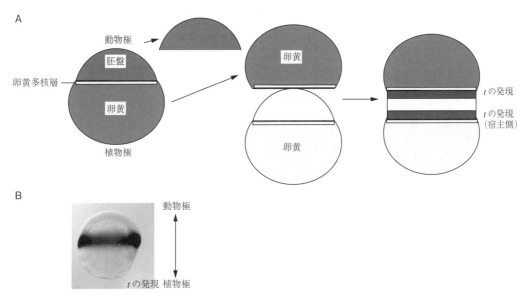

図6-4 卵黄細胞による中胚葉誘導
A：胞胚中期のドナー胚から胚盤を取り除き，宿主胚の動物極にドナー胚の卵黄多核層が接触するように移植すると，通常は胚盤周縁部に発現する中胚葉マーカー *t brachyury* (*t*) の発現が，移植片の卵黄多核層に近接した領域に異所的に誘導される．B：ゼブラフィッシュの嚢胚初期における中胚葉マーカー *t* の発現パターン．

で融合し，多核化したものである．ゼブラフィッシュの場合，512細胞から1,000細胞期に形成される（第4章参照）．魚類では，この卵黄多核層が両生類の植物極割球に相当し，中胚葉を誘導する作用をもつ．4シグナルモデルにおけるシグナル1は，魚類では，卵黄多核層から分泌される細胞間シグナル因子によるものである．

中胚葉誘導シグナル（シグナル1）の分子的実体（つまり中胚葉誘導因子）についてはまだ不明な点が多く残されているが，後述するNodalがその第一候補とされている（Nodalはシグナル2にも関

わっている；第5章参照)．魚類では，受精直後に卵黄の植物極部分を除去すると，背側決定因子による背腹軸形成が阻害されて著しい奇形を示す（第5章参照)．しかし，このような処理をした胚においても，背側の中胚葉を除く中胚葉組織は形成される．このことは，中胚葉誘導シグナル（シグナル1）と，背側中胚葉あるいはシュペーマンオーガナイザーの形成シグナル（シグナル2）は独立したものであることを意味している．

§4. 中胚葉誘導因子

4-1 アニマルキャップアッセイ

中胚葉誘導因子の実体を明らかにしようと古くから多くの試みがなされてきたが，そこでは，神経誘導因子の探索にも利用されているアニマルキャップアッセイとよばれる実験方法が活躍した（図6-5)．胞胚期におけるアフリカツメガエル胚の動物半球内部には，胞胚腔とよばれる空洞がある．その胞胚腔の天井部分の動物極周辺領域をアニマルキャップとよぶ．この領域は本来，予定外胚葉領域であるが，胞胚期にはまだ運命決定されておらず，いろいろな組織に分化できる多能性を維持している．通常，アニマルキャップを切り出して培養すると，分化が不完全な表皮細胞の集団になる．しかし，アニマルキャップを特定の組織抽出液や培養細胞上清で処理すると，様々な組織へと分化することが見出された．このようなアニマルキャップアッセイを用いて，中胚葉組織への分化誘導を指標にした中胚葉誘導因子の探索が数多く行われた．その結果，中胚葉を誘導する活性をもつ因子として，以下に記すFGFファミリーとアクチビンが見出された．

4-2 FGFファミリー

線維芽細胞増殖因子（fibroblast growth factor；FGF）は，マウスの線維芽細胞の増殖を促進する因子として，ウシの下垂体から発見された細胞間シグナル因子である．脊椎動物には20種類以上のFGFファミリーメンバーが存在するが，そのうちの一種，塩基性線維芽細胞増殖因子FGF2（bFGFとよばれることもある）に，アニマルキャップを血球細胞，間充織，筋肉などの中胚葉組織に分化させる能力があることが見出された．FGFの受容体は4種類存在し，いずれも細胞外にイムノグロブリン様ドメインを3つもち，細胞内にはチロシンキナーゼドメインをもつ細胞膜上の受容体であり，下流の（細胞内の）Ras-MAPキナーゼ経路を活性化することによって，シグナルを伝達する．

アフリカツメガエルでは，Fgf3，Fgf4，Fgf8が中胚葉誘導に関与していると考えられている．魚類では，ゼブラフィッシュにおける解析から，Fgf3，Fgf8，Fgf24が中胚葉誘導に関与していると考えられている．アフリカツメガエルにおいて，細胞内ドメインを欠失させたドミナントネガティブFgf受容体（Fgfには結合するが，下流のRas-MAPキナーゼ経路は活性化しない人工的な変異型Fgf受容体で，内在性のFgfの作用を阻害する効果をもつ）を過剰発現させると，頭部を除く体の後方部が欠損する．メダカのFgf受容体の変異体においても同様の表現型がみられる．このようにFGFシグナルは，中胚葉の誘導に重要な役割を果たしている．しかしながら，現在では詳細なマーカー遺伝子の経時的な発現パターンの解析から，FGFシグナルは中胚葉誘導ではなく，むしろ中胚葉の維持やパターン形成に寄与していると考えられている．

4-3 アクチビン

アクチビンは，形質転換成長因子β（transforming growth factor-β；TGF-β）スーパーファミリーに属する細胞間シグナル因子で，下垂体前葉から濾胞刺激ホルモンの分泌を促進する因子として同定された．アニマルキャップアッセイで，ヒトの骨髄性白血病細胞株の培養上清中に含まれる強い中胚葉誘導活性をもつ因子として再同定され，注目を集めることとなった．アクチビンは，その濃度によって標的細胞に様々な応答を引き起こすモルフォゲンとしてはたらき，アニマルキャップに濃度依存的に様々な中胚葉組織を誘導する．生成と拡散によって生じたアクチビンの濃度勾配に応じて，細胞は異なった組織になるため，アクチビンは，パターン形成の際に細胞に位置情報を与える因子として機能すると考えられる．低濃度（0.3～1 ng/ml）では腹側中胚葉である血球，もう少し高い濃度（5～10 ng/ml）だと筋肉，高濃度（50～100 ng/ml）では，背側中胚葉である脊索を誘導する（図6-5）．

アクチビンを含むTGF-βスーパーファミリーは，二量体を形成して細胞膜上に存在する受容体に結合する．TGF-βスーパーファミリーの受容体には，タイプⅠとタイプⅡがあり，それぞれのタイプを2つずつ含む四量体を形成してTGF-βと結合する．受容体の細胞内ドメインには，セリンスレオニンキナーゼドメインがある（キナーゼとはリン酸化酵素のことである）．TGF-βが受容体に結合すると，タイプⅡ受容体によるタイプⅠ受容体のリン酸化，続いてタイプⅠ受容体によるSmad（転写因子の一種）のリン酸化が起こる．リン酸化されたSmadは，別のタイプのSmadと結合して核内に移行し，下流の遺伝子群の転写を活性化する．Smadは，自身も弱いDNA結合活性を有するが，Smad以外の転写因子とも結合し，結合した転写因子の種類に応じて，種々の遺伝子の転写を活性化する．例えば，forkhead box h1 (Foxh1)という転写因子と結合することで，中胚葉の形成に関わる様々な遺伝子の転写を活性化することが示されている．

以上のように，アクチビンは濃度依存的に様々な中胚葉組織を誘導する活性をもつ．しかし，その発現の時期が中胚葉誘導の時期と一致しないことや，胚体中に濃度勾配がないことなどから，現在では，アクチビンは実際の生体内では中胚葉誘導に関与していないと考えられている．

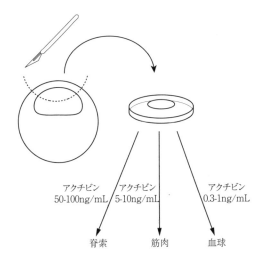

図6-5　アニマルキャップアッセイ
アフリカツメガエルの胞胚腔の天井部分を切り出し，様々な因子を含む培地で培養する実験方法で，中胚葉誘導因子や神経誘導物質の探索に用いられる．アニマルキャップを様々な濃度のアクチビンを含む培地で培養すると，濃度に応じた中胚葉組織が形成される．

4-4 Nodal

実際に生体内で中胚葉誘導因子として機能している分子（シグナル1の分子的実体）の有力候補がNodalである．Nodalは，中胚葉誘導や原腸形成が起こらないマウス突然変異体の原因遺伝子として同定された細胞間シグナル因子である．ノード（node；結節ともいう）（第5章参照）に発現していることから，その名前が付いた．Nodalは，アクチビンと同様にTGF-βスーパーファミリーに属する．マウスでは1種類，アフリカツメガエルでは5種類，ゼブラフィッシュやメダカでは3種類のNodal遺伝子［nodal-related 1（*ndr1*），*ndr2*，southpaw（*spaw*）］が知られている．ゼブラフィッシュの3種類の分子種のうち，中胚葉誘導に関与するのは*ndr1*と*ndr2*であることが示されている．ゼブラフィッシュの*ndr1*と*ndr2*の二重変異体は，尾部を除いた中内胚葉の形成が著しく阻害される表現型を示す（図6-6 A）．

第5章でも述べたように，Nodalの作用は，CerberusやLefty1/2といった別の細胞間シグナル因子によって阻害される．Nodalの受容体は，アクチビンと同様に細胞内ドメインにセリンスレオニンキナーゼドメインをもつ細胞膜上の受容体（アクチビン様受容体）である．NodalがEGF-CFC［上皮成長因子（EGF）様モチーフおよびCripto-FRL1-Cryptic（CFC）ドメインをもつタンパク質］と

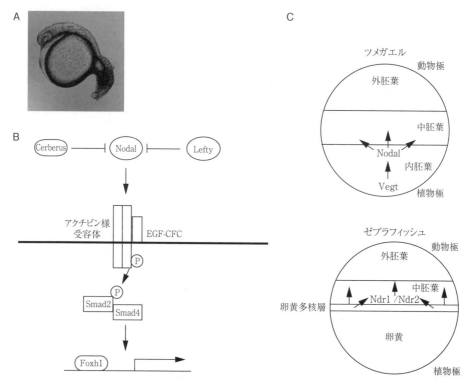

図6-6　Nodalによる中胚葉誘導

A：ゼブラフィッシュの*ndr1*と*ndr2*の二重変異体（Nodal欠損胚）．尾部を除いた中内胚葉の形成が著しく阻害されている．B：Nodalの作用機序．C：アフリカツメガエルとゼブラフィッシュでのNodalによる中胚葉誘導機構．アフリカツメガエルでは，母性に発現する転写因子Vegtによって植物極割球で活性化されたNodalによって中胚葉が誘導される．ゼブラフィッシュでは，卵黄多核層から分泌されるNodal（Ndr1とNdr2）によって中胚葉が誘導されるが，そこにVegtオーソログのTbx16は関与しない．

ともにアクチビン様受容体にはたらくと，Smadのリン酸化を介して下流の遺伝子群の転写を活性化する（図6-6B）．また，アクチビンと同様にNodalもモルフォゲンとしてはたらき，中胚葉の形成に関わるGoosecoid（Gsc）やT brachyury（T）などの転写因子の発現を濃度依存的に活性化することで，様々な中胚葉を誘導する．

§5. 中胚葉誘導の動物種間の多様性

　先に述べた通り，4シグナルモデルにおけるシグナル1の分子的実体はNodalだと考えられており，Nodalに始まる中胚葉の誘導やパターン形成の分子機構は，脊椎動物全般で共通している部分が多いようである（なお，シグナル2の分子的実体もNodalであることが明らかとなっている；第5章参照）．一方で，Nodalが発現するようになるまでのプロセスについては，以下に示すように動物種間に多様性がみられる．

　アフリカツメガエルでは，植物極に存在する母性因子である転写因子Vegtによって中胚葉誘導が開始される（図6-6 C）．Vegtの機能を阻害すると内胚葉が形成されず，中胚葉の形成も著しく阻害される．VegtはNodalの転写を活性化し，Nodalが帯域に中胚葉を誘導する．魚類では，卵黄多核層から分泌されるNodal（Ndr1とNdr2）によって中胚葉が誘導されるが，Vegtのオーソログであるtbx16は母性に発現しておらず，そのプロセスには関与していない．そのかわり，後述するようにTbx16は，囊胚期以降において主に胴体や尾の形成に中心的な役割を担っている．ニワトリやマウスなどの他の脊椎動物においても，Vegtによる中胚葉誘導機構は存在しない．ニワトリにおいては，TGF-βスーパーファミリーのgrowth differentiation factor 1（Gdf1）とWntの一種であるWnt8aが協調して原始線条（primitive streak；両生類の原口に相当し，ここから陥入が始まる）の形成に関与し，中胚葉を誘導する．これらのシグナルの標的はNodalである．しかしながら，Nodalシグナルは胚盤葉下層（hypoblast；将来内胚葉になる領域）で発現するNodalの阻害因子Cerberusによって抑制されているため，胚盤葉下層が前方に移動した後にようやく活性化する．マウスにおいては，胚外中胚葉（胚盤葉下層に由来する組織）から分泌されるbone morphogenetic protein（BMP；骨形成タンパク質）の一種BMP4の作用によって，WNT3が予定中胚葉領域で発現するようになる．このWNT3が，NODALやTの発現を活性化することで，中胚葉を誘導する．

§6. 背腹軸に沿った中胚葉組織のパターン形成

　中胚葉は，背腹軸に沿って様々な器官を生み出す（図6-2）．前述したように，アクチビンは濃度依存的にアニマルキャップに種々の中胚葉組織を誘導するが，生体内では中胚葉誘導には関与していないと考えられている．実際の魚類生体内では，シュペーマンオーガナイザー（背側オーガナイザーともいう）から分泌されるchordin（Chrd），noggin（Nog），follistatin-like 1b（Fstl1b）などの細胞間シグナル因子によって，背腹軸に沿った中胚葉のパターン形成が行われる（第5章，第7章参照）．これらの因子によるシグナルが，4シグナルモデルにおけるシグナル3である．これらの因子は，腹側から分泌される腹側化因子Bmpのシグナル（4シグナルモデルにおけるシグナル4）を阻害し，結果

として，背腹軸に沿ったBmpの濃度勾配を形成する（図6-3）．それにより，将来脊索や脊索前板になる中軸中胚葉が背側に形成されるなどのパターン形成が進行する．中軸中胚葉の形成には，転写因子の一種notochord homeobox（Noto）が関与していることが知られている．

§7. 前後軸に沿った中胚葉組織のパターン形成

両生類や魚類の胚では，中胚葉は前後軸に沿って，頭部，胴部，尾部の3つの領域に大別される（図6-7）．胴部と尾部の形成は，FGFやWntなどの細胞間シグナル因子と，TやTbx16などのT-ボックス型転写因子とよばれる転写因子群によって制御されている．そこでは，いったんFGFやWntがTやTbx16などの発現を誘導すると，それらの転写因子の作用によってFGFやWntの発現が上昇するというオートレギュレーションループが形成されている．

Nodalはモルフォゲンとしてはたらき，前後軸に沿った中胚葉組織のパターン形成にも関与する．ゼブラフィッシュにおいては，Ndr1が広い濃度範囲で作用するモルフォゲン活性をもつ．高いNodal活性は，*gsc*の発現を誘導し，頭部中胚葉を形成する．中程度のNodal活性は*t*などを誘導し，胴部中胚葉を形成する．ゼブラフィッシュの*ndr1*と*ndr2*の二重変異体でも尾部の形成は比較的正常に起こることから（図6-6 A），尾部の中胚葉形成には高いNodal活性は必要ないと考えられている．

§8. 中胚葉と内胚葉の分岐

先にも述べたように，魚類の中胚葉は，単純な中胚葉としてではなく，内胚葉になる細胞も混在する中内胚葉として誘導される（図6-2）．この中内胚葉が中胚葉と内胚葉に分岐するしくみには，様々な転写因子が連鎖的にはたらく遺伝子カスケード（第2章参照）が関わっている．

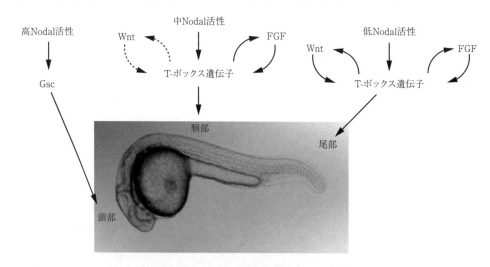

図6-7　前後軸に沿った中胚葉組織のパターン形成
胴部と尾部の形成は，細胞間シグナル因子であるFGFやWnt，T-ボックス型転写因子であるTやTbx16によって制御される．頭部の形成には高いNodal活性が必要であり，胴部中胚葉の形成には中程度のNodal活性が必要である．尾部中胚葉の形成には低いNodal活性で十分である．

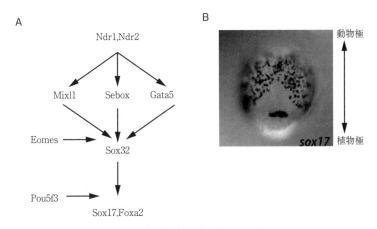

図 6-8 内胚葉形成の遺伝子カスケード
A：Nodal（Ndr1 と Ndr2）は Mixl1，Sebox，Gata5 などの転写因子の発現を促進する．これらの転写因子は，母性に発現する Eomes とともに，Sox32 という転写因子の発現を促進する．Sox32 は次に，Sox17 や Foxa2 などの転写因子の発現を促進する．Sox17 や Foxa2 の発現には，母性に発現する転写因子 Pou5f3 も関わる．このような遺伝子カスケードによって内胚葉が形成される．B：嚢胚後期における内胚葉マーカー sox17 の発現パターン．背側から見たゼブラフィッシュ胚の写真．

　Nodal（Ndr1 と Ndr2）の下流ではたらく転写因子には，mix paired-like homeobox（Mixl1），Sebox，GATA-binding protein 5（Gata5）がある．これらの転写因子は，母性に発現している別の転写因子 eomesodermin（Eomes）とともに，sex determining region Y-box 32（Sox32）という転写因子の発現を促進する．Sox32 は予定内胚葉領域における内胚葉の分化に必要十分な因子であり，Nodal シグナルの下流で，内胚葉と中胚葉への分化の分岐を直接決定している．したがって，ゼブラフィッシュの sox32 変異体では，内胚葉が完全に欠損する．Sox32 の下流では，また別の転写因子 Sox17 や forkhead box a2（Foxa2）がはたらき，内胚葉が形成されていくことになる．また，これらの転写因子の発現誘導には，母性に発現している転写因子 POU domain class 5 transcription factor 3（Pou5f3）が必要である（図 6-8）．

　魚類の中胚葉誘導についてより詳しく学びたい場合は，章末に記した文献を参照されたい．

（清水貴史，橋本寿史，日比正彦）

文 献

Wolpert, L., Tickle, C., Lawrence, P., Meyerowitz, E., Robertson, E., Smith, J., Jessell, T.（2012）：ウォルパート発生生物学（武田洋幸，田村宏治 監訳）．メディカル・サイエンス・インターナショナル．
Gilbert, S. F.（2015）：ギルバート発生生物学（第 10 版）（阿形清和，高橋淑子監訳）．メディカル・サイエンス・インターナショナル．
木下 圭，浅島 誠（2003）新しい発生生物学――生命の神秘が集約された「発生」の驚異．ブルーバックス（講談社）．
水野寿朗，山羽悦郎（2000）：背腹軸形成と中胚葉誘導の実験形態学．小型魚類研究の新展開（武田洋幸，岡本 仁，成瀬 清，堀 寛編），共立出版, pp.2712-2719.

第7章　神経誘導

　脳や脊髄などの神経系は，行動の制御や体内環境の恒常性の維持に必須な動物特有の組織である．原腸胚期（魚類では囊胚期とよぶ；第4章参照）になると，背側の中胚葉からのはたらきかけで，外胚葉の背側領域が肥厚化し，神経板（neural plate）という構造が形成される．これが神経系のもととなる構造であり，神経板が形成されるプロセスを神経誘導（neural induction）とよぶ．神経板はその後，管状の神経管（neural tube）となり，ここから中枢神経系（脳と脊髄）が生じる．また，神経板が神経管に変化する過程で，末梢神経系のもととなる細胞群も生じる．本章では，神経誘導と，その後の大まかな前後軸に沿ったパターン形成について概説する．

§1．シュペーマンオーガナイザー

　1920年代にドイツのシュペーマンとマンゴルドは，イモリ原腸胚の背側領域の一部［原口背唇部（dorsal lip）とよばれる背側の中胚葉領域］を別の胚の腹側に移植すると，移植片を中心にもう1つの胚体（二次胚）が形成される現象を見出した（図7-1 A）．二次胚の組織を調べると，脊索は移植片に由来していたが，それ以外の大部分の組織は宿主由来の細胞から構成されていた．このことから，原腸胚の原口背唇部は，周りの組織にはたらきかけ，体軸を形成する活性をもつことが明らかとなり，シュペーマンオーガナイザー，あるいは背側オーガナイザーとよばれるようになった．
　シュペーマンオーガナイザーの機能は，大きく分けて2つある．1つ目は，背腹軸に沿った中胚葉のパターン形成である．シュペーマンオーガナイザーから分泌された因子が，背腹軸に沿った腹側化シグナル分子の濃度勾配を生じさせることによって，背側から腹側へと領域特異的に異なった中胚葉組織が形成される（第5章，第6章参照）．シュペーマンオーガナイザー自身も中胚葉の一部であり，やがては脊索や脊索前板などの中軸中胚葉に分化する．シュペーマンオーガナイザーがもつもう1つの機能が，本章で取り上げる外胚葉に対する神経誘導である．
　魚類では，胚盾（embryonic shield）とよばれる背側の中胚葉領域がシュペーマンオーガナイザーとして機能する．胚盾は両生類の原口背唇部に相当する領域であるといえ，両生類の原口背唇部と同様に，胚盾を他の胚に移植すると二次胚が形成されることが示されている（図7-1 B）．胚盾は，囊胚初期の胚盤周縁部に肥厚化した構造として出現する．この構造は，胚発生過程ではじめて生じる背腹軸方向に非対称な構造である．シュペーマンオーガナイザーとして機能する領域は，他の脊椎動物種においても確認されている．鳥類ではヘンゼン結節（Hensen's node）とよばれる領域が，哺乳類ではノード（node；結節ともいう）とよばれる領域が，シュペーマンオーガナイザーとして機能する．このようにシュペーマンオーガナイザーとして機能する領域の名称は動物種によって異なるが，それらの領域を異種の胚に移植しても（例えば，哺乳類のノードを両生類の胚に移植しても），二次胚が形

成される.このことから,シュペーマンオーガナイザーのはたらきには,種を超えた共通の分子機構が関与していることがわかる.

シュペーマンオーガナイザーが形成されるプロセスについては,第5章で詳しく説明したので,ここでは概要のみを述べることとする(図7-2).母性の背側決定因子によって背側特異的に活性化されたWnt/β-カテニンシグナルは,背側の内胚葉領域にニューコープセンターとよばれる特殊な領域を形成する.ニューコープセンターでは,活性化されたWnt/β-カテニンシグナルによって,抑制性の転写因子の一種であるDharmaと細胞間シグナル因子Nodalの一種であるNdr1が発現するようになる.その後,それらの分子の作用によって,隣接する背側の中胚葉領域にシュペーマンオーガナイザーが誘導される.アフリカツメガエルでは,背側植物半球がニューコープセンターとして機能する.ゼブラフィッシュ(*Danio rerio*)では,背側の卵黄多核層がニューコープセンターとして機能すると考えられている.

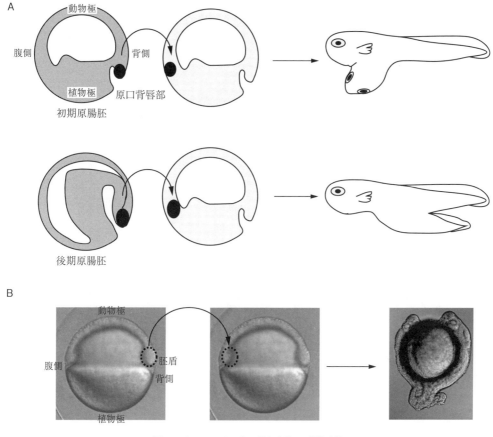

図7-1 シュペーマンオーガナイザーの移植実験

A:両生類胚におけるシュペーマンオーガナイザーの移植実験とオーガナイザー活性の経時的変化.原腸胚初期のシュペーマンオーガナイザー(原口背唇部)を別の胚に移植すると,頭部を含む二次胚が形成される.一方,原腸胚後期のシュペーマンオーガナイザーを移植すると,頭部のない不完全な二次胚が形成される.B:ゼブラフィッシュにおけるシュペーマンオーガナイザーの移植実験.魚類のシュペーマンオーガナイザー領域である胚盾を別の胚に移植すると,やはり二次胚が形成される.

§2. 神経誘導のデフォルトモデル

胞胚期のアフリカツメガエル胚の動物半球内部には胞胚腔という空洞があり，その天井部分（動物極周辺の予定外胚葉領域）はアニマルキャップとよばれる（第6章参照）．アニマルキャップはまだ運命決定されておらず，様々な組織に分化できる多能性を維持している．アニマルキャップを取り出して組織片の状態で培養すると，通常は分化が不完全な表皮細胞の集団になる．しかし，この組織片を個々の細胞にまでばらばらにしてから培養すると，神経細胞ができる．シュペーマンとマンゴルドの発見以降，シュペーマンオーガナイザーから分泌され，外胚葉を神経系に誘導する因子（シュペーマンオーガナイザー因子）の探索が盛んに行われてきたが，この現象は，シュペーマンオーガナイザーがなくとも，外胚葉は自律的に神経系に分化できることを意味している．さらには，アニマルキャップ中には，外胚葉を表皮に分化させる細胞間シグナル因子が存在しているが，細胞をばらばらにすることによって，その細胞間シグナル因子が培養液中に拡散してしまい，機能できなくなった結果，アニマルキャップは神経系に分化した，と解釈できる．このことから，シューペーマンオーガナイザー因子の実体は，それまで想像されていたような神経系を自律的に誘導する因子ではなく，表皮化を促

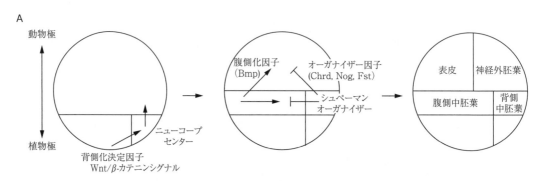

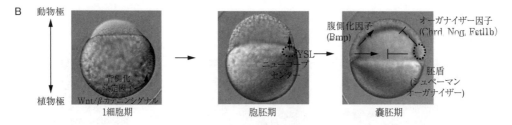

図7-2　シュペーマンオーガナイザーの形成と神経誘導
A：両生類におけるシュペーマンオーガナイザーの形成と神経誘導．将来の背側に運ばれた背側決定因子は，そこでWnt/β-カテニンシグナルを活性化し，背側の内胚葉領域にニューコープセンターを形成する．このニューコープセンターのはたらきによって，背側の中胚葉にシュペーマンオーガナイザーが誘導される．シュペーマンオーガナイザーからは，表皮化因子であるBmpのシグナルを阻害するシュペーマンオーガナイザー因子[chordin（Chrd），noggin（Nog），follistatin（Fst）]が分泌される．その結果，背側の外胚葉領域に神経系が誘導される．B：ゼブラフィッシュにおけるシュペーマンオーガナイザーの形成と神経誘導．魚類では，受精直後将来の背側に運ばれた背側化決定因子によるWnt/β-カテニンシグナルの活性化によって，背側の卵黄多核層（YSL）にニューコープセンターが形成される．ニューコープセンターのはたらきによって形成された胚盾がシュペーマンオーガナイザーとして，オーガナイザー因子（Chrd，Nog，Fstl1b）を分泌する．オーガナイザー因子は，腹側化因子であるBmpシグナルと拮抗して神経系を誘導する．

す細胞間シグナル因子の作用を阻害する因子であり，外胚葉は，表皮化因子がはたらけば表皮に運命転換されるが，もともとは神経系に分化するようにプログラムされているという「神経誘導のデフォルトモデル」が提唱された．現在では，このモデルは広く受け入れられており，以下で解説するように，表皮化因子とシュペーマンオーガナイザー因子のいずれの正体も明らかとなっている．

§3. 表皮化因子

表皮化因子の正体は，第5章で腹側化因子として紹介したbone morphogenetic protein（Bmp；骨形成タンパク質）とよばれる細胞間シグナル因子である．Bmpは腹側化因子としてはたらくとともに，外胚葉を表皮化する因子としてもはたらくのである．実際に，ばらばらにしたアニマルキャップの培養液中にBmpを加えると，神経系には分化せずに表皮に分化する．Bmpは胚の腹側領域で発現するため，腹側の外胚葉が腹側化，表皮化することになる．それとは逆に，Bmpの発現領域から遠く，Bmpの阻害因子を分泌するシュペーマンオーガナイザーに近い背側の外胚葉領域は背側化，神経系に分化することになる（図7-2）．

Bmpは TGF-β スーパーファミリーに属する細胞間シグナル因子の1グループであり，魚類を含む脊椎動物から，これまでに20種類以上のBmpファミリーメンバーが同定されている．ゼブラフィッシュでは，主に *bmp2b* と *bmp7* が背腹軸形成に関与しており，それらのBmp遺伝子は，囊胚において腹側の予定表皮領域で発現している（図7-3）．Bmpの機能を欠損した変異体では，背側の神経外胚

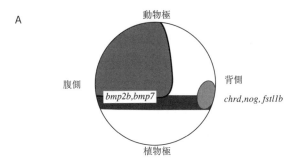

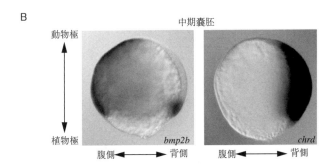

図7-3　シュペーマンオーガナイザー因子とBmpの発現パターン
A：ゼブラフィッシュの中期囊胚におけるシュペーマンオーガナイザー因子（*chrd, nog, fstl1b*）とBmp（*bmp2b* と *bmp7*）の遺伝子発現領域を示した模式図．B：ゼブラフィッシュの中期囊胚における *bmp2b* と *chrd* の発現パターンを示した写真．*bmp2b* は主に腹側で，*chrd* は背側で発現している．

葉が野生型に比べて腹側に拡大する．Bmp 受容体は，他の TGF-β スーパーファミリーの受容体と同様に，細胞内ドメインにセリンスレオニンキナーゼドメインをもつ細胞膜上の受容体であり，Smad（転写因子の一種）のリン酸化を介して下流の遺伝子群（腹側化，表皮化に必要な遺伝子群）の転写を活性化する．TGF-β スーパーファミリーの受容体には，タイプ I とタイプ II があるが，タイプ I 受容体にはさらにいくつかの分子種がある．ゼブラフィッシュでは，Bmp のタイプ I 受容体として Alk3，Alk6，Alk8 が知られており，Alk3 と Alk6 のいずれかと Alk8 が結合してはたらく（図7-4）．Smad 遺伝子の一種 smad5 のゼブラフィッシュ変異体や，Alk3，Alk6，Alk8 の機能を阻害したゼブラフィッシュ胚においても，神経外胚葉の拡大が認められる．

§4．シュペーマンオーガナイザー因子

上にも述べたように，シュペーマンとマンゴルドによる神経誘導の発見以降，シュペーマンオーガナイザーから分泌される神経誘導因子（シューペーマンオーガナイザー因子）の探索が精力的に行われてきた．その結果，複数のシューペーマンオーガナイザー因子が同定されるに至ったが，それらはいずれも当初予想されていたような神経系を自律的に誘導する分子ではなく，表皮化因子である Bmp の作用を阻害する分子であることが明らかとなり，この発見は驚きをもって迎えられた．いずれのシューペーマンオーガナイザー因子も，その実体は Bmp 結合タンパク質であり，Bmp に結合するこ

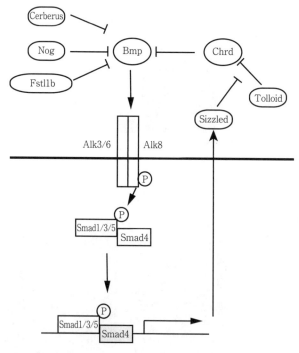

図7-4　Bmp シグナル
Bmp が Bmp 受容体（Alk3 と Alk6 のいずれかと Alk8 が結合している）に結合すると，Smad のリン酸化（図中には P で示した）を介して腹側化，表皮化に必要な遺伝子群の転写が活性化される．シュペーマンオーガナイザー因子（Chrd，Nog，Fstl1b）や Cerberus は Bmp に結合し，Bmp が Bmp 受容体に結合するのを阻害する．Chrd は Tolloid によって分解されるが，その Tolloid の作用は，Sizzled によって阻害される．

とで，BmpがBmp受容体に結合するのを阻害する．Bmpによる表皮化のシグナルを遮断することで，外胚葉をもともとの運命どおりに神経系へと分化させるわけである．

ゼブラフィッシュでは，chordin（Chrd），noggin（Nog），およびfollistatin-like 1b（Fstl1b）という分子がシュペーマンオーガナイザー因子としてはたらく．これらの分子は，魚類のシュペーマンオーガナイザーである胚盾で発現し，そこから周囲へと拡散していく．そして腹側から分泌されたBmpの作用を阻害することで，胚盾に近い背側の外胚葉を神経系へと誘導する（図7-2, 7-3）．第5章では，これらの分子を背側化因子として紹介したが，腹側化とともに表皮化も引き起こすBmpの作用を阻害するので，神経誘導因子としてもはたらくわけである（背腹軸の形成と神経誘導は全く別の現象のように思えるが，実は共通の分子メカニズムによって同時に起こるのである）．ショウジョウバエにおいても，BmpはDecapentaplegic（Dpp），Chrdはshort-gastrulation（Sog）という名称で知られており，神経系の形成に関与している．しかし，それらの発現の背腹軸に沿った位置関係は逆転しているため，節足動物では腹側に神経系が形成される．

これらのシュペーマンオーガナイザー因子以外にも，TolloidファミリーとSizzledがBmpシグナルの濃度勾配形成に関与することが知られている（図7-4）．これらの分子については第5章で解説したので，そちらを参照してもらいたい．

§5. オーガナイザー活性の経時的変化

シュペーマンオーガナイザーの活性は，発生が進むにつれて変化することが知られている．両生類での移植実験において，原腸胚初期の原口背唇部は，頭部の神経組織（前脳や中脳など）を含む完全な二次胚を誘導することができる．しかし，原腸胚後期の原口背唇部は，胴部と尾部の神経組織（脊髄）しか誘導できず，頭部のない不完全な二次胚を形成する（図7-1 A）．このことは，オーガナイザーの性質は時間とともに変化すること，また，オーガナイザーには，頭部を誘導できるオーガナイザーと，胴部と尾部しか誘導できないオーガナイザーの少なくとも2種類があることを意味している．これらのオーガナイザーはそれぞれ，頭部オーガナイザー，胴部オーガナイザーとよばれる．頭部オーガナイザーとしてはたらくのは，主として脊索前板に分化する領域であり，胴部オーガナイザーとしてはたらくのは脊索に分化する領域であると考えられている．いずれも中軸中胚葉から分化する領域である．

§6. 神経系における前後軸の形成：2ステップモデル

シュペーマンオーガナイザーによって誘導された神経板はやがて神経管となるが，その過程で前後軸に沿った領域化が起こり，頭側から順に前脳，中脳，後脳，脊髄が形成される．この前後軸に沿った神経系の領域化の機構については，2種類の異なるシグナルによる「2ステップモデル」というモデルが広く受け入れられている（図7-5）．このモデルではまず，アクチベーターとよばれるシグナルが外胚葉に神経組織を誘導するとされる．そのシグナルの実体は，前述のBmpシグナルを抑制する背側オーガナイザーからの神経誘導因子であるChrd，Nog，Fstl1bである．そして，アクチベーター

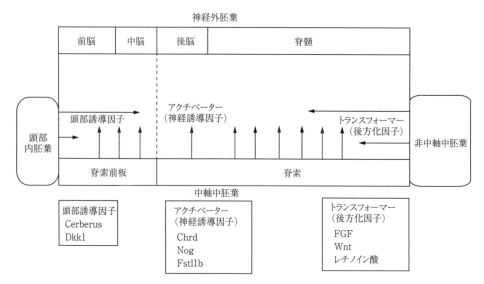

図7-5 前後軸に沿った神経系の領域化の2ステップモデルと頭部誘導因子
まず，頭部オーガナイザー（中軸中胚葉）から分泌されるアクチベーターシグナルによって，外胚葉に前方の神経系の性質をもった神経系が誘導される．次に，胴部オーガナイザー（中軸中胚葉）と非中軸中胚葉から分泌されるトランスフォーマーシグナルによって，誘導された神経系が後方化する．それと同時に，頭部内胚葉からは頭部誘導因子が分泌される．

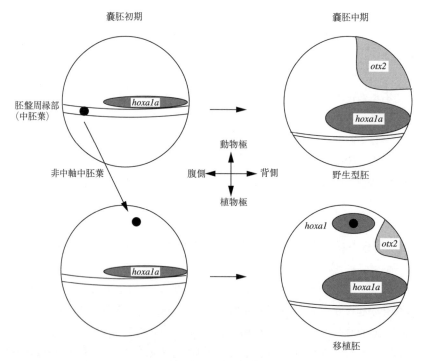

図7-6 非中軸中胚葉による神経外胚葉の後方化
ゼブラフィッシュ初期嚢胚の非中軸中胚葉を別の胚の頭部外胚葉に移植すると，移植片の周辺では，頭部領域のマーカーである *otx2* の発現が抑制され，後方神経系のマーカーである *hoxa1a* が発現するようになる．

によって誘導された神経組織は，前方の神経組織（前脳）の性質を有するとされる．引き続いて，トランスフォーマーとよばれるシグナルが，頭部を除いた領域を脊髄などの後方の神経組織に変換するとされる．これらの2種類のシグナルは，前節で述べたオーガナイザー活性の経時的変化に対応する．頭部オーガナイザー（脊索前板に分化する中軸中胚葉領域）のアクチベーター活性によって前方の神経系が誘導され，胴部オーガナイザー（脊索に分化する中軸中胚葉領域）のトランスフォーマー活性によって後方の神経組織へと変換されるのである．

ところが，近年の研究によってこのモデルが若干修正されることとなった．中軸中胚葉以外の領域が，トランスフォーマー活性をもつことがわかってきたためである．ゼブラフィッシュの後方神経系のマーカーである hoxa1a は，背側の非中軸中胚葉に沿った外胚葉領域で発現し，この領域はやがて後方の神経系になる．嚢胚初期の非中軸中胚葉由来の組織片を別の胚の予定頭部領域に移植すると，周囲の組織において頭部のマーカーである otx2 の発現が減少し（頭部の形成が抑制され），hoxa1a が発現するようになる（後方神経系が誘導される）（図7-6）．また，胴部の中軸中胚葉の形成が著しく阻害されるゼブラフィッシュの ndr1 と ndr2 の二重変異体においても，前後軸に沿った神経管のパターン形成は起こる．これらのことは，中軸中胚葉（胴部オーガナイザー）からのシグナルだけではなく，非中軸中胚葉からのシグナルもトランスフォーマー活性を担っていることを示している．

トランスフォーマー活性を担う分子の詳細はまだ明らかとなっていないが，線維芽細胞増殖因子（fibroblast growth factor；FGF）（第6章参照），Wnt，レチノイン酸（retinoic acid）がその候補として知られている．神経誘導因子で処理をすることによって神経系を誘導したアニマルキャップにFGFを作用させると，後方神経系のマーカー遺伝子の発現が誘導される．また，メダカ（Oryzias latipes）のFGF受容体の変異体では，後方組織の欠損が認められる．Wntの一種をコードする wnt8a は，原腸胚において，オーガナイザー領域を除く非中軸中胚葉で発現する．ゼブラフィッシュにおいて wnt8a の機能を阻害した胚やその変異体では，頭部領域が拡大し，脊髄を含む後方組織の形成が抑制される．レチノイン酸はビタミンAの代謝物質であり，将来体節になる傍中軸中胚葉（非中軸中胚葉の一部）で合成・分泌される．神経系を誘導したアニマルキャップを後方神経系に変換する活性をもつことが示されている．

§7. 頭部誘導因子

シュペーマンオーガナイザー因子（アクチベーター活性）と後方化因子（トランスフォーマー活性）によって神経管のおおまかな前後軸が形成される．しかし，これらとは別に，積極的に頭部を誘導する因子の存在が報告されている．アフリカツメガエルで発見された細胞間シグナル因子 Cerberus は，シュペーマンオーガナイザー領域である中軸中胚葉よりも深部にある内胚葉領域で発現し始め，その発現は神経誘導の時期まで続く．Cerberus は，Nodal，Bmp，さらには Wnt と結合し，それぞれのシグナル伝達を阻害する．表皮化因子である Bmp のシグナルを阻害することで神経系を誘導し，後方化因子である Wnt のシグナルを阻害することで頭部の形成を促進することになる．しかし，魚類にも Cerberus を介した積極的な頭部誘導機構が存在するかは明らかとなっていない．

また，Dickkopf1（Dkk1）とよばれる Wnt/β-カテニンシグナルの抑制因子が知られている．

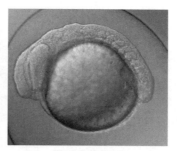

野生型胚 　　　　　　Wnt/β-カテニン
　　　　　　　　　　　シグナル欠損胚

図 7-7　Wnt/β-カテニンシグナルの阻害による頭部領域の拡大
Dkk1 を過剰発現させ，Wnt/β-カテニンシグナルを阻害したゼブラフィッシュでは，頭部が拡大し，後方組織の形成不全が起こる．

　Dkk1 はアニマルキャップアッセイにおいて，それ自身単独では神経を誘導できないが，他の因子（例えば Chrd などの Bmp を阻害する因子）と協調して頭部を誘導することができる．ゼブラフィッシュで Dkk1 を強制的に過剰発現させると，頭部の拡大がみられる（図 7-7）．また，別の Wnt/β-カテニンシグナル抑制因子である Axin のゼブラフィッシュ変異体では，頭部形成が阻害される．さらには，Wnt/β-カテニンシグナルにおいて β-カテニンと結合し，下流の遺伝子の転写を促進する転写因子 Tcf（第 2 章参照）の一種である Tcf7l1a（Tcf3 ともよばれる）のゼブラフィッシュ変異体でも，頭部形成が著しく抑制される．Wnt/β-カテニンシグナルが活性化されておらず，β-カテニンがない状態では，Tcf3 は転写を抑制するタイプの転写因子として機能する．したがって，Wnt を発現している非中軸中胚葉から離れた頭部領域では，Tcf3 は転写抑制因子としてはたらき，神経系の後方化に関わる遺伝子の発現を抑制している．以上のことから，頭部の誘導には，後方化シグナルとしてはたらく Wnt/β-カテニンシグナルの積極的な抑制が必要であることがわかる．つまり，前後軸に沿った神経系のパターン形成は，頭部誘導因子と後方化因子の拮抗的な相互作用によって起こるわけである．

　魚類の神経誘導についてより詳しく学びたい場合は，章末に記した文献を参照されたい．

（清水貴史，橋本寿史，日比正彦）

文 献

上野直人（2002）：からだづくりの設計図．生物のボディープラン（上野直人，黒岩厚編），共立出版，pp.1-21.
武田洋幸（2002）：中枢神経の体軸に沿ったパターン形成．生物のボディープラン（上野直人，黒岩厚編），共立出版，pp.39-62.
新屋みのり，武田洋幸，弥益恭（2000）：ゼブラフィッシュから見た脊椎動物の神経誘導と中枢神経系の前後軸に沿ったパターン．小型魚類研究の新展開（武田洋幸，岡本 仁，成瀬 清，堀 寛編），共立出版，pp.2766-2774.
武田洋幸，相賀裕美子（2007）：脊椎動物の初期ボディープランの成立機構．発生遺伝学，東京大学出版会，pp.32-60.
Twyman, R. M.（2012）：発生生物学キーノート（八杉貞雄，西駕秀俊，竹内重夫監訳）．丸善出版．
武田洋幸，新屋みのり，越田澄人（1997）：頭部神経は外胚葉の前方でしか誘導されない－ゼブラフィッシュ外胚葉の応答能の差－．細胞工学，16，373-381.

第8章 体節形成

　脊椎動物の胴体部分（体幹部）には，前後軸（頭尾軸ともいう）に沿った繰り返し構造がみられる．背骨（脊椎骨の繰り返し）や肋骨などがその最たる例であるが，煮魚や焼き魚の身をほぐすとわかるように，魚類では，骨格筋にも繰り返し構造がはっきりと認められる．人間の骨格筋にも，鍛えた腹筋などに繰り返し構造を見出すことができる．このような繰り返し構造を「分節」的な構造と表現する．節（ふし）に分かれた構造という意味である．体幹部の分節的な構造は，体節（somite）とよばれるブロック状の細胞の塊が，胚発生時に一過的に形成されることによって生み出される．体節が前後軸に沿っていくつも連なって形成され，それぞれの体節から脊椎骨や骨格筋，真皮などが生じてくることで，それらに繰り返し構造が形成されるのである．

　本章では，体節がどのような機構で形成されるのかについて概説する．体節の形成機構の多くの部分は，ニワトリを用いた古くからの実験発生学的な研究によって明らかにされてきたが，近年は，ゼブラフィッシュ（*Danio rerio*）の突然変異体を用いた発生遺伝学的な研究（第1章参照）も盛んに行われるようになり，体節形成を制御する遺伝子やそのはたらきまでもが次々と明らかにされてきた．本章で紹介する知見の多くも，ゼブラフィッシュでの研究によって得られたものである．それ以外の魚種，特に水産上の重要魚種における体節の形成機構はあまり調べられていないが，ゼブラフィッシュ，ニワトリ，マウスなどの比較解析の結果から，体節の形成機構は種を超えてよく保存されていることがわかってきた．したがって，ゼブラフィッシュ以外の魚種でも，基本的にはゼブラフィッシュと同様の機構によって体節が形成されていると考えられる．

§1. 体節の発生

　原腸胚期（魚類では囊胚期とよぶ；第4章参照）になると，胚の表面の細胞が内側に入り込むことによって，中胚葉の形成が始まる．中胚葉は，その発生する場所と将来形成される器官によって，正中線から側方に向かって順に中軸中胚葉，傍軸中胚葉，中間中胚葉，側板中胚葉の4つに分類される（第6章参照）．体節は，それらの中胚葉のうちの傍軸中胚葉から形成される．まだ体節に分かれていない（分節前の）傍軸中胚葉を未分節中胚葉（presomitic mesoderm；PSM）とよぶが，未分節中胚葉は前後軸方向に細長い間葉系（中胚葉由来の未分化な結合組織という意味）の細胞集団であり，胚の中央部から後端部にかけての領域に左右1対存在する．神経誘導が終わる頃になると，この未分節中胚葉が，一定の時間ごとに一定の距離間隔で前方部からくびれ切れていく．それにより，中軸中胚葉由来の脊索を挟んで左右1対ずつ体節が形成されていく（図8-1）．前方に位置する体節ほど，より早くに形成された体節ということになる．体節が形成されていく時期を体節期（segmentation stage）とよぶ．通常，体節期はその時々に存在する体節の数によって，3体節期（3-somite stage），10体節期（10-somite stage), 21体節期 (21-somite stage) などと, さらに細かく区分される.

1対の体節が形成されるのに要する時間や, 最終的に形成される体節の数は, それぞれの動物種に固有である. 例えばゼブラフィッシュでは, およそ30分ごとに1対の体節が形成され, 最終的に31対の体節が形成される. メダカ (*Oryzias latipes*) では1時間ごとに1対の体節が形成され, 最終的に35対の体節が形成される. ニワトリでは90分ごとで最終的に55対, マウスでは2時間ごとで最終的に65対形成される. ヘビでは最終的に形成される体節の数が数百にも及ぶ.

上で述べた通り, 体節は, 未分節中胚葉の前方端から細胞塊がブロック状になって分離していくことで次々と形成されていく. 一方で, 未分節中胚葉の後方端には, 胚体の最も後方に位置する尾芽 (tailbud) から細胞が常に加えられ, 体節形成に必要な細胞が補充されていく. 一般に, 未分節中胚葉は体節期に入る前は前後方向に長くなっていき, 体節期に入ると, しばらくは一定の長さを保つ. しかし, 体節期の終盤になると徐々に短くなっていく. 後方端に付け加えられる細胞数よりも, 前方端で体節へと分化していく細胞数の方が多くなるためである. また, 未分節中胚葉の後方側にある細胞は未分化な若い細胞である一方, 前端部の細胞は間もなく体節に分化する成熟が進んだ細胞ということになる. このような前後軸に沿った細胞の極性は, 未分節中胚葉全体のみならず, 形成された個々の体節の中にもみられる. 体節中の前方半分と後方半分の区画が異なる性質をもつのである. 例えば, 1つの体節の後方区画は神経棘と血管棘という脊椎骨から背腹に伸びる骨を作るが, 前方区画は作らない. このような体節内の極性は, 体節が形態的に観察できるようになる前に形成されることが明らかとなっている.

体節が未分節中胚葉から分離する際は, 数十個から数百個の細胞がブロック状にひとまとまりになって, 周りの細胞から形態的に区別できるようになる (図8-2). もともと未分節中胚葉は不規則な形をした間葉系細胞の集まりだが, 新しい体節が形態的に認められるようになる際には, 一部の間葉系細胞が円柱状の上皮様細胞へと変化する. そして, ひとまとまりになった細胞塊の内側に間葉系細胞が位置し, それを取り囲むように方向性の揃った上皮様細胞が並んで接着する. それにより, 隣の体節あるいは未分節中胚葉との境界面 (体節境界) ができる. このような細胞の形態および性質の変

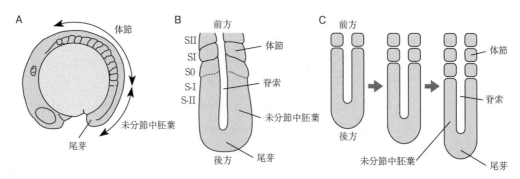

図8-1 ゼブラフィッシュにおける体節形成の概要
A：14体節期のゼブラフィッシュ胚を側方からみた模式図. B：体節期の胚の後方を背側からみた模式図. 体節は前側から順に, 脊索の両側に対になって形成されていく. 形成中の体節をS0 (Sはsomiteの頭文字), すでに形成された体節をSI, SIIなどと表現する. また, これから形成される予定の体節の領域をS-I (SマイナスI), S-IIなどと表現する.
C：体節期における傍軸中胚葉の経時変化. 尾芽から新しい細胞が補充されることで未分節中胚葉が後方に伸長していくとともに, 前方から一定の時間間隔で次々にくびれ切れていき, 体節が形成される.

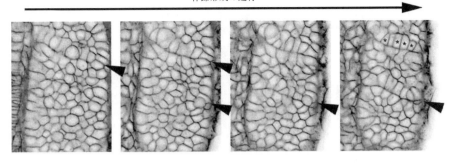

図 8-2 体節が形成される際の細胞形態の変化
体節が形成されていく際の細胞の様子を写真で示した．写真の上側が前方，下側が後方．矢頭は未分節中胚葉から体節が分離しつつある部分を示す．未分節中胚葉と体節の境目がはっきりすると，その境目の細胞がアスタリスクで示すような円柱状の細胞へと形態的な変化を遂げる．

化は間葉－上皮転換（mesenchymal-epithelial transition；MET）とよばれ，形態的に明瞭な体節境界を形成するために必要不可欠な現象である．

§2．体節形成の周期性

　先に述べたように，個々の体節の大きさや形成に要する時間は動物種によって大きく異なるが，体節形成が一定の周期性をもったリズミカルなプロセスである点は，いずれの種でも共通である．体節形成の分子機構が種を超えてよく保存されているためである．その機構として，いわゆる「clock and wavefront モデル」が広く受け入れられている（Wolpert and Tickle，2012；武田・相賀，2007）．未分節中胚葉ではたらく特定の遺伝子の発現の周期的な増減と，未分節中胚葉の前後軸に沿った特定の細胞間シグナル因子の濃度勾配が，周期的な体節形成を制御しているというモデルである．その概要を以下に述べる（図 8-3）．

　未分節中胚葉のそれぞれの細胞では，特定の遺伝子の発現が周期的にオン／オフを繰り返しており（振動しており），この振動がリズミカルな体節形成を可能とする「分節時計（segmentation clock）」としてはたらいている．この周期の長さが，1 対の体節が形成されるのに要する時間を決めているのである．このような遺伝子を時計遺伝子とよぶ（時計遺伝子といえば，一般には個体の 24 時間周期の活動を支配する遺伝子群のことを指すが，体節形成の研究分野では，分節時計を支配する遺伝子群のことを指す）．そして，前後軸上の同じ位置にある細胞の間では，時計遺伝子の振動が同調しているが，前後軸上の異なる位置にある細胞の間では，振動の位相（オン／オフのタイミング）がずれている．一方，尾芽や未分節中胚葉の後端部からは，この振動を継続させる細胞間シグナル因子が放出されており，その濃度は未分節中胚葉の後方ほど高く，前方ほど低くなっている．したがって，未分節中胚葉が長くなるにつれ，尾芽からある程度離れてしまった前方の細胞では，振動が停止することになる．この細胞間シグナル因子が届くギリギリのラインを wavefront と表現する．実際に目で見えるラインではなく，仮想上のラインである．尾芽から新しい細胞が供給され続け，胚は後方へと伸長していくので，wavefront は傍軸中胚葉を前方から後方へと移動していき，wavefront が通過した細

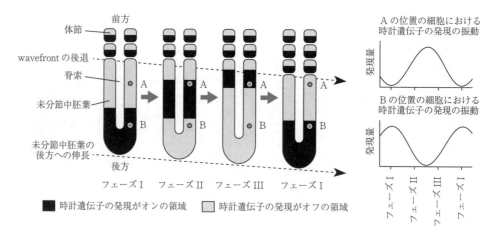

図8-3 clock and wavefront モデル

未分節中胚葉のそれぞれの細胞は，時計遺伝子の発現のオン／オフを一定の周期で繰り返す（図中のフェーズⅠ，Ⅱ，Ⅲを繰り返す）．この発現周期が一回りする間に1対の体節が形成されるが，発現周期の位相は前後軸に沿って細胞間で少しずつずれている（例として，AとBの位置にある細胞での発現周期をグラフで示した）．そのため，時計遺伝子の発現がオンになっている領域は，時間経過とともに後方から前方に向かって移動波のように動いていくようにみえる．一方，未分節中胚葉が後方に伸長していくのに伴って，wavefrontも前方から後方へと移動していく．wavefrontが通過した細胞は，時計遺伝子の発現の振動を停止し，体節へと分化する．時計遺伝子の発現がオンになった状態で振動を停止した細胞の位置に体節境界が形成される．

胞の振動が停止するわけである．そして，振動が停止した細胞が体節へと分化する．時計遺伝子の発現がオンになった状態で振動を停止した細胞の位置に体節境界が形成されるため，時計遺伝子の振動がちょうど1サイクルすると，1対の体節が形成されることになる．このようにして，clock and wavefrontモデルでは，周期的にオン／オフを繰り返す遺伝子発現による時間的な情報が，周期的な空間パターン，つまり分節的な構造に変換されることになる．このモデルのイメージをしっかりもつことができれば，時計遺伝子の発現周期とwavefrontが後方へ進む速度によって個々の体節の大きさが決まることも理解できるだろう．

時計遺伝子が周期的な発現を示すことは，それらのmRNAやコードするタンパク質を経時的に検出すればわかる．時間経過とともに，増減を繰り返すのである．未分節中胚葉の個々の細胞でそれらの遺伝子の発現パターンをみてみると，実際に周期的な発現が観察できる．重要なことに，未分節中胚葉全体でみると，それらの発現は未分節中胚葉の後方から前方に向かって移動波のように動いていくようにみえる．未分節中胚葉の前後軸に沿って異なる位置にある細胞では，時計遺伝子の発現周期の位相（オン／オフのタイミング）が異なっているので，その位相のずれが時計遺伝子の発現の波として観察されるのである．そして，時計遺伝子の発現の波は前方へ行くにつれて徐々にゆっくりとなり，体節境界が形成される位置で停止する．このような発現パターンは，新たな体節を形成するたびに繰り返される．

§3. 分節時計

3-1 時計遺伝子

体節形成のリズムを制御する時計遺伝子の正体は，いずれの動物種においても，Hesファミリーに

属する抑制性の転写因子（標的遺伝子の転写を抑制するタイプの転写因子）をコードする遺伝子群（Hesファミリー遺伝子）であることが明らかとなっている．ややこしいことに，Hesファミリー遺伝子の中には，オーソログでも動物種によって異なる名称でよばれる遺伝子もあるので，注意が必要である．特にゼブラフィッシュでは，Hesの代わりにherという名称を用いることが多い．例えば，*Hes1*のゼブラフィッシュオーソログは*her6*とよばれ，*Hes4*のゼブラフィッシュオーソログは*her9*とよばれる．また，*Hes4*のニワトリオーソログは*hairy1*ともよばれる（ちなみに，最初に発見された時計遺伝子は，このニワトリの*hairy1*である）．そのような種による名称の違いはあるが，一般にHesファミリー遺伝子は進化的によく保存されており，分節時計の分子機構も動物種間で共通であると考えられている．

　ゼブラフィッシュでは，Hesファミリー遺伝子の中の*her1*と*her7*が分節時計で中心的な役割を担っている．実際に，ゼブラフィッシュで*her1*や*her7*の機能を欠損させると，移動波パターンの乱れと体節境界の形成異常を引き起こす．これらの遺伝子の発現がおよそ30分周期で振動するため，ゼブラフィッシュでは，およそ30分間に1対のペースで体節が作り出される．Hesファミリー遺伝子は抑制性の転写因子をコードしているが，Her1とHer7は自身の遺伝子を標的遺伝子の1つとしており，自身の遺伝子の転写を抑制する．Her1やHer7のタンパク質が増加すれば，それらの遺伝子の転写が抑制されるため，結果として，それらのタンパク質は翻訳されなくなり減少する．すると今度は転写が抑制されなくなるため，盛んに転写・翻訳が行われるようになり，再びタンパク質量が増加する．このような機構によって，*her1*と*her7*の転写や翻訳のオン／オフが自動的に繰り返されることになる．極めてシンプルなネガティブフィードバック調節機構（自己抑制機構と表現してもよいだろう）によって，周期的な発現がもたらされているのである（図8-4）．

　Hesファミリー遺伝子のmRNAやコードするタンパク質にみられる明瞭な周期的増減には，それらの安定性が低く，分解されやすいことも深く関わっている（図8-4）．転写や翻訳が周期的にオン／オフを繰り返すだけでなく，mRNAやタンパク質が分節時計の周期ごとに分解されることで，それらの分子の量に極めてシャープな周期的増減がもたらされるのである．もしもmRNAやタンパク質の安定性が高く，分解されにくければ，はっきりした増減は認められなくなることは容易に想像できよう．それ以外にも，mRNAのスプライシングやタンパク質の翻訳後修飾，細胞内輸送なども，両分子の明瞭な周期的増減に関わっているようである．

　ゼブラフィッシュでは，*hes6*（以前は*her13.2*とよばれていた）も分節時計に深く関わることが示されている．Hesファミリーの転写因子は二量体（ダイマーともいう）を形成してはたらくことが知られているが，Hes6はHer1とヘテロダイマーを形成し，*her1*と*her7*の転写を抑制する．*hes6*の突

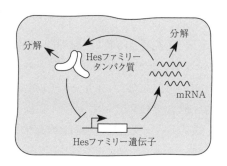

図8-4　時計遺伝子の周期的な発現
時計遺伝子として機能するHesファミリー遺伝子（ゼブラフィッシュでは*her1*と*her7*）は，自己抑制機構によって周期的な発現を繰り返す．Hesファミリー遺伝子の翻訳産物（Hesファミリータンパク質）は二量体を形成し，抑制性の転写因子としてはたらく．Hesファミリータンパク質が蓄積すると，自身の遺伝子のプロモーターに結合し，転写を抑制する．その転写抑制と遺伝子産物（mRNAおよびタンパク質）の分解によってHesファミリータンパク質が減少すると，転写抑制が解除される．その結果，再びHesファミリータンパク質が蓄積し，以上のサイクルを繰り返すことになる．

然変異体では，胚体は前後方向に正常に伸長し，wavefrontの後方への移動パターンも正常胚と変わらない．体節境界も形成される．しかし，正常胚と比べると，体節形成の周期が遅くなるとともに，個々の体節は前後方向に大きくなり，最終的に形成される体節の総数は少なくなる．*hes6*が欠損すると，*her1*と*her7*の発現の周期が遅れ，これらのような表現型が現れるものと推察される．

3-2 隣接する細胞における振動の同調

　以上の時計遺伝子の振動は個々の細胞内でのイベントであるが，正常な体節形成のためには，前後軸上の同じ位置にある細胞の間で時計遺伝子の振動が同調しなければならない．それぞれの細胞でばらばらに振動するようでは，規則正しい体節形成は見込めない．通常，生体内の遺伝子発現には多くのノイズやゆらぎが生じるが，体節形成のプロセスには，それらを軽減して細胞間で振動を同調させるしくみが備わっている．それが，第1章でも紹介したNotchシグナルである．Notchシグナルは，Deltaなどの細胞膜上に存在するリガンドと，同じく細胞膜上に存在するそれらの受容体Notchによってもたらされる細胞間のシグナル伝達系である．通常の細胞間シグナル伝達系とは異なり，リガンドが細胞膜に固定されているため，隣り合う細胞にのみ作用する．細胞から突き出たDeltaが隣接する細胞の細胞膜上にあるNotchに結合すると，Notchの一部（NICDという）が切り離されて核内へと移行し，標的遺伝子の転写を活性化する．このNotchシグナルによって，隣接する細胞間で時計遺伝子の振動が共役することで，その振動が同調した細胞集団が構築されるのである．実際に，ゼブラフィッシュでNotch遺伝子の一種（*notch1a*）やDelta遺伝子（*deltaC*と*deltaD*）の機能を欠損させると，本来は未分節中胚葉の中で整然とした移動波パターンを示す時計遺伝子の発現が，ごま塩状（英語ではsalt and pepperと表現する）のランダムなパターンになってしまう．その結果，体節境界も正常に形成されなくなる．

　Notchシグナルによって細胞間で分節時計が同調する具体的なしくみとしては，次のようなモデルが提唱されており，広く受け入れられている（図8-5）．時計遺伝子としてはたらくHesファミリー遺伝子（例えば，ゼブラフィッシュでは*her1*と*her7*）はNotchシグナルの標的遺伝子であり，Notchシグナルが活性化すると，それらの転写も活性化される．一方で，Hesファミリー遺伝子がコードするタンパク質（ゼブラフィッシュではHer1とHer7）は抑制性の転写因子として*delta*に作用し，その転写を抑制する．Notchシグナルが活性化され，Hesファミリー遺伝子の発現が増加すれば，Deltaの発現が減少し，隣接する細胞のNotchシグナルが不活性化されることになる．個々の細胞がこのプロセスを繰り返すうちに，その周期が細胞間で同調するようになるのである．つまり，Notchシグナルの活性化のタイミングが，Hesファミリー遺伝子と*delta*の発現の増減を介して隣接する細胞に伝わり，分節時計が細胞間で同調するようになるのである（武田・堀川，2007）．

　このモデルと合致するように，NICDの量もHesファミリー遺伝子の発現と同様に，周期的に変動していることがマウスの未分節中胚葉で確認されている．ゼブラフィッシュでは，Delta遺伝子の一種である*deltaC*の発現も周期的に変動していることが確認されている．また，Notchシグナルを阻害すると，*her1*と*her7*は細胞間での振動の同調性を失うだけでなく，その発現レベルが徐々に低下することが示されている．Notchシグナルの周期的な活性化は，細胞間での分節時計の同調機構だけでなく，個々の細胞内での分節時計そのものにも組み込まれているといえる．逆にゼブラフィッシュ

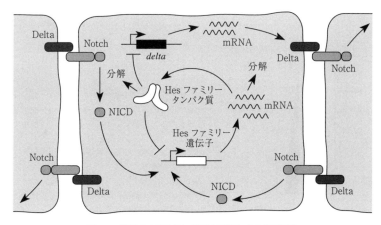

図8-5 隣接する細胞間で振動を同調させる分子機構
Hesファミリー遺伝子（ゼブラフィッシュでは*her1*と*her7*）の振動は，Notchシグナルを介して隣接した細胞で共役している．抑制性の転写因子であるHesファミリータンパク質は，自身の遺伝子に加えて*delta*の転写も抑制する．Deltaが隣接細胞のNotchに結合すると，Notchの一部が切り離されてNICDが生じる．NICDはHesファミリー遺伝子の転写を活性化する．

でDeltaを局所的に強制発現させると，隣接する細胞での*her1*の発現周期の位相がずれるが，このずれは上記のモデルをもとにしたコンピューターシミュレーションによっても再現される．

§4. 体節が形成される位置の決定

ここまで，clock and wavefrontモデルのclockの部分についてみてきた．次に，このモデルのもう1つの中心的な概念であるwavefrontの部分についてみてみよう．時計遺伝子が振動し続けるためには，尾芽や未分節中胚葉の後端部から放出される特定の細胞間シグナル因子による刺激が必要である．したがって，未分節中胚葉が長くなるにつれ，尾芽からある程度離れてしまった前方の細胞には，この細胞間シグナル因子が届かなくなり，その細胞での時計遺伝子の振動が停止することになる．そして振動が停止した細胞が体節へと分化する．この細胞間シグナル因子が届くか届かないかの境界線がwavefrontである．未分節中胚葉が後方に伸びていくのに伴って，wavefrontもそれとほぼ同じスピードで未分節中胚葉を前方から後方へと移動していくが，このwavefrontが通過した細胞が振動を停止し，体節へと分化するのである．このような機構によって，前方から順次，規則正しく体節が形成されていく．

尾芽や未分節中胚葉の後端部から放出され，時計遺伝子の振動を保証する細胞間シグナル因子の実体は，動物種を問わず，線維芽細胞増殖因子（fibroblast growth factor；FGF）（第6章参照）やWnt（第5章参照）であることが明らかになっている．未分節中胚葉の後方に位置する細胞は，FGFやWntを高レベルで受け取っているが，発生の進行に伴って徐々に前方に位置するようになると，受容するFGFやWntのレベルが低下する．そして，そのレベルが時計遺伝子の振動を保証できる閾値を下回ったところで，振動が停止し，体節に分化する．この場所がwavefrontの実体である．

時計遺伝子の発現がオンになったタイミングでwavefrontが通過した場所に体節境界が形成される．そのため，分節時計が1サイクルする間にwavefrontが通過する細胞の数が，体節の大きさを決定する．

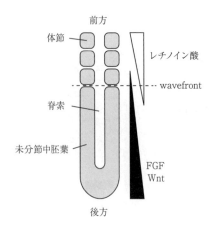

図 8-6 シグナル分子の濃度勾配による体節境界の位置決定
時計遺伝子の振動を維持させる FGF と Wnt は，尾芽や未分節中胚葉の後端部から放出され，未分節中胚葉の後方ほど高く，前方ほど低い濃度勾配を示す（図中に黒い三角で示した）．逆に，時計遺伝子の振動を停止させるレチノイン酸は，未分節中胚葉の前端部から放出され，未分節中胚葉の前方ほど高く，後方ほど低い濃度勾配を示す（図中に白い三角で示した）．これらの細胞間シグナル因子の濃度勾配によって wavefront の位置が規定され，体節が形成される位置が決まる．

ゼブラフィッシュで FGF の発現を一過的に阻害すると大きな体節が形成されるが，FGF の発現を一過的に阻害することで wavefront が後退するスピードが速くなり，分節時計が 1 サイクルする間に wavefront が多くの細胞を通過するためと解釈できる．逆に，ゼブラフィッシュで FGF の発現を増強させると小さな体節が形成される．これは，wavefront が後退するスピードが遅くなり，分節時計が 1 サイクルする間に wavefront が通過する細胞が減るためと解釈できる．このような体節の大きさの変化は，マウスやニワトリ，カエルを用いて Wnt を操作した場合にも起こることが報告されている．

　時計遺伝子の振動を維持させる FGF や Wnt が尾芽や未分節中胚葉の後端部から放出されるのとは逆に，その振動を停止させるようにはたらく細胞間シグナル因子が体節や未分節中胚葉の前端部から放出されることも明らかとなってきた．その実体は，ビタミン A の代謝物質であるレチノイン酸（retinoic acid）である．FGF/Wnt とレチノイン酸が未分節中胚葉で反対方向の濃度勾配を形成し，拮抗的に作用しているのである（図 8-6）．未分節中胚葉のそれぞれの細胞は，それらの細胞間シグナル因子の濃度を感知し，今，自分が未分節中胚葉のどの位置に存在し，どう振る舞うべきかを知ることができるのだろう．それにより，wavefront，つまり，体節を形成する位置やタイミングが精密にコントロールされているのである．

§5. 体節への分化

　1 つの体節を構成する細胞は，均一な細胞集団ではない．体節境界を形成する細胞は，体節の中央部に位置する細胞とは性質や挙動が明らかに異なる．また，体節の前半区画の細胞と後半区画の細胞にも大きな違いがあり，その違いが，後に脊椎骨の前半部分と後半部分の構造の違いを生み出したりする．では，このような体節内の細胞の不均一性，前後の極性はどのように形成されるのであろうか．wavefront を通過した細胞は，その時点での分節時計の位相を保ったまま振動を停止し，体節へと分化する．したがって，時計遺伝子の発現や Notch シグナルの活性がオンの状態で振動を停止する細胞もいれば，それらがオフの状態で振動を停止する細胞もいる．先に述べたように，時計遺伝子の発現がオンになったタイミングで振動が停止すると，その細胞が体節境界の細胞となる．そのため，分節時計が 1 サイクルする間に wavefront が通過する細胞集団が，1 つの体節を構成する単位となる．1

つの体節の中に，様々な位相の細胞が存在することになり，これが体節内での前後極性を生み出しているのである．

分節時計の振動が停止した細胞では，いくつかの転写因子が新たに発現するようになり，それらが引き起こす遺伝子カスケード（第2章参照）によって体節への分化が進行する．それらの転写因子の中で最も重要だと考えられているのは，Tbx6（ゼブラフィッシュではTbx24とよばれることもある）とMesp2である．Tbx6は，体節分化の遺伝子カスケードの中でも上流に位置する転写因子である．Mesp2もTbx6の支配下にあるため，Tbx6がなければMesp2の発現は誘導されない．Tbx6のゼブラフィッシュ変異体は*fused somites*とよばれ，体節が全く形成されない表現型を示す．Mesp2は将来，体節の前側半分になる領域で発現し，これが体節の前後極性を生み出す引き金となる．

またMesp2のはたらきによって，隣り合う細胞を互いに反発させて混じりあわないようにし，細胞間に明瞭な境界線を形成するエフリン（ephrin）シグナルが活性化する．エフリンは細胞間シグナル因子の一種であるが，細胞外に放出されるのではなく，NotchシグナルのDeltaと同様に細胞膜上に存在し，エフリン受容体を発現する隣り合う細胞にのみ作用する．このエフリンのはたらきによって，体節境界の細胞の間葉−上皮転換が引き起こされるとともに，境界部分に細胞間隙が形成される．エフリンシグナルによって引き起こされるこれらの形態変化は，細胞外マトリックスを構成する糖タンパク質の一種であるフィブロネクチン（fibronectin）と細胞接着因子の一種であるインテグリン（integrin）の結合によるアドヘレンスジャンクション（adherence junction；接着結合ともいう）（第2章参照）の形成によって補完される．インテグリンの作用で体節境界の細胞間隙にフィブロネクチンが集積し，上皮化した細胞の形態的特徴と細胞極性の獲得が起こるのである（図8-7）．これらの遺伝子を欠損したゼブラフィッシュ突然変異体では，体節境界がいったん形成されるものの，維持されずに消失する．

このような遺伝子カスケードを経て生み出された各体節は，その後，正中−側方軸（medio-lateral axis）に沿ったパターン形成を経て，正中に近い側から硬節（sclerotome），筋節（myotome），および皮節（dermatome）の3つの領域に分化する．そして，それぞれから脊椎骨，骨格筋，真皮が形成され，それらに繰り返し構造が形成されることになる．

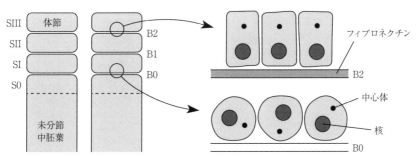

図8-7 境界細胞の形態変化

新しく生じた体節境界（図中のB0）の細胞間隙には，フィブロネクチンはほとんど存在しない．また，体節境界の細胞中の核や中心体の位置関係が揃っておらず，決まった極性はない．一方，形成されてからしばらく経った体節境界（図中のB2）には，フィブロネクチンが多く蓄積している．また，体節境界の細胞が円柱状の上皮様細胞に変化しているとともに，隣接細胞間で一致した細胞極性を獲得しており，細胞中の核や中心体の位置関係が揃っている．

以上，体節の形成機構を概説してきた．実験発生学で得られた知見をもとに，その機構を説明する clock and wavefront モデルが提唱されたのが1970年．その後の発生遺伝学や分子生物学の発展によって，このモデルが正しいことが証明され，関係する遺伝子群の大筋も明らかとなってきたのである．

　はじめに述べたように，ゼブラフィッシュ以外の魚種では体節の形成機構に関する知見があまり得られていないが，その機構の多くの部分は魚種を問わず普遍的であると想像される．養殖魚の種苗生産の現場では，体節の形成異常が頻繁に発生することがしばしば問題となっているが，今後の研究の進展によって，この問題が解決されることに期待したい．

（越田澄人）

文　献

Wolpert, L., Tickle, C.（2012）：ウィルパート発生生物学（第4版）（武田洋幸，田村宏治監訳）．メディカル・サイエンス・インターナショナル．

武田洋幸, 相賀裕美子（2007）：繰り返し構造を生み出すしくみ．発生遺伝学－脊椎動物のからだと器官のなりたち－（武田洋幸，相賀裕美子著），東京大学出版，pp.53-59.

武田洋幸，堀川一樹（2007）分節時計が正確に時を刻むメカニズム－同調性とノイズ耐性．蛋白質核酸酵素，52，236-242.

第9章　神経系の発生

　魚類の脳は，終脳（一般には大脳ともよばれる）や間脳，中脳など，我々ヒトと同じ区画をもった複雑な構造である（図9-1）．神経系を構成する神経細胞［ニューロン（neuron）ともいう］の細胞体は脳の中に均一に分布するのではなく，特定の箇所に集まっており，このような集まりを神経核（単数形は nucleus，複数形は nuclei）とよぶ．それぞれの脳の区画には，機能の異なる神経核が多数分布している．脳の形成は，最初は単純な構造であったものが区分化されることによって進んでいく．詳しくは後述するが，モルフォゲンとして機能するものを含む様々な細胞間シグナル因子や，転写因子の遺伝子カスケードが時期・部位特異的にはたらくことで区分化が起こる．脳の形成過程を理解することは，成体の複雑な脳に存在する区分や神経核についての系統的な理解に役立つとともに，それらの機能を考える上での土台ともなる．本章では，単純な板状構造である外胚葉から神経管が形成され，背腹・前後（頭尾，吻尾ともいう）・内外の3つの方向軸に沿って分化・発達することによって，魚類の脳が完成する過程を概説する．また，魚類の中枢神経系（脳と脊髄）がもつ特徴の1つである

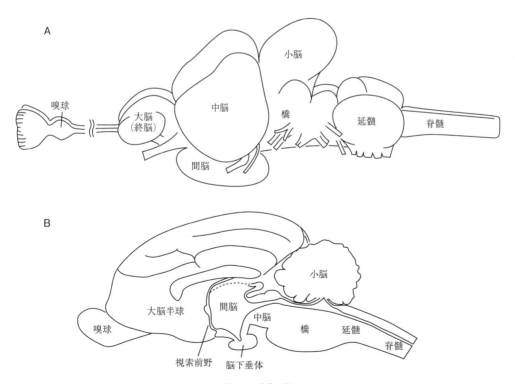

図9-1　成体の脳
A：コイの脳を左斜め上から見た図．B：間脳や中脳などが見えるようにネコの脳を正中線で切断し，断面側から見た図．いずれも左が頭側で右が尾側．魚類の脳にも哺乳類と共通の脳区画が存在することを理解してもらいたい．

成体におけるニューロン新生についても解説する．本章での記述の多くは，神経系の発生について詳細に調べられているメダカ（*Oryzias latipes*）やゼブラフィッシュ（*Danio rerio*）での知見に基づいたものである．それ以外の魚種，特に水産業の対象魚種における神経系の発生はあまり詳しく調べられていないが，基本的にはメダカやゼブラフィッシュと同様であると考えられる．

§1. 神経索と神経管の形成

神経誘導（第7章参照）によって外胚葉に誘導された神経板（neural plate）はやがて管状の神経管（neural tube）となるが，その過程は魚類とそれ以外の脊椎動物とでは異なることが知られている（図9-2）．多くの脊椎動物では，神経板の中央部を縦走する溝（神経溝；neural groove）が形成されるとともに，神経板の左右の縁をなす神経褶（neural fold）が互いに近づき，やがて管状の構造（神経管）となる（図9-2 A）．一方，メダカでは，神経溝を中心に左右の神経板が折り畳まれるような形で下方に沈み込み，はじめは管状構造とはならないことが示されている．この索状の構造を神経索（neural rod あるいは neural keel）とよぶ．しかし，やがて神経索の内部に新たに腔所が形成されることによって，結局は管状の構造（神経管）となる（石川，2002）（図9-2 B）．ゼブラフィッシュにおいても同様

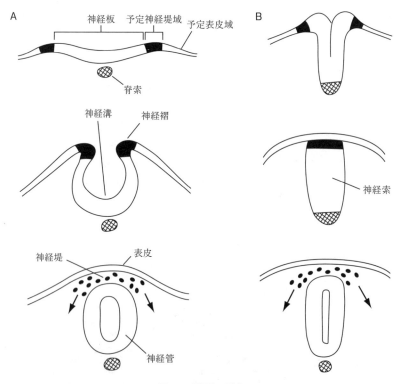

図9-2　神経管の形成
A：ヒトにおいては，神経板の中央部が窪むとともに左右の神経褶が互いに近づき，癒合することで，管状構造の神経管が形成される．表皮と神経管の境界領域は神経堤となり，そこから剥がれ落ちた神経堤細胞は，からだの様々な場所へと移動していく．B：メダカにおいては，左右の神経板が正中部で折り畳まれるように癒合し，腔所のない神経索が形成される．しかし，後になって腔所が形成され，結局は管状構造の神経管となる．

の報告があり，神経索を経由した神経管の形成は種を超えて魚類一般にみられる（ただし，他の脊椎動物ではみられない）現象であると考えられている．

神経板の左右の縁（予定神経管域と予定表皮域との境界領域）は神経堤（neural crest；神経冠ともいう）とよばれる（図9-2）．神経管や神経索が形成される過程で，この神経堤から神経堤細胞（neural crest cell）とよばれる細胞集団がばらばらに剥がれ落ち，からだの様々な場所へと移動していく．目的地に到達した神経堤細胞は，末梢神経系や頭蓋組織の細胞，色素細胞，クロム親和細胞（哺乳類の副腎髄質に相当する魚類の細胞）など，様々な細胞へと分化する．実に多様な細胞の起源となっていることから，神経堤細胞は「第4の胚葉」とよばれることもある．

神経管の腹側に位置する中胚葉性の脊索（notochord）は，後述するように，神経管の背腹方向の機能的区分を決定する重要な役割をもつ．他の脊椎動物においては，神経管と脊索は互いに独立した構造であるが，魚類においては，発生初期には神経索と脊索との境界は不明確であり，神経管が形成される時期になってはじめて，脊索は独立した構造となる（図9-2 B）．

§2. 背腹軸に沿った神経管の区分化

神経管は，はじめは上下（背腹）方向の区別のない単なる管状の構造であるが，次第に，背腹方向に沿って異なる機能をもつ領域に区分化されていく（図9-3）．神経管の背側の壁を蓋板（roof plate），腹側の壁を底板（floor plate）とよぶ．側壁の内面には境界溝（limiting sulcus）とよばれる溝が形成され，境界溝よりも背側の部分を翼板（alar plate），境界溝よりも腹側の部分を基板（basal plate）とよぶ．翼板は，脳神経や脊髄神経を介して，感覚器からの情報を受け取ったり，感覚情報を解析処理する区域（感覚区という）となる（図9-3）．一方，基板は，運動を司る運動ニューロンや運動ニューロンのはたらきを制御する運動前ニューロン，および運動制御に関わる介在ニューロンが位置する区

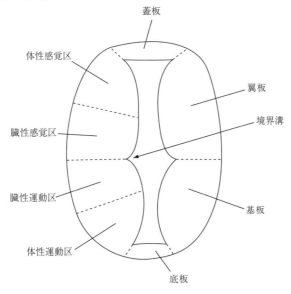

図9-3 神経管における背腹方向の機能区分
神経管の横断面を示した．

域（運動区という）となる．また，翼板のうち境界溝に近い部分は，内臓の感覚や味覚などの臓性感覚を処理する臓性感覚区に，境界溝から遠い（背側）部分は，触覚や視覚といった体性感覚を処理する体性感覚区に分化する．同様に，基板のうち境界溝に近い部分は，内臓や血管の平滑筋の運動や腺の分泌を行う臓性運動区に，境界溝から遠い（腹側）部分は，骨格筋の運動を支配する体性運動区に分化する（山本，2005）．

　このような背腹方向の機能的区分形成の分子メカニズムは，神経管が脊髄に変化する過程で詳しく調べられている．神経管の腹側に位置する脊索から分泌される sonic hedgehog（Shh）という細胞間シグナル因子と，神経管の背側に位置する表皮から分泌される骨形成タンパク質（bone morphogenetic protein；Bmp）という細胞間シグナル因子が，互いに拮抗的に作用することによって区分が形成される（弥益，2015）（図9-4）．脊索から Shh が分泌されると，その刺激によって，脊索に接する神経管の領域（将来の神経管腹側正中部，すなわち底板になる領域）においても，Shh が発現するようになる．その Shh の作用によって，隣接する基板に運動ニューロンが誘導される．底板での Shh の発現はその後も維持され，引き続き，脳の背腹軸形成に重要な役割を果たすことになる．ただし，詳しくは後述するが，前脳領域には底板以外にも Shh を発現する領域があり，脳の前方部における背腹軸形成のメカニズムは，脊髄よりも複雑なようである．一方，神経管の背側にある将来表皮に分化する外胚葉から Bmp が分泌されると，その刺激によって，蓋板とその近傍でも Bmp が発現するようになる．その Bmp の作用によって，翼板の細胞に感覚ニューロンが誘導される（弥益，2015）．第5章では Bmp を腹側化因子として紹介したが，神経管に対しては Bmp は背側化因子としてはたらくことになる．

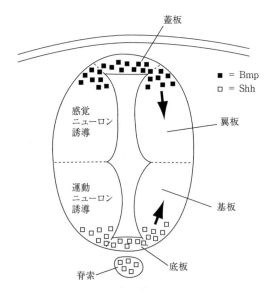

図9-4　背腹軸に沿った神経管（脊髄領域）の区分化の分子機構
　腹側から分泌される sonic hedgehog（Shh）の作用によって，基板の細胞が運動ニューロンへと分化する（つまり，基板が運動区になる）．背側から分泌される骨形成タンパク質（Bmp）の作用によって，翼板の細胞が感覚ニューロンへと分化する（つまり，翼板が感覚区になる）．

§3. 前後（頭尾，吻尾）軸に沿った神経管のパターン形成

3-1 形態的変化

神経胚期になると，神経管の前方部に膨らんだ構造，すなわち脳胞（brain vesicle）が出現する．19世紀前半の著名な比較解剖学者であるKarl Ernst von Baerは，はじめに3つの脳胞が形成され（その時期を3脳胞期とよぶ），次に，それらがさらに区分化されて5つの脳胞ができ上がる（その時期を5脳胞期とよぶ）と記載した．3つの脳胞は頭側から順に，前脳胞（prosencephalic vesicle），中脳胞（mesencephalic vesicle），菱脳胞（rhombencephalic vesicle）とよばれる（図9-5 A）．前脳胞からは終脳（telencephalon）と間脳（diencephalon）が，中脳胞からは中脳（mesencephalon）が，菱脳胞からは後脳（metencephalon；小脳と橋を含む）と髄脳（myelencephalon；延髄（medulla oblongata）ともいう）が分化し，脳胞は5つになる（図9-5 B），というのがvon Baerの説である．

このような発生様式は全ての脊椎動物に共通であると長らく考えられていたが，最近の研究によって，3脳胞期の「中脳胞」には，将来中脳になる領域だけでなく，後脳になる領域の一部も含まれていることが，魚類（メダカ）や鳥類で示された（Ishikawaら，2012）（図9-5 C，D）．そのため，メダカにおいては，3つの脳胞は頭側から順に，吻側脳胞，中間脳胞，尾側脳胞とよばれている．さらに，哺乳類においても，神経管が形成されるときにはじめから5つの脳胞が出現することが示されている．したがって，von Baerの言うところの3脳胞期は多くの脊椎動物には当てはまらず，種差も存在することになる（Ishikawaら，2012）．一方，von Baerが提唱した構成の5つの脳胞が，発生過程の一時期に確かに形成されることがメダカで示されている．マダイ（*Pagrus major*）やニホンウナギ（*Anguilla*

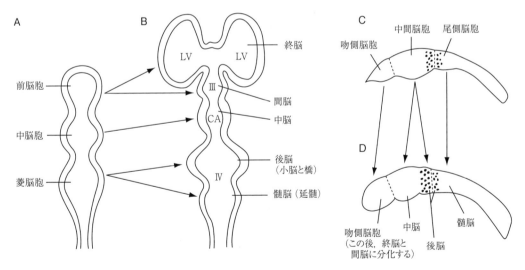

図9-5　前後軸に沿った神経管の区分化．
AおよびBはvon Baerの説を，模式的な脊椎動物の神経管を背側から見た図で示した．A：3脳胞期．神経管には3つの膨らみ（脳胞）が認められ，頭側から順に，前脳胞，中脳胞，菱脳胞という．B：5脳胞期．前脳胞から終脳と間脳が，中脳胞から中脳が，菱脳胞から後脳（小脳と橋）と髄脳（延髄）が分化する．しかし実際には，2番目の脳胞がそのまま中脳を形成する脊椎動物は少数派とみられる．LVは側脳室，IIIは第3脳室，CAは中脳水道，IVは第4脳室を示す．C，D：メダカの神経管の発生の様子を側面から見た模式図．2番目の脳胞（中間脳胞）からは中脳だけでなく，後脳の一部も分化する．

japonica) の仔魚においても，5つの脳胞に対応する構造が確認されているので（Toyoda and Uematsu, 1994；1996），von Baer が提唱した5つの脳胞は，魚類（および他の脊椎動物）に共通に形成されると考えてよいだろう．

　脳胞の内部に存在する腔所はやがて，脳脊髄液で満たされた空間（脳室とよばれる）となる．条鰭類と他の脊椎動物では，終脳の発生様式が大きく異なっているため，終脳に形成される脳室の構造も大きく異なっていることが知られている．条鰭類以外の終脳は，蓋板が下方に落ち込む内翻（inversion；内反ともいう）とよばれる形態形成運動によって形成される．その結果，左右の終脳に1つずつ脳室［側脳室（lateral ventricle）という］が形成される（図9-6 A）．一方，条鰭類の終脳は，蓋板が左右に展開し，翼板が反転して背外側部に位置するようになる外翻（eversion）とよばれる特殊な形態形成運動によって形成される．その結果，終脳には左右がつながったT字型の脳室［終脳室（telencephalic ventricle）という］が1つ形成される．（図9-6 B）．このように，条鰭類の終脳はユニークな発生過程を経て他の脊椎動物とは異なる構造となるため，条鰭類の終脳の内部構造を他の脊椎動物と対応させて考えることが難しくなっている．

　間脳の脳室はいずれの種においても第3脳室（third ventricle）とよばれ，正中線に沿って1つ存在する（条鰭類以外の終脳にある側脳室が第1および第2脳室とみなされるため，このような名称でよばれる）（図9-5 B）．中脳の脳室は，哺乳類においては細い管状になっているので，中脳水道（cerebral aqueduct）とよばれる．しかし魚類ではそのような細い管状の構造をしていないため，中脳室（mesencephalic ventricle）とよばれる．背側の小脳，腹側の橋と延髄に挟まれた脳室は第4脳室（fourth

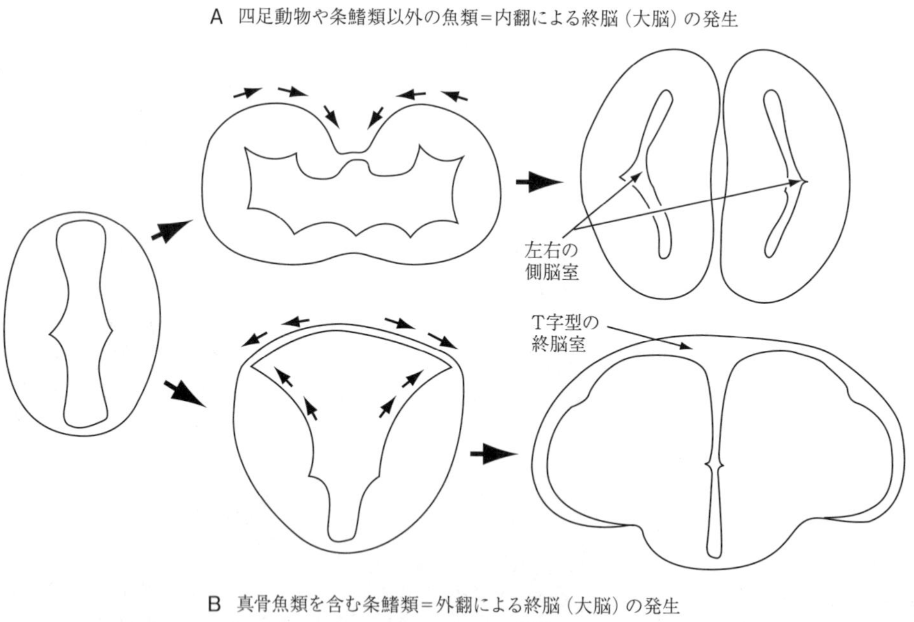

A　四足動物や条鰭類以外の魚類＝内翻による終脳（大脳）の発生

左右の側脳室

T字型の終脳室

B　真骨魚類を含む条鰭類＝外翻による終脳（大脳）の発生

図9-6　脊椎動物の終脳（大脳）の形態形成
A：多くの脊椎動物では，蓋板が下方に落ち込み，神経管の左右の側壁が腹内側に向かって巻き込まれる運動（内翻）によって，左右に1つずつ脳室（側脳室）が形成される．B：魚類では，逆向きに背外側に側壁が巻き込まれる運動（外翻）によって，T字型の脳室（終脳室）が1つだけ形成される．

ventricle）とよばれる．脊髄部の神経管の腔所は成体では中心管（central canal）とよばれるようになる．

3-2　パターン形成の分子メカニズム

前後軸に沿った神経管の大まかなパターンが決まると（第7章参照），神経管の特定の部位からのシグナルによって，より細かい厳密なパターン形成がなされるようになる（図9-7）．そのような部位はオーガナイジングセンターとよばれ，様々な細胞間シグナル因子を局所的に分泌することによって，周囲の神経管領域に，それらの因子の濃度に応じたパターン形成を促す．

これまでにいくつかのオーガナイジングセンターが見つかっているが，その代表例は，中脳と後脳の境界部分［中脳・後脳境界（midbrain-hindbrain boundary；MHB），あるいは菱脳峡（isthmus）とよばれる］である．中脳・後脳境界は，原腸胚期（魚類では囊胚期とよぶ；第4章参照）に，Otx2とGbx2（ゼブラフィッシュではGbx1も）という2種類のホメオボックス［複数のホメオティック遺伝子（第2章参照）に共通にみられる構造］型の転写因子が発現する領域の境界部分に形成される．中脳・後脳境界の前方側ではOtx2が，後方側ではGbx2が発現しており，この2つの転写因子が互いの発現を互いに抑制することによって境界が決定される．中脳・後脳境界には，誘導因子としてはたらくWnt1（Wntの一種）とFgf8［線維芽細胞増殖因子（fibroblast growth factor）の一種；第6章参照］が発現している．Wnt1は，Otx2が発現する前方側で発現しており，Fgf8はGbx2が発現する後方側で発現する．中脳・後脳境界の後方側で発現するFgf8は小脳の形成に必要であり，ゼブラフィッシュの*fgf8a*（2種類ある*fgf8*パラログの1つ）変異体では小脳が形成されない．また，中脳・後脳境界の前側にも作用し，視蓋（optic tectum）を誘導する．

中脳・後脳境界の他にも，典型的なオーガナイジングセンターとして機能する領域がある．例えば，前脳と中脳の境界もその1つであり，その前方側でPax6が，後方側でEngrailed1（ゼブラフィッシュではそのパラログのEngrailed2とされる）が発現しており，それらの転写因子のはたらきによって，

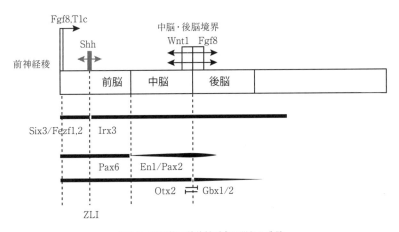

図9-7　神経管の前後軸形成に関わる分子
神経管の模式図の下に示した各種の転写因子のはたらきによって，前神経稜や視床内境界，中脳・後脳境界などのオーガナイジングセンターが形成される．それらのオーガナイジングセンターは，神経管の模式図の上に示した各種の細胞間シグナル因子を分泌することによって，前後軸に沿った神経管のパターン形成を促す．

周辺領域のパターン形成が進行する.

　前脳は,発生過程でそれぞれ領域特異的な遺伝子発現を示し,終脳と間脳に分化する.終脳の分化誘導は,前神経稜［anterior neural ridge (ANR) あるいは anterior boundary of the neural plate (ANB)］とよばれる神経板の最も前方にある細胞群がオーガナイジングセンターとしてはたらくことで起こる（図9-7）.前神経稜では,Fgf8やTlc（Wnt受容体のFrizzledとよく似た構造をもつが,受容体としてはたらくのではなく,細胞外に分泌されるタンパク質）が発現している.哺乳類や鳥類では,Fgf8が終脳の分化誘導とパターン形成に関与していることが示されており,ニワトリ胚では,Fgf8が終脳特異的な転写因子Foxg1の発現を誘導することも明らかとなっている.魚類でも前神経稜が終脳を誘導するが,Fgfシグナル（Fgf3およびFgf8）は,終脳の一部（腹側）の形成に関与しているに過ぎないようである.Fgf8やTlcがどのようなしくみで終脳を形成させるかの全容はまだ明らかとなっていないが,それらの分子によってWnt/β-カテニンシグナルが抑制されることが,終脳の形成に重要であると考えられている.

　また,前脳の中ほどに,視床前域（prethalamusあるいはventral thalamus）と視床（thalamusあるいはdorsal thalamus;いずれも間脳の一部）を分ける境界が形成される.この境界は視床内境界（zona limitans intrathalamica；ZLI）とよばれ,やはりオーガナイジングセンターとして機能する（図9-7）.視床内境界は,前方側に発現する転写因子Six3,Fezf1,Fezf2と,後方側に発現する転写因子Irx3の発現境界に形成される.そこでソニックヘッジホッグが発現するようになり,そのはたらきによって間脳（視床と視床下部）が形成されることになる.

　発生過程の脊椎動物の脳には,ニューロメア（neuromere）とよばれる分節構造（いくつかの区切りに分けられた構造）が一過性に出現する.この構造は,1828年にvon Baerによってはじめて記載された.個々のニューロメアは特定の神経を生み出す基本的なユニットであると考えられている.ニューロメアの代表例は,菱脳胞にみられるロンボメア（rhombomere）である（図9-8）.ロンボメアは,魚類では前方よりr1からr7まで7つのコンパートメントに分かれている.各コンパートメント間では,エフリン（ephrin）とエフリン受容体のはたらきによって,異なるコンパートメント間の細胞どうしが互いに混じりあわないようになっており,明瞭な境界が作られている.エフリンは細胞間シグナル因子の一種であるが,細胞外に放出されるのではなく,細胞膜上に存在し,隣り合う細胞にのみ作用する.異なるコンパートメントの細胞は異なるタイプのエフリンとエフリン受容体のセットを発現しており,異なるタイプのセットの間では反発が起こるため,境界を超えた細胞の移動は制限されているのである.ロンボメアには,*hox*遺伝子（第2章参照）やその他様々な転写因子の遺伝子が,コンパートメント特異的に規則的に発現している.*hox*遺伝子はr2から後方で発現し,それぞれのコンパートメントの領域特異化に重要であることが示されている.また,各コンパートメントの境界に位置する細胞は,種々の細胞間シグナル分子を分泌する特殊な細胞群に分化し,ロンボメアの分化を制御している.例えば,r4はFgf3とFgf8を発現しており,それらの分子がモルフォゲンとしてはたらくことで,後方のロンボメアのパターン形成のオーガナイジングセンターとして機能している.このパターン形成には,r4から発現するFgfだけではなく,中胚葉組織である体節から分泌されるレチノイン酸（第7章参照）も必要である.Fgfとレチノイン酸は前後軸に沿って反対の濃度勾配を形成する.それらの濃度勾配に応じて,それぞれのコンパートメントに固有な転写因子の発現がも

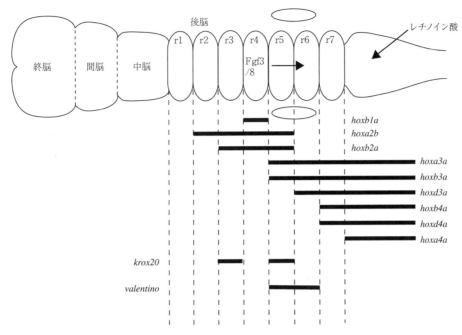

図 9-8　ロンボメアにおける各種の hox 遺伝子と Fgf の発現パターン
各種の hox 遺伝子がコンパートメント特異的に発現している．r4 に発現する Fgf はモルフォゲンとしてはたらき，後脳のパターン形成を制御する．このパターン形成には，中胚葉から分泌されるレチノイン酸も関わっている．

たらされ，各コンパートメントの領域特異化が進むことになる．

なお，Fgf は前神経稜，中脳・後脳境界，ロンボメアと，前後軸に沿って神経管の複数部位で局所的に発現することになるが，それぞれの部位で異なる脳領域を形成させることに注意してもらいたい．同じシグナルに対する応答性が前後軸によって異なるのである．

§4．神経管の内外方向の分化

初期の神経管は，文字通りの壁の薄い単純な管である．しかしながら，成体の脳の壁は厚くなり，またその厚みも脳の部位によって大きく異なる．発生途上に多数のニューロンが生み出されることと，それらのニューロンから伸びる軸索も走行するようになるため，脳の壁の厚みが増していくのである．初期の神経管は，神経管の内腔面（将来の脳室側）と外表面（将来の脳表面側）に達する2つの突起をもつ細長い神経上皮細胞（neuroepithelial cell）からなる．神経上皮細胞は自己複製能をもち，様々な細胞種を生み出す神経幹細胞として機能する．神経上皮細胞の核は，分裂期に近づくと次第に内腔の方向に移動する（エレベーター運動とよばれるが，その意義はよくわかっていない）（図 9-9）．哺乳類では，発生初期に活発な細胞分裂によって神経上皮細胞が再生産される．発生が進むと，神経上皮細胞は突起が長くなり，ラディアルグリア（radial glia）とよばれるようになる．ラディアルグリアも自己複製能をもつとともに様々な細胞種を生み出す神経幹細胞として機能し，やがてニューロンや種々のグリア細胞へと分化するようになる（複雑な歴史的経緯があり，神経幹細胞に対して分化細

胞である「グリア」という矛盾した名称が使われている）．魚類でもおそらく同じような過程で発生が進むと考えられる．

　グリア細胞は，神経系に存在するニューロン以外の全ての細胞の総称であり，魚類の脳には，ラディアルグリア，オリゴデンドログリア［oligodendroglia；オリゴデンドロサイト（oligodendrocyte）ともいう］，エペンディモグリア（ependymoglia；上衣細胞ともいう），およびミクログリア（microglia）という種類のグリア細胞が多く存在する（図9-10）．ラディアルグリアは，上でも述べた通り，神経上皮細胞と同様に神経幹細胞として機能し，ニューロンや他のグリア細胞を生み出す役割を担っている．オリゴデンドログリアは，伸ばした突起をニューロンの軸索に巻き付け，髄鞘を形成する．哺乳類の髄鞘には，損傷した軸索の再生を阻害する作用があるが，魚類の髄鞘にはそのような抑制作用はないか，あっても弱いことが示されている（Tomizawaら，2000）．エペンディモグリアは脳室に面する壁を構成する細胞である．細胞表面に複数の繊毛を有し，脳室中の脳脊髄液を循環させる役目をもつ．ミクログリアは神経組織中に存在する免疫担当細胞である．神経系の他の細胞とは異なり，神経上皮細胞ではなく，大食細胞（マクロファージ）に由来する（Herbomelら，2001）．哺乳類の脳に多くみられ，星状に突起を伸ばすアストロサイト（astrocyte）というグリア細胞は，魚類の脳には存在しないか，存在するとしてもごく少数である（Kálmán，1998）．

　初期の神経管は，神経上皮細胞の分裂が行われる脳室帯［ventricular zone；胚芽層（matrix layer）ともいう］と表面側の細胞がほとんどない辺縁帯（marginal zone）の2層からなる．しかし，分裂後に分化した細胞は脳室帯から表層側に移動してくるため，それらの細胞によって辺縁帯と脳室帯の間に中間帯［intermediate zone；外套層（mantle layer）ともいう］が形成されていく．また，脳幹や脊髄ではニューロンに分化した細胞は軸索を表層側の辺縁帯に伸ばすので，軸索の通り道である神経

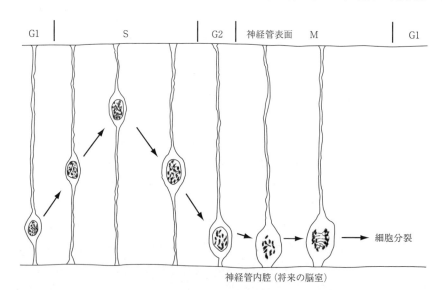

図9-9　神経管における細胞増殖
神経上皮細胞は分裂期であるM期以外においては，突起を神経管内腔と神経管表面側に伸ばしている．間期の初期（G1期）には神経管内腔に近い側にあった細胞本体は，次第に神経管表層側の方向に移動し，その後再び内腔側に移動する（DNA合成期であるS期から間期の終わりであるG2期にかけて）．M期になると上皮細胞は神経管表面側の突起を縮め，細胞分裂を行う．この分裂に伴った神経上皮細胞の上下方向の運動のことをエレベーター運動とよぶ．

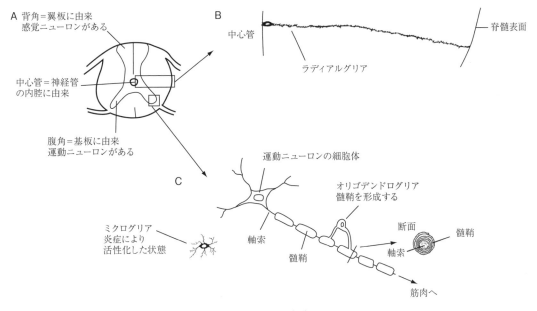

図9-10　グリア細胞
A：コイの脊髄の断面を模式的に示した図．四角で囲った領域を拡大し，BおよびCで各種のグリア細胞の形態を説明した．なお，ここでは便宜的に脊髄の図を示したが，脳にも同じ種類とはたらきのグリア細胞が存在する．B：ラディアルグリア．脊髄の中心管や脳室に接する細胞体から脳表面に向かって伸びる長い突起をもつ．分裂してニューロンやグリア細胞を生み出す能力をもつ．C：ミクログリアとオリゴデンドログリア．ミクログリアは炎症や感染時に活性化する免疫系の細胞．この図では，炎症や損傷によって活性化された状態の形態を示したが，通常時の突起はもっと短い．オリゴデンドログリアはニューロンの軸索の周囲を取り巻き，髄鞘を形成する．絶縁性の髄鞘が軸索を覆うことで，電気信号が軸索中を飛び飛びに速く伝わるようになる（これを跳躍伝導という）．

路は表層に近い部位に形成されることとなる．成体の脳の太さが均一ではなく，細い部位と太くなって突出する部位があるのは，発生中の神経管の部位によって，外套層へ供給される細胞の数（言い換えれば，個々の神経上皮細胞が何回分裂をするか）に違いがあるためと考えられる．

§5. 成体におけるニューロン新生（adult neurogenesis）

　神経幹細胞から新たにニューロンが分化することをニューロン新生（neurogenesis）という．哺乳類の成体の脳においては，ニューロン新生は海馬（大脳の辺縁部に位置し，長期記憶の形成にかかわるとされる部位）や側脳室前端部など，ごく限られた部位でしか起こらない．出生期までは盛んに起きていたニューロン新生が，成体になると，ほとんど起きなくなるのである．ところが魚類では，成魚になっても脳内の様々な部位でニューロン新生が起こる（Zikopoulusら，2000）．魚類の体は一生の間成長を続けるが，それに対応して脳や脊髄も成長し続けるため，生涯にわたって活発なニューロン新生が起こると考えられる．さらには，活発なニューロン新生のために，魚類の脳は損傷を受けても，生涯にわたって再生可能である．このような哺乳類と魚類の脳の違いは，前項で述べた神経幹細胞として機能するラディアルグリアに起因する．哺乳類の脳では成長に伴い，ラディアルグリアがほぼ消失するが，魚類の脳では成体になっても数多くのラディアルグリアが存在する．魚類ではなぜ成体に

なってもラディアルグリアが残存し，ニューロン新生を行うことができるのか．その謎を研究によって解き明かすことができれば，ヒトの再生医療への応用が期待できるとして，魚類の脳が注目を集めている．

（山本直之，清水貴史，日比正彦）

文 献

Herbomel, P., Thisse, B., Thisse, C.（2001）: Zebrafish early macrophages colonize cephalic mesenchyme and developing brain, retina, and epidermis through a M-CSF receptor dependent invasive process. *Dev. Biol.*, 238, 274-288.

石川裕二（2002）: メダカの脳の発生―その形態学と遺伝的制御．魚類のニューロサイエンス－魚類神経科学研究の最前線－（植松一眞，岡　良隆，伊藤博信編），恒星社厚生閣，pp.274-289.

Ishikawa, Y., Yamamoto, N., Yoshimoto, M., Ito, H.（2012）: The primary brain vesicles revisited: Are the three primary vesicles (forebrain/midbrain/hindbrain) universal in vertebrates?. *Brain Behav. Evol*, 79, 75-83.

Kálmán, M.（1998）: Astroglial architecture of the carp (*Cyprinus carpio*) brain as revealed by immunohistochemical staining against glial fibrillary acidic protein (GFAP). *Anat. Embryol.*, 198, 409-433.

Tomizawa, K., Inoue, Y., Doi, S., Nakayasu, H.（2000）: Monoclonal antibody stains oligodendrocytes and Schwann cells in zebrafish (*Danio rerio*). *Anat. Embryol.*, 201, 399-406.

Toyoda, J., Uematsu, K.（1994）: Brain morphogenesis of the red sea bream, *Pagrus major* (Teleostei). *Brain Behav. Evol.*, 44, 324-337.

Toyoda, J., Uematsu, K.（1996）: Morphogenesis of the brain in larval and juvenile Japanese eels, *Anguilla japonica*. *Brain Behav. Evol.*, 47, 33-41.

弥益　恭（2015）: ゼブラフィッシュの発生遺伝学（太田次郎，赤坂甲治，浅島誠，長田敏行編），裳華房，pp. 109-111.

山本直之（2005）: 神経系．魚の科学事典（谷内　透ら編），朝倉書店，pp.133-134.

Zikopoulus, B., Kentouri, M., Dermon, C. R.（2000）: Proliferation zones in the adult brain of a sequential hermaphrodite teleost species (*Sparus aurata*). *Brain Behav. Evol.*, 56, 310-322.

> **コラム**

ヌタウナギの神経堤細胞

　顎がなく退化的な目をもち，見るからに原始的な姿をしているヌタウナギ．その系統学的な位置づけは，長年，論争の的となっていた．化石標本の調査を含む形態学的な検討からは，ヤツメウナギと顎口類が脊椎動物を構成し，ヌタウナギはそれらの近縁ではあるが，脊椎動物には属さないとされてきた．一方，分子系統学的な研究からは，ヌタウナギとヤツメウナギは円口類とよばれる系統群を形成し，脊椎動物に属するとされてきた．ヌタウナギが脊椎動物ではないとする大きな根拠は，本文で解説した神経堤細胞の挙動に関する古い報告であった．ヌタウナギの神経堤細胞は，神経堤から剥がれ落ち，からだの様々な部位へと移動していくのではなく，神経管の横にポケット状の構造として存在するという報告である．脊椎動物の神経堤細胞とは明らかに異なるこの特徴によって，ヌタウナギは脊椎動物ではないと判断されてきた．

　ヌタウナギの卵は入手することが難しく，この報告は長い間，追試されてこなかったが，最近になって，日本の研究グループが，ヌタウナギの飼育環境下での産卵に成功し，その発生プロセスが詳細に調べられた．その結果，ヌタウナギの神経堤細胞も遊走性をもつこと，上記の報告では固定法の問題のために変形が起こり，本来とは異なる形態になってしまっていたことなどが明らかとなった（Otaら，2007）．さらにその後，同研究グループによって，従来はヌタウナギには存在しないとされてきた小脳などの形成に関わる遺伝子が，ヌタウナギにも存在することが示された（Sugaharaら，2016）．これらの研究によって，形態学的な観点からも，ヌタウナギは脊椎動物とみなされることとなった．　　　　（山本直之）

Ota, K. G., Kuraku, S., Kuratani, S.（2007）: Hagfish embryology with reference to the evolution of the neural crest. *Nature*, 446, 672-675.

Sugahara, F., Pascual-Anaya1, J., Oisi, Y., Kuraku, S., Shin-ichi Aota, S.-I., Adachi, N., Takagi, W., Hirai, T., Sato, N., Murakami, Y., Kuratani, S.（2016）: Evidence from cyclostomes for complex regionalization of the ancestral vertebrate brain. *Nature*, 531, 97-100.

第10章　生殖腺の発生

　魚類を含め，有性生殖を行う動物では，子孫を残すためにメスは卵をつくり，オスは精子をつくる．これら卵と精子を総称して配偶子（gamete）とよび，体内で配偶子をつくるプロセスを配偶子形成（gametogenesis）とよぶ．配偶子のもととなる細胞を生殖細胞（germ cell）とよぶが，生殖細胞は体内で唯一，次世代に受け継がれる特別な細胞である．一方，生殖細胞以外の全ての細胞をまとめて体細胞（somatic cell）とよぶ．生殖細胞から配偶子をつくる器官が生殖腺（gonad）であり，卵をつくる生殖腺が卵巣（ovary），精子をつくる生殖腺が精巣（testis）である．生殖腺は，生殖細胞を入れる一種の「箱」と考えることもでき，生殖細胞を取り巻く様々な細胞群から構成されている．この「箱」にあたる一群の細胞を生殖腺体細胞（gonadal somatic cell）とよぶ．

　生殖細胞は発生学的にも特別な細胞であり，様々な器官が形成される時期よりもずっと前，三胚葉（外胚葉・中胚葉・内胚葉）が分離し，体軸が形成される頃にはすでに他の細胞と区別される．生殖腺体細胞から成る「箱」が形成されるのはそれよりもずっと後であるが，この「箱」の中にこの生殖細胞が入り込むことで生殖腺が形成される．一般に器官形成は頭部側から尾部側へと進行するため，尾部側に位置する生殖腺は，完成するのが最も遅い器官の1つである（Gilbert, 2015）．

　生殖腺は発生過程で配偶子形成とは別の役割も担っている．体全体をオス（male）かメス（female）のいずれかの性（sex）に分化（性分化；sexual differentiation）させる役割である．生殖腺は発生過程で卵巣あるいは精巣に性分化し，卵巣からは卵巣特有の，精巣からは精巣特有の性ステロイドホルモンが分泌される．その性ステロイドホルモンが他の器官にも影響を及ぼすことで，個体全体が性分化する．

　以下，生殖腺の形成と性分化，そしてそれに伴う個体の性分化について具体的に述べていく．

§1．生殖細胞の出現と移動

　魚類を含む多くの脊椎動物種では，受精卵の細胞質中に生殖質（germplasm）とよばれる特殊な領域が認められ，その後の発生過程でこの生殖質を受け継いだ細胞のみが生殖細胞になることができる．生殖質の内部には顆粒状の構造が認められることが多く，この顆粒状構造を生殖顆粒（germinal granule）という．生殖顆粒の近傍にはミトコンドリアが見出されることも多い（生殖質と生殖顆粒をほぼ同じ意味の語句として使うこともあれば，生殖質中の顆粒状の構造のみを指して生殖顆粒とよぶこともある）．生殖顆粒は，電子顕微鏡での観察によって電子密度の高い不定形の構造物として発見されたが，その後の研究によって，特定のRNAとタンパク質との複合体であることが明らかとなった．VasaやNanos，Buckey ball（Buc）とよばれるタンパク質やそのmRNAなどが，この複合体の構成要素として知られている．生殖顆粒のRNA-タンパク質複合体は，mRNAの翻訳やsmall RNA（piRNA

などの数十塩基の短いRNA）の制御を通じて生殖細胞の分化を司ると考えられており，実際にこの複合体を構成するタンパク質の発現を阻害すると生殖細胞が形成されなくなる．

では，受精卵の段階からどのような過程を経て生殖細胞ができるのであろうか．VasaやNanos，Bucなどのタンパク質やmRNAを検出することで生殖顆粒を標識すれば，生殖細胞となる細胞の挙動を追跡することができる．ゼブラフィッシュ（*Danio rerio*）での報告をみてみると，初期胚では細胞が分裂するにつれて生殖顆粒が特定の細胞に分配されていき，胞胚期の数千の細胞の中で数十個の細胞のみが生殖顆粒をもつようになる．これらが将来，生殖細胞になり得る細胞である．生殖細胞になり得る細胞の数は不思議と動物種によらずほぼ一定であり，50個前後である（岡田・長濱，1996；Gilbert，2015）．一方，メダカ（*Oryzias latipes*）の初期胚ではゼブラフィッシュとは異なり，生殖顆粒は特定の細胞に局在せず，胚盤中央部の多くの細胞に分布する．その後，次第に生殖顆粒の数が減少していき，残った顆粒を取り込んだ細胞が生殖細胞になり得る．囊胚初期になると，ある一定以上の大きさの生殖顆粒をもった細胞が生殖細胞への分化に必要な遺伝子を発現し始め，生殖細胞に分化することが決まった細胞，すなわち始原生殖細胞（primordial germ cell）となる．

囊胚初期は，外胚葉・中胚葉・内胚葉の三胚葉が分化し，形態形成に必要な体軸が明確になっていく時期であり（岡田・長濱，1996；Gilbert，2015），この時期には当然ながら生殖腺はまだ形成されていない．始原生殖細胞は生殖腺が形成されるまで，形態形成中の胚の中を移動し続け，生殖腺が形成されるとその中へ入り込む．つまり，配偶子のもととなる細胞は，体細胞がつくる「箱もの」の生殖腺が形成されるよりもはるかに早い時期に出現し，生殖腺が形成される場所まで移動していくわけである．始原生殖細胞の生殖腺への移動は一見複雑な経路をたどるが，メダカやゼブラフィッシュで調べられた限り，そのプロセスを制御する基本的な分子機構は共通である．次項で述べるように，細胞間シグナル因子とその受容体の結合によって移動が制御されている．また，移動中に生殖顆粒の形態が変化していくことが知られており，この間に始原生殖細胞は配偶子をつくる生殖細胞として成熟すると考えられている．

§2．生殖腺の誕生

生殖腺体細胞は，体節が形成される頃に，体軸から最も離れたところに形成される側板中胚葉（中胚葉の一部分）の後端部から生じる．初期の側板中胚葉では，Sdf1という細胞間シグナル因子が全体で発現しているが，発生が進んで体節形成の後期になると，その発現は生殖腺体細胞が存在する側板中胚葉の後端部に限局するようになる．Sdf1はケモカイン（標的細胞を遊走させるサイトカイン）に分類される細胞間シグナル因子であり，その受容体であるCxcr4を発現する細胞を引き寄せる．始原生殖細胞はCxcr4を発現しているため，Sdf1に引き寄せられ，側板中胚葉の後端部まで移動してくる（図10-1，図10-2 A）．

始原生殖細胞が側板中胚葉の後端部に到達すると，生殖腺体細胞と始原生殖細胞が一緒になり，形成中の腸管と体腔上皮の間を通って背側へと移動し，1つの細胞塊を形成するようになる（図10-2 B）．この細胞塊が，これから卵巣あるいは精巣へと発達する生殖腺のもととなる構造であり，未分化生殖腺，あるいは生殖腺原基とよぶ（McMillan，2007；濱口，1990）．なお，この時点で生殖

細胞は始原生殖細胞とはよばれなくなり，後述するように，卵巣になる未分化生殖腺に入った生殖細胞は卵原細胞，精巣になる未分化生殖腺に入った生殖細胞は精原細胞とよばれるようになる．

生殖腺原基は，体腔の後部の背側で体腔上皮に張り付いた状態，あるいはそこからぶら下がった状態で形成される．ぶら下がった状態で形成される場合，生殖腺原基をその場に固定するために，生殖腺原器の腹側が腸管とつながるケースもある（図10-2 C）．生殖腺原基がどのように体腔内で固定されるかは動物種によって異なるが，腸管の背側と体腔上皮に挟まれたところで形成される点は脊椎動物共通である（McMillan, 2007）．

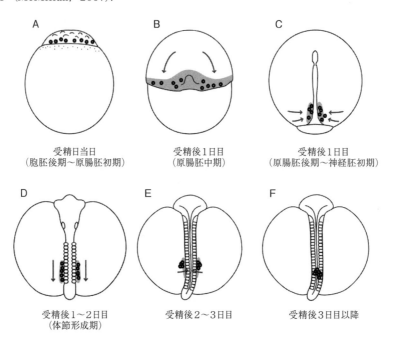

図10-1　メダカの始原生殖細胞が生殖腺に移動するまでの経路
始原生殖細胞を小さな黒い丸で，sdf1 の発現領域を灰色で示した．嚢胚初期までに始原生殖細胞となる細胞が決定され（A），将来生殖腺になる部位から放出される Sdf1 に引き寄せられて移動を続ける（B–E）．側板中胚葉に集まり（C），その後，尾部に向けて移動し（D），最終的に生殖腺体細胞集団の中に入り込む（E, F）．Kurokawa（2006）の図を改変．

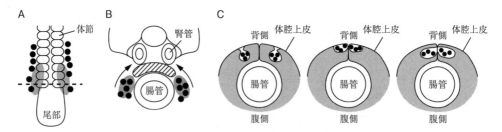

図10-2　生殖腺原基が形成される位置
A：体節形成期の胚を背側からみた模式図（図10-1 D に相当）．上が頭部側，下が尾部側．黒い丸は側板中胚葉で発現する Sdf1 に引き寄せられて移動している始原生殖細胞．灰色の領域から生殖腺体細胞が出現する．B：A 中の点線の位置での横断面図（ただし，発生ステージは図10-1 E に対応）．始原生殖細胞と生殖腺体細胞は，形成中の腸管に沿って背側へと移動する．網掛けは生殖腺原基が形成される領域．C：生殖腺原基が形成される位置を示した横断面図．基本的に背側の体腔上皮に生殖腺は形成されるが，魚種によっては，やや腸管側に形成されることもある．Nakamura ら（2006）の図を改変．

生殖腺原基が形成されると，次のステップとして生殖腺の性分化が起こる．現在知られている限りではどの脊椎動物種でも，生殖腺は体の中で最も早くに雌雄の違いが形成される（つまり，性分化する）器官である．生殖腺がどちらの性別に分化したか（卵巣に分化したか精巣に分化したか）が，脳など他の器官も含めた個体全体の性分化の方向を決めることになる．生殖腺原基が卵巣と精巣のいずれかに分化するプロセスについて説明する前に，ここではまず，そもそも個体が雌雄どちらの性になるかを決めるプロセスである性決定（sex determination）について述べることにする．

§3. 性決定様式の多様性

　性決定のしくみは種によって大きく異なっており，卵由来の染色体と精子由来の染色体の組み合わせによって性が決まる種もいれば，生まれた後の環境によって性が決まる種もいる．前者のような性決定様式を遺伝的性決定，後者のような性決定様式を環境依存的性決定とよぶ．

　まずは遺伝的性決定について述べる．染色体の中には，性別を決める特殊な染色体がある．性染色体（sex chromosome）である．卵も精子も性染色体を1本ずつもっているので，受精時に性染色体は2本となる．例えば，大部分の哺乳類では，卵は必ずX染色体とよばれる性染色体をもっているのに対し，精子には，X染色体をもつものと，Y染色体とよばれる性染色体をもつものの2種類がある．X染色体をもつ精子が受精すれば，性染色体の組み合わせはXXとなり，Y染色体をもつ精子が受精すれば，性染色体の組み合わせはXYとなる．そして，性染色体の組み合わせがXXである個体はメスになり，性染色体の組み合わせがXYである個体はオスになる．このような遺伝的性決定の様式を，XX/XY型の遺伝的性決定とよぶ．メスは同一の性染色体を2本もつ（XX）のに対し，オスは異なる性染色体を1本ずつもつ（XY）ので，オスヘテロ型の遺伝的性決定ともよばれる．

　これとは逆に，鳥類やヘビなどでは，オスが同一の性染色体を2本もつのに対し，メスが異なる性染色体を1本ずつもつ．この場合，オスが2本もつ性染色体をZ染色体とよび，メスだけがもつ性染色体をW染色体とよぶ．オスの性染色体の組み合わせはZZであり，メスではZWとなる．精子は必ずZ染色体をもっているのに対し，卵には，Z染色体をもっているものとW染色体をもっているものの2種類があるわけである．このような遺伝的性決定の様式を，ZZ/ZW型の遺伝的性決定，あるいはメスヘテロ型の遺伝的性決定とよぶ．

　一方，ワニなどはそもそも性染色体をもっておらず，受精時にはどちらの性別になるかは決まっていない．性は胚発生時の温度環境によって決まることになる．これが環境依存的（この場合は温度依存性の）性決定である．

　では，魚類はどのような性決定を行うのか．魚類の性決定様式は種によってみごとにばらばらであり，XX/XY型の遺伝的性決定を行う種，ZZ/ZW型の遺伝的性決定を行う種，環境依存的性決定を行う種が混在している．例えば，メダカやニジマス（*Oncorhynchus mykiss*），ヒラメ（*Paralichthys olivaceus*），パタゴニアペヘレイ（*Odontesthes hatcheri*），トラフグ（*Takifugu rubripes*），ナイルティラピア（*Oreochromis niloticus*）などはXX/XY型の遺伝的性決定を行うのに対し，ニホンウナギ（*Anguilla japonica*）やカダヤシ（*Gambusia affinis*）などはZZ/ZW型の遺伝的性決定を行う．一方，魚類の中には性転換を行う種類も多い．証明はされていないものの，大部分の性転換魚は性染色体を

もたず，環境要因によって性別が決まると考えられている．

　さらには，遺伝的性決定を行うものの，性が後天的な環境要因の影響も受ける魚種が多くみられる．例えばメダカやヒラメでは，胚発生時に高温にさらされると，XX の組み合わせで性染色体をもつ個体（遺伝的にはメスの個体）でも表現型がオスになる．メダカでは，孵化後すぐに飢餓状態になった場合も，遺伝的なメス個体の表現型がオスになる．ペヘレイ（*Odontesthes bonariensis*）（上述のパタゴニアペヘレイとは異なる種）も XX/XY 型の遺伝的性決定を行うものの，温度環境の影響を非常に強く受ける．メダカやヒラメと同じように，胚発生時に高温にさらされると遺伝的メスでも表現型がオスになるだけでなく，胚発生時に低温にさらされると遺伝的オスでも表現型がメスになる．ニホンウナギでは，高密度で飼育すると ZW の組み合わせで性染色体をもつ個体（遺伝的にはメスの個体）でも表現型がオスになる．ゼブラフィッシュは性染色体をもたないと考えられているが，常染色体にある複数の遺伝子と環境とが複合的に作用して性が決まるようである．

§4. 性決定遺伝子の多様性

　性染色体の組み合わせで性が決まるのは，性決定遺伝子とよばれる性を決める特別な遺伝子が性染色体に存在するからである．性決定遺伝子は，未分化生殖腺が卵巣か精巣のどちらかに分化する引き金を引くはたらきをもち，ひいては個体全体の性分化の方向を決める役割を担っている．

　性決定遺伝子の正体がどのような遺伝子かは動物種によって異なっている．大部分の哺乳類の性決定遺伝子は，Y 染色体に存在する *Sry* という遺伝子である．*Sry* は未分化生殖腺で発現し，精巣への分化を誘導する．すなわち *Sry* をもたない XX の個体では卵巣が形成され，*Sry* をもつ XY の個体では精巣が形成される．一方，魚類をみてみると，メダカやニジマス，トラフグも哺乳類と同様に，XX/XY 型の遺伝的性決定を行い，精巣への分化を誘導する性決定遺伝子を Y 染色体に有する．しかし，メダカは *dmy*（*dmrt1by* ともよばれる），ニジマスは *irf9*，パタゴニアペヘレイやナイルティラピアは *amh*，トラフグは *amhr2* と，いずれも哺乳類の *Sry* とは全く異なる遺伝子を性決定遺伝子として有する．また，分類上同じ属の魚種であっても，メダカ属のように，それぞれの魚種が異なる性決定遺伝子をもつ場合［上記のように，メダカの性決定遺伝子は *dmy* だが，ルソンメダカ（*Oryzias luzonensis*）とインドメダカ（*Oryzias dancena*）の性決定遺伝子は，それぞれ *gsdfy* と *sox3* である］もあるようだ（Gilbert，2015；菊池・濱口，2013）．

　一方，ZZ/ZW 型の遺伝的性決定を行うアフリカツメガエル（*Xenopus laevis*）の性決定遺伝子は，W 染色体に存在する *dmw* という遺伝子である．*dmw* は Y 染色体上にある上記の性決定遺伝子とは逆に，未分化生殖腺の精巣への分化を抑制するタイプの性決定遺伝子である．

§5. 性分化の起点となる支持細胞

　以上のような性決定様式や性決定遺伝子の多様性は，動物にとって性別は適切に決まりさえすればよいものであって，性別を決める手段は問わないことを意味しているのであろう．しかし，どのような性決定遺伝子であっても，生殖腺原基で発現し，その生殖腺が性分化を引き起こす点は脊椎動物に

普遍的である．その際，性決定遺伝子は生殖腺原基中の支持細胞とよばれる体細胞で発現し，まずは支持細胞をオス型かメス型のいずれかに分化させる．このプロセスも，脊椎動物に普遍的な現象であると考えられている．ここでいう支持細胞とは，始原生殖細胞と生殖腺体細胞が腸管の背側へ移動し，生殖腺原基が形成される際に，生殖細胞を取り囲むように出現する一部の生殖腺体細胞のことである．それ以降，支持細胞は生殖細胞が配偶子になるまで，終生，生殖細胞を取り囲むように存在し続ける．オス型に分化した支持細胞をセルトリ細胞（Sertoli cell）といい，メス型に分化した支持細胞を顆粒膜細胞（granulosa cell）という．

支持細胞の性が決まると，その性にしたがって，生殖腺原基の全体が卵巣あるいは精巣へと性分化を開始する．生殖腺原基に入り込んだ生殖細胞も，支持細胞の性に応じての卵か精子のいずれかへと分化を開始する．性分化の結果として生じる雌雄の違いを性差（sex difference）とよび，オス型とメス型の2種類にはっきり区別できるような性差を性的二型（sexual dimorphism）とよぶ．「生殖腺が性的二型を示す」などと表記することがよくあるが，これは，生殖腺が卵巣か精巣のどちらかであることを示す別の言い回しである．次に，生殖腺原基の性分化（つまり，卵巣形成と精巣形成）のプロセスを，魚類の中で最も解析が進んでいるメダカを例にとって，細胞の種類ごとに説明していく．

§6. 生殖腺の性分化における生殖細胞のふるまい

メダカの生殖腺において最も早くに見られる形態的な性差は，生殖腺そのものの大きさである．孵化前の段階で，オスの生殖腺よりもメスの生殖腺の方が大きくなる．この性差は，組織構造の違いなどに由来するものではなく，生殖細胞の数がオスよりもメスで多くなることに起因する．

生殖細胞は2種類の異なる分裂様式によって増殖する．1つ目は個々の細胞が独立して分裂する様式で，I型分裂とよばれる．幹細胞型の分裂（無限に分裂できるが，分裂の頻度は高くない；コラム参照）である．2つ目は，細胞どうしが架橋された状態で連続かつ同調的に分裂し，生殖細胞の集合体（シストとよぶ）を形成する様式で，II型分裂とよばれる．分裂の頻度は高いが，分裂回数は有限である．雌雄いずれの生殖腺でも，生殖細胞ははじめI型分裂によって増殖するが，メスの生殖腺では孵化前の早い時期から，I型分裂をしている生殖細胞の一部が分裂頻度の高いII型分裂に移行する（オスの生殖腺でII型分裂がみられるようになるのは，第二次性徴が出現する1カ月齢以降である）．このような雌雄の分裂パターンの違いによって，メスの方で生殖細胞が多くなり，結果として，メスの生殖腺の方が大きくなる（図10-3）（田中，2013；Saito，2009）．

こうしてメスの生殖腺では，I型分裂を行う生殖細胞が幹細胞として増殖する一方で，II型分裂を行う生殖細胞から次々と卵形成が始まることになる（図10-4 A）．II型分裂に移行し，シストを形成したメスの生殖細胞は，減数分裂（meiosis）をシスト単位で同調的に開始し，第一減数分裂前期の複糸期（ディプロテン期）まで進む．しかし，そこで減数分裂はいったん停止し，個々の生殖細胞が支持細胞によって取り囲まれてシストから独立し，卵濾胞（ovarian follicle；卵胞ともよばれる）を形成する．

なお，体細胞分裂によって増殖している段階のメスの生殖細胞を卵原細胞（単数形は oogonium，複数形は oogonia）とよび，減数分裂を開始し，卵濾胞を形成するようになった生殖細胞を卵母細胞

(oocyte) とよぶ．同様に，増殖段階のオスの生殖細胞を精原細胞（単数形は spermatogonium，複数形は spermatogonia）とよび，減数分裂を開始した段階のオスの生殖細胞を精母細胞（spermatocyte），さらに精子へと変態直前の細胞を精細胞（spermatid）とよぶ（図 10-5）．

　生殖腺が性分化する際，メスの生殖細胞の方がオスの生殖細胞よりも早くから配偶子形成を開始する点は，哺乳類のマウスと同じである．マウスのオスの生殖腺では，支持細胞によって精細管（seminiferous tubule/testis cord）とよばれる管状の構造が形成され，精細管に取り囲まれた生殖細胞は分裂を停止する（Gilbert, 2015）．一方，メスの生殖腺では，生殖細胞が直ちに増殖を開始し，シ

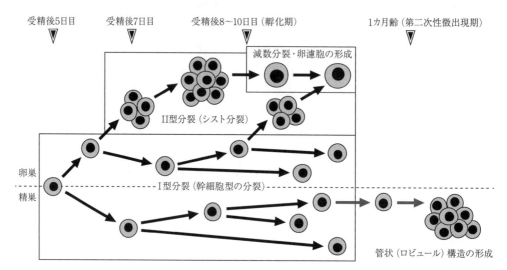

図 10-3　メダカの生殖腺の性分化過程における生殖細胞のふるまい

卵巣（図中の点線より上側）では，I型分裂（幹細胞型の分裂）をしている生殖細胞の一部が，早い時期（孵化前）からII型分裂（シスト分裂）に移行し，配偶子形成過程に進む．その結果，孵化前後の時期には減数分裂を開始し，卵濾胞が形成される．一方，精巣（図中の点線より下側）では，第二次性徴が出現する1カ月齢まで，I型分裂を行う生殖細胞しかみられない．それ以降にII型分裂がはじめて起こり，管状構造ができた後，精子形成が始まる．田中（2013）の図を改変．

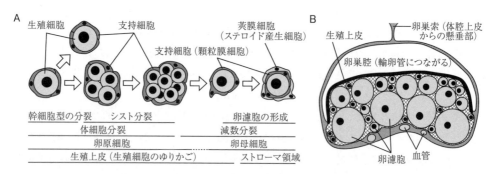

図 10-4　メダカの卵形成と卵巣構造

A：生殖細胞が卵濾胞を形成するまでの過程を示した模式図．その過程での生殖細胞のふるまい，分裂様式，よび名，卵巣内で存在する場所を下段に示した．B：成熟卵巣の横断面を示した模式図．網掛け部分はストローマ領域．I型分裂（幹細胞型の分裂）とII型分裂（シスト分裂）をしている生殖細胞（卵原細胞）は生殖上皮に存在するが，減数分裂の複糸期（ディプロテン期）に入るとストローマ領域に移動し，卵濾胞を形成する．個々の卵濾胞は，1つの卵母細胞とそれを取り囲む多数の莢膜細胞と顆粒膜細胞から成る．このストローマ領域で卵成長と卵成熟が進行し，最終的に卵母細胞は生殖上皮を突き抜けて卵巣腔へと排卵される．

ストを形成，さらに減数分裂を行って卵母細胞となる．しかし，メダカの場合とは異なり，全ての生殖細胞が卵形成に進み，幹細胞型の生殖細胞（生殖幹細胞；germline stem cell）は卵巣中に残らないとされている．実際に，成熟した哺乳類の卵巣では新たな卵の供給は認められず，胎児期に形成された卵濾胞の成長と成熟が行われるだけである．哺乳類のメスが一生のうちにつくることができる卵の数に限りがあるのに対して，魚類のメスが極めて多くの卵をつくることができるのは，魚類の卵巣が成熟後も生殖幹細胞を保持し続けるからだと考えられる．実際，ニジマス，コイ（*Cyprinus carpio*），ニホンウナギなど，メダカ以外の多くの魚種でも生殖幹細胞の存在が示唆されている（McMillan, 2007）．

次に，生殖腺の性分化プロセスを，生殖腺体細胞のふるまいや役割を中心として，卵巣分化，精巣分化の順に解説する．

§7. 卵巣分化における生殖腺体細胞のふるまい

メスのメダカの生殖腺で生殖細胞の減数分裂が始まると（孵化期にあたる），支持細胞は顆粒膜細胞とよばれるメス型の細胞に分化し，一つ一つの生殖細胞（卵母細胞）を別々に取り囲み，卵濾胞を形成する（図10-4 A）．その後しばらくすると（孵化後数日目），性ステロイドホルモンを産生する特殊な大型の体細胞（ステロイド産生細胞；steroidogenic cell）が生殖腺内に出現してくる（Nakamuraら，2009）．メダカでの研究から，ステロイド産生細胞には性質の異なる2種類の細胞が含まれることが明らかとなっている（Nakamotoら，2010）．コレステロールを材料として性ステロイドホルモンの一種であるアンドロゲン［男性ホルモン（または雄性ホルモンともいう）；androgen］を作り出す細胞と，そのアンドロゲンを別の性ステロイドホルモンであるエストロゲン［女性ホルモン（または雌性ホルモンともいう）；estrogen］に転換する細胞である．後者のステロイド産生細胞は，アンドロゲンをエストロゲンに転換する酵素であるアロマターゼ（aromatase）を発現しているのが特徴である．これらの細胞のはたらきにより，メスの生殖腺では多量のエストロゲンが産生されることになる．メスの生殖腺ではアンドロゲンも多量に産生されるが，これはエストロゲンの前駆物質として産生されると考えられる．なお，卵濾胞の形成とステロイド産生細胞の出現のタイミングは，魚種によって若干異なる．メダカでは上述のように卵濾胞の形成が先だが，ドジョウ（*Misgurnus anguillicaudatus*）やキンギョ（*Carassius auratus*）ではステロイド産生細胞の出現が先のようである．

卵濾胞が形成された直後の卵母細胞は，一層の顆粒膜細胞によって取り囲まれている．アロマターゼを発現するステロイド産生細胞は，生殖腺の腹側の表層と卵濾胞の間（間葉とよばれる隙間）に出現する．この細胞はその後，卵母細胞を取り囲む顆粒膜細胞をさらに外側から取り囲み，莢膜細胞（theca cell）とよばれるようになる．こうして，2種類の体細胞で取り囲まれた卵濾胞の基本形が完成する（図10-4 A）．なお，卵巣の成熟が進んで卵黄蓄積期になると，顆粒膜細胞も盛んにアロマターゼを発現し，エストロゲンを産生するようになる．マウスでは，卵濾胞が成熟するころになってはじめて，顆粒膜細胞のみがエストロゲンを産生するようになる．

メダカの卵巣全体の構造を図10-4 Bに示す．I型分裂を行う幹細胞型の卵原細胞（卵原幹細胞；oogonial stem cell）とII型分裂によってシストを形成した卵原細胞は，生殖上皮（germinal epithelium）内の「生殖細胞のゆりかご」とよばれる構造に存在する（中村ら，2010）（コラム参照）．減数分裂を開始した卵母細胞は，生殖上皮から抜け出てストローマ領域（stromal compartment）に入る．そこで卵濾胞を形成し，卵黄蓄積（vitellogenesis）や卵成熟（oocyte maturation）といった一連の卵形成過程に進む．生殖上皮とストローマ領域は卵巣分化の初期には区別できないが，卵濾胞やステロイド産生細胞が出現する頃になると次第に区別できるようになる．一般的に成熟卵巣の大部分はストローマ領域で占められており，生殖上皮はごく薄い構造に過ぎない．しかし，生殖上皮は新たな卵の供給を行う極めて重要な構造であるといえる．

メダカでは，ステロイド産生細胞が出現すると，そこから分泌されるエストロゲンの作用によって，生殖上皮の左右両端が背側にめくり上がるように進展し，中央部で融合する．それにより，生殖腺の内部に卵巣腔（ovarian cavity）とよばれる隙間（生殖上皮で囲まれた空間）が形成される．将来，成熟した卵が排卵されるための隙間であり，卵管へとつながっている．様々な魚種において未熟な生殖腺が卵巣か精巣かを判断する際に，卵巣腔の有無は非常にわかりやすい卵巣としての指標となる．ストローマ領域と卵巣腔の位置関係は魚種によって異なっており，メダカの場合はストローマ領域が腹側，卵巣腔が背側に形成されるが，その位置関係が逆になっている魚種もいる．タイのように卵巣腔が卵巣の中心に位置する種類もいる．また，サケ科魚のように卵巣腔が発達しない種もあり，その場合，成熟した卵は体腔へ直接排卵される（McMillan, 2007）．

§8. 精巣分化における生殖腺体細胞のふるまい

メダカのオスの生殖腺では，孵化後にアキナス構造とよばれる区画構造が認められるようになるが（Kanamoriら，1985），一見したところでは未分化生殖腺とそれほど変わらない状態が長く続く．孵化後1カ月頃（第二次性徴期）になると，ようやく哺乳類の精細管構造に相当する管状構造が形成される（図10-5）．この管状構造（ロビュール構造とよばれることもある）は，生殖細胞（精原細胞）を中心として，それを取り囲む支持細胞（セルトリ細胞），さらにそれを取り囲む外側の基底膜から

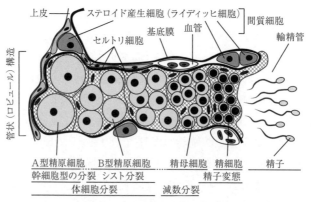

図10-5　メダカの精子形成と精巣構造

精子形成の過程と精巣の機能単位である管状構造を示した模式図．管状構造（網掛け部分）の中で精子形成が進行する様子を左から右に順に示した．最終的に精子は輸精管に飛び出し，体外に放出される．精子形成過程での生殖細胞のふるまい，分裂様式，よび名を下段に示した．

成る．管状構造どうしの隙間（間質）には，血管やライディッヒ細胞（Leydig cell）とよばれるステロイド産生細胞などが出現する．ライディッヒ細胞はメスの莢膜細胞に相当する細胞であり，アンドロゲンを産生する．

管状構造が形成されると，その中で精原細胞は卵原細胞と同様に II 型分裂を繰り返し，シストを形成する．その後，精原細胞は減数分裂を開始して精母細胞となり，やがては精子へと変態する．精原細胞は大型の A 型精原細胞と，比較的小型の B 型精原細胞に分類されて記述されることが多い．一般的には，I 型分裂を行う幹細胞型の精原細胞（精原幹細胞；spermatogonial stem cell）が A 型精原細胞，II 型分裂によってシストを形成する精原細胞が B 型精原細胞に相当する．しかし，形態的な分類（A 型精原細胞か B 型精原細胞）が分裂様式（I 型分裂か II 型分裂）の違いを必ずしも反映しないため，魚種によっては，II 型分裂を行っている精原細胞までも A 型精原細胞の中に含められることもある（濱口，1990；Schultz and Nóbrega, 2011）．

また，管状構造の形態は魚種によってやや異なっている．哺乳類の精細管のような明瞭な管状構造をもつ魚種もいれば，はっきりした構造単位が認められない魚種もいる．

§9. 生殖腺の性分化の分子機構

性決定様式や性決定遺伝子が動物種によって大きく異なることはすでに述べた．では，生殖腺の性分化プロセスはどうであろうか．性決定から生殖腺の性分化に至る一連の流れの中で，上流側（性決定や性分化初期の機構）は種による多様性が大きいが，下流ほど共通の機構がはたらいているようである．

哺乳類では，性決定遺伝子 *Sry* の標的遺伝子である *Sox9* がはたらくことが生殖腺のオス化（精巣化）に必須である．*Sox9* は常染色体上にあり，雌雄共通に存在する遺伝子であるが，オスの生殖腺でしか発現しない（Gilbert, 2015）．ところがメダカでは，*sox9* は雌雄の生殖腺に発現し，オス化には直接関与しない．また，哺乳類では抗ミュラー管ホルモン（AMH/MIS）がセルトリ細胞で発現し，生殖器官のオス化（卵管や子宮の退縮，正確には脱メス化）を引き起こすが，メダカでは雌雄いずれの生殖腺でも発現し，体細胞のオス化には直接関与しない（田中，2013）．このように，性分化の上流での遺伝子のはたらき方は，種によって異なっているようである．一方で，*Dmrt1* という転写因子をコードする遺伝子は，哺乳類でも魚類でも生殖腺のオス化に関与しており，*Dmrt1* がはたらくプロセス以降の流れは種を越えて保存されているようである．*Dmrt1* は生殖腺のオス化に必要な種々の遺伝子の発現を促進する（あるいは，メス化に必要な遺伝子の発現を抑制する）ものと考えられている．生殖腺のメス化についても，アロマターゼがはたらくプロセス以降の流れは種を越えて保存されているようである．

メダカやゼブラフィッシュなどでは，生殖腺の性分化期に生殖細胞が一定数以上存在することが，生殖腺のメス化に必須であることが知られている（田中，2013）．生殖細胞がない，あるいは極端に少ない状況を人為的に作り出すと，性染色体が XX のメダカでもメスになることはできない．それどころか，生殖腺は精巣に分化し，それに伴い，身体全体もオス化する．逆に，性分化期に生殖細胞が過剰に存在する状況を作ると，性染色体が XY のメダカでも，生殖腺は卵巣に分化する．したがって

メダカなどでは，生殖細胞の数が生殖腺自体の性分化と密接に関連している．生殖細胞の数を人為的に変化できれば性決定遺伝子の有無にかかわらず性を決める事ができる．哺乳類で生殖腺のオス化を引き起こす AMH/MIS は，メダカでは生殖細胞を増殖させ，その結果として生殖腺をメス化させるはたらきをもつことが明らかとなっている．その一方で，ドジョウやニジマスでは生殖細胞の数は生殖腺の性分化に影響しないことが示されており，今後より多くの魚種での解析が必要である．

§10. 生殖腺の性：維持と可逆性

　ここまで，性決定から性分化を経て，生殖腺の性が確立する（メス型の卵巣，もしくはオス型の精巣が形成される）までのプロセスについて述べてきた．しかし，生殖腺の性はいったん確立したらそれで終わりではなく，可逆的であるがゆえに，その後も維持され続けなければならないと考えられている．前述したように，メダカなどでは性分化期の生殖細胞の数が性分化の鍵を握っている．メス化をもたらす生殖細胞とオス化を引き起こす体細胞の拮抗作用によって性が確立するため，そのバランスが崩れると，遺伝的に決められた性別とは逆の方向に性分化してしまうと考えられる．哺乳類の生殖腺の性分化においては，*Sry* の下流でオス化を促進する *Sox9* とメス化を促進する *Wnt4* との間で相互抑制がはたらいている．そこでは1つの細胞内でもオス化とメス化の遺伝子が拮抗してはたらき，どちらかが抑制されることで性が確立する．また，一見メス化が完了したようにみえる成熟したマウス卵巣内の顆粒膜細胞でも，オス化の方向に機能する *Dmrt1* とメス化の方向に機能する *Foxl2* の間に相互抑制がはたらいており，なんらかの理由によって *Foxl2* の発現が低下すると，*Dmrt1* が発現を開始し，メス型の支持細胞である顆粒膜細胞がオス型のセルトリ細胞に性転換してしまう．

　さらには，エストロゲンとアンドロゲンは，それぞれメス化とオス化の方向に作用し，両者は生涯にわたって拮抗的にはたらき続ける．この性ステロイドホルモンによる性の支配は，脊椎動物の中でも魚類で特に強く，魚類では，性成熟後でも，エストロゲンとアンドロゲンのバランスが変わると，性が変わってしまう．このことは，魚類では遺伝子間や細胞間だけでなく，ホルモン間でのメス化シグナルとオス化シグナルの拮抗的なせめぎ合いによっても，性の状態が維持されていることを示唆している．それゆえに，何かのきっかけがあると個体としての性転換も起き得るのだろう．

§11. 生殖腺の性転換機構

　魚類の中には，自然条件下で自発的に性転換を行う種も多い．ハタ科やブダイ科，ベラ科の仲間など，メスからオスへ性転換（雌性先熟）するものもいれば，逆に，クマノミ亜科やコチ科の仲間など，オスからメスへ性転換（雄性先熟）するものもいる．さらには，ホンソメワケベラ（*Labroides dimidiatus*）やオキナワベニハゼ（*Trimma okinawae*），ダルマハゼ（*Paragobiodon echinocephalus*）など，メスからオスへ，オスからメスへとどちらの方向にも性転換（双方向性転換）するものもおり，性転換のパターンは多様である．また，自然条件下では性転換しない魚種であっても，上述のように人為的にエストロゲンとアンドロゲンのバランスを改変すると，性転換が起こることが知られている．

　前述したように，メダカやヒラメは胚発生時に高温にさらされると，オスに性転換する．ニホンウ

ナギも高密度で飼育するとオスに性転換する．いずれの場合も，間腎腺（哺乳類の副腎皮質に相当する器官）から放出されるストレス応答ホルモンであるコルチゾル（cortisol）がそのプロセスを促進することが報告されている．魚類の性転換全般にストレス応答のための内分泌系が関わっている可能性がある．（田中，2013）．

　性転換時には，卵巣を精巣に，あるいは精巣を卵巣に作り替えることになるが，その機構は未だ明らかとなっていない．ただ魚類では，幹細胞型の生殖細胞はその性染色体の構成に関わらず，将来，卵にも精子にもなり得ることが知られており，成熟した卵巣にも精巣にも，その幹細胞型の生殖細胞が多数存在している．このことが，魚類の生殖腺の性転換を可能にしている大きな要因となっていることは間違いない．性転換魚の中には，オキナワベニハゼのように，常に卵巣様の構造と精巣様の構造を生殖腺の中に保持していて，両者の発達度合いを調節することで性転換を行うものもいる．

（田中　実・大久保範聡）

文　献

Gilbert, S. F.（2015）：ギルバート発生生物学（第 10 版）（阿形清和，高橋淑子監訳）．メディカル・サイエンス・インターナショナル．

濱口　哲（1990）：生殖細胞の分化．メダカの生物学（江上信夫，山上健次郎，嶋昭紘編），東京大学出版会，pp.7–27.

Kanamori, A., Nagahama, Y., Egami, N.（1985）: Development of the tissue architecture in the gonads of the medaka *Oryzias latipes*. *Zool. Sci.*, 2, 695–706.

菊池　潔，濱口　哲（2013）：魚類性決定遺伝子の多様性と進化．細胞工学，32, 164–169.

Kurokawa, H., Aoki, Y., Nakamura, S., Ebe, Y., Kobayashi, D., Tanaka, M.（2006）: Time-lapse analysis reveals different modes of primordial germ cell migration in the medaka *Oryzias latipes*. *Dev. Growth Differ.*, 48, 209–221.

McMillan, D. B.（2007）: Fish Histology: Female Reproductive Systems. Springer.

Nakamoto, M., Fukasawa, M., Orii, S., Shimamori, K., Maeda, T., Suzuki, A., Matsuda, M., Kobayashi, T., Nagahama, Y., Shibata, N.（2010）: Cloning and expression of medaka cholesterol side chain cleavage cytochrome P450 during gonadal development. *Dev. Growth Differ.*, 52, 385–395.

中村修平，小林佳代，西村俊哉，田中　実（2010）：メダカ卵巣の配偶子幹細胞．細胞工学，29, 664–669.

Nakamura, S., Kobayashi, D., Aoki, Y., Yokoi, H., Ebe, Y., Wittbrodt, J., Tanaka, M.（2006）: Identification and lineage tracing of two populations of somatic gonadal precursors in medaka embryos. *Dev. Biol.*, 295, 678–688.

Nakamura, S., Kurokawa, H., Asakawa, S., Shimizu, N., Tanaka, M.（2009）: Two distinct types of theca cells in the medaka gonad: germ cell-dependent maintenance of *cyp19a1*-expressing theca cells. *Dev. Dyn.*, 238, 2652–2657.

岡田益吉，長濱嘉孝（1996）：生殖細胞：形態から分子へ．共立出版．

Saito, D.（2009）: Gonads. In Medaka: Biology, Management, and Experimental Protocols（Kinoshita, M., Murata, K., Naruse, K., Tanaka, M., eds）, Wiley-Blackwell, pp.247–252.

Schultz, R. W., Nóbrega, R. H.（2011）: The reproductive organs and processes: anatomy and histology of fish testis. In Encyclopedia of Fish Physiology: from Genome to Environment（Farrell, A. P., ed）, Elsevier, pp.616–646.

田中　実（2013）：性決定分化と性転換の制御機構．細胞工学，32, 172–177.

> コラム

卵や精子をつくり続ける生殖幹細胞

　魚類は一生のうちに数千から数億もの卵をつくりだす．始原生殖細胞の数は脊椎動物で数十とほぼ一定であるから，どこかにこれだけの卵をつくり出す仕掛けがなくてはならない．その役割を担うのが生殖幹細胞である．幹細胞とは自身の細胞を生み出すとともに，特定の細胞（この場合は卵）に分化できる細胞のことで，組織の中でニッチとよばれる特別な場に存在する．これまでの研究で，卵原細胞や精原細胞の一部が生殖幹細胞として機能することがわかっている．未分化生殖腺が精巣や卵巣へ分化する過程で，始原生殖細胞が生殖幹細胞に分化するのである．

　哺乳類の卵巣には典型的な生殖幹細胞は存在しないといわれている．哺乳類では，卵巣が形成されると直ちに全ての生殖細胞がⅡ型のシスト分裂に移行し，減数分裂を開始して卵濾胞を形成する．成体の卵巣にⅠ型の幹細胞型分裂をする生殖細胞は見出されないのである．したがって，出生後の卵巣では新たな卵が供給されることはなく，すでに存在する卵濾胞の中で，卵（卵母細胞）の成長・成熟のみが起き，それが排卵されるだけである．

　脊椎動物の卵巣でこの生殖幹細胞の存在が初めて証明されたのはメダカである．緑色蛍光タンパク質（GFP）で細胞を標識し，その細胞が生み出す娘細胞の運命を追跡することによって，生殖幹細胞の存在が証明された．それでは生殖幹細胞はどこにいたのか．それは，図10-4Bに記した生殖上皮であった．哺乳類でも昔，幹細胞型の生殖細胞がいるのではないかと言われた部位である．

　メダカの卵巣の生殖上皮に哺乳類の精巣の機能単位である精細管と似た管状の構造（卵巣コードとよばれる）が発見され，そこに生殖幹細胞が見出された（上段の写真中，矢印で示した細くつながった部分が卵巣コードで，矢頭で示した黒く抜けた細胞が生殖細胞）．哺乳類の精巣中の精細管には，精子をつくり出す生殖幹細胞が存在するが，同じような管状構造がメダカでは精巣だけでなく卵巣にも存在していたのである．そして，卵巣の管状

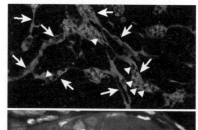
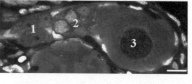

構造内の生殖幹細胞が存在するニッチを「生殖細胞のゆりかご」とよぶ（下段の写真中，1～3で示した細胞群が1つの「ゆりかご」に入っている．左側の3つの生殖細胞（1）が幹細胞型で，中央の生殖細胞（2）がシスト型，そして右側（3）が形成されたばかりの1つの卵母細胞．卵母細胞はこの後「ゆりかご」から出て卵濾胞を形成する）．この発見は，組織学的に全く異なる器官だと考えられてきた卵巣と精巣が，実は共通の構造を有しており，そこで生殖幹細胞が共通に形成されることを示した．

　ではなぜ，幹細胞が存在する卵巣内のニッチを「卵のゆりかご」でなく「生殖細胞のゆりかご」とよぶのか．生殖幹細胞の性は決まっていないからである．卵とも精子ともいえない．だから「生殖細胞」なのである．実際，魚類では成熟精巣の生殖細胞（精原幹細胞）をメスに移植すると，そこから卵が形成される．

〈田中　実〉

> コラム

魚類の脳の性分化

　生殖腺が卵巣か精巣に性分化すると，そこから卵巣特有の，あるいは精巣特有のパターンで性ステロイドホルモンが分泌され，それを受けた全身の器官も性分化を遂げる．そうして性分化する器官の代表例が脳である．脳は一見すると雌雄で大きな違いがなさそうだが，機能的には多くの違いが見られる．例えば，魚類からヒトまで共通して，通常のオスはメスを性的対象とみなし，通常のメスはオスを性的対象とみなす．また，一般的にメスよりもオスの方が高い攻撃性を示す．その他の様々な行動パターンにも雌雄の違いがみられる．これらの違いは，脳が性分化した結果として生じたものである．

　では，脳はどのようなメカニズムで性分化するのであろうか．半世紀以上にわたるマウスやラットでの研究から，そのメカニズムの概要が明らかとなってきた．もともと脳はメス化するようにプログラムされているが，オスでは出生前後の時期に，分化したばかりの精巣から一過性に大量のアンドロゲン（男性ホルモン）が放出され（このイベントをアンドロゲンシャワーとよぶ），それが脳をオス化させる，というものだ．その際，脳に到達したアンドロゲンは，やはり脳内で一過性に発現するアロマターゼのはたらきによって，エストロゲン（女性ホルモン）に転換されてから脳をオス化させる（不思議なことに，女性ホルモンが脳をオス化させる）．また，そこでの脳の変化は不可逆的なプロセスであるため，生涯にわたって脳の雌雄性を固定し続ける．脳の性別は出生前後の時期に決まり，一生涯変わらないことになる．

　ところが魚類の中には，性成熟後であっても自発的に性転換を行う種が数多く存在する．また，自発的には性転換しない魚種であっても，人為的にホルモン環境を改変することによって，性成熟後でも異性に典型的な行動パターンが誘起され得る．これらのことは，魚類の脳は生涯にわたって性的な可逆性を保持しており，その場その場で脳の性別を臨機応変に変えることができることを意味している．魚類の脳機能にも様々な性差がみられることから，魚類の脳も性分化しているはずであるが，マウスやラットで示されてきた上記の性分化メカニズムは，魚類の脳には当てはまらないことになる．実際にメダカでは，生殖腺の性分化期を含めた発生の過程で，アンドロゲンもエストロゲンもアロマターゼも一過性の上昇を示さないことが報告されている．

　最近の研究によって，アンドロゲンシャワーによるマウスやラットの脳の性分化プロセスの分子機構が明らかとなりつつある．その中で最も重要だと考えられる機構は，脳内で発現する性ステロイド受容体（エストロゲン受容体とアンドロゲン受容体）の量が，大きな性差を伴って不可逆的に決められることである．それによって，性ステロイドに対するその後の脳の応答性が，生涯にわたって性依存的に固定される．たとえ体内の性ステロイドのバランスが変わって逆の性別のパターンになったとしても，脳はそれに応答しないわけである．

　メダカの脳でも，性ステロイド受容体の発現量には大きな性差が存在する．例えば，性行動の中枢領域では，メスのみがエストロゲン受容体を発現しており，そこにエストロゲンが作用することでメス型の性行動が引き起こされると考えられている．しかし，その発

現の性差は，体内の性ステロイドのバランスを逆の性別のパターンに改変すると，性成熟後でも簡単に逆転してしまう．それによって，エストロゲンに応答してメスの性行動を引き起こす脳内機構の有無が逆転することになる．魚類では，性ステロイドに対する脳の応答性の性差が，その時々の体内のエストロゲンとアンドロゲンのバランスによって一時的に成り立っているにすぎないと言ってよいだろう．このようなシステムが存在するからこそ，魚類の脳は生涯にわたって性的な可逆性を有しており，性成熟後でも生殖腺の状態によって，脳の性別を自由自在に変えることができるものと考えられる．

　しかし，魚類の脳が性分化するメカニズム，性転換するメカニズムに関する研究は，まだまだ発展途上であり，その全容の解明にはほど遠い．例えば，魚類の生態を広く見渡してみると，上記のシステムだけではどうしても説明がつかない現象が存在する．個体間の社会的な刺激によって性転換する魚種における行動の変化があまりにも早いという現象である．ホンソメワケベラ（*Labroides dimidiatus*）は社会的な地位によってオスからメスに，メスからオスにと，どちらの方向にも性転換するが，メスからオスに性転換する場合，社会的な刺激が与えられてから，ものの30分で行動がオス型に変化することが報告されている．この魚の場合，卵巣を精巣に作り替えるのに2〜3週間はかかるので，この30分の間に体内の性ステロイド環境が劇的に変化したとは考えにくい．となると，性ステロイドに依存しない脳の性転換メカニズムが存在すると考えざるを得ない．今後の研究に期待したい．

〔大久保範聡〕

第11章　骨格の発生

　骨格は脊椎動物を特徴付ける器官であり，魚類では筋肉と協調して体の支持と遊泳，摂餌と呼吸に関わる．また，中枢神経系(脳と脊髄)の保護も骨格の重要な役割である．モデル生物であるゼブラフィッシュ (*Danio rerio*) とメダカ (*Oryzias latipes*)，また養殖対象魚種であるトラフグ (*Takifugu rubripes*) を使った最近の研究により，骨格の中でも特に脊椎骨の発生機構が，魚類と四肢動物では驚くほど異なっていることが明らかになり，ニワトリやマウスの研究成果に基づいて述べられてきた脊椎骨発生に関する知見には，魚類に当てはまらないところが多いことがわかってきた．そこで本章では，最近の知見と進化的側面も含め，魚類の骨格発生の特徴について解説する．

　魚類養殖では多様な魚種が扱われているが，多くの魚種でしばしば形態異常が問題となっている．養殖魚で起こる形態異常の大部分は，骨格の異常を伴う発生過程での異常に起因することから，養殖魚の健全性を考える上でも，魚類の骨格の基本的な発生機構を理解しておくことが重要である．

§1. 骨格の分類と発生の順序

　はじめに，魚類の骨格の分類について説明する（表11-1）．骨格の位置関係は図11-1を参照してもらいたい．骨格を機能的に分類すると，まず内部骨格 (endoskeleton) と外部骨格 (exoskeleton) に大別される．内部骨格は，さらに中軸骨格 (axial skeleton) と付属骨格 (appendicular skeleton) に分かれる．中軸骨格には頭骨 (skull) と脊椎骨 (vertebral column) が含まれる．

表11-1　骨格の分類と各骨格の主な機能，骨要素，由来する胚葉，骨化様式．

骨格系				主な機能	主な骨要素	由来する胚葉	骨化様式
内部骨格	中軸骨格	頭骨	神経頭蓋	脳を保護	膜性神経頭蓋	外胚葉(神経堤)	膜内骨化
					軟骨性神経頭蓋	外胚葉(神経堤)	軟骨内骨化
			内臓頭蓋	摂餌,呼吸	上顎骨，咽頭骨格 (下顎，舌骨，鰓骨)	外胚葉(神経堤)	上顎骨：膜内骨化 咽頭骨格：軟骨内骨化
		脊椎骨		体を支持，遊泳，脊髄と腹大血管を保護	椎体，神経弓門，血管弓門，神経棘，血管棘，肋骨，下尾骨	中胚葉 (体節：硬節)	椎体，肋骨，神経・血管棘：膜内骨化 神経・血管弓門：軟骨内骨化あるいは膜内骨化
	付属骨格	肩帯		筋肉内で胸鰭を支持	擬鎖骨，肩甲骨，射出骨	中胚葉 (側板中胚葉)	擬鎖骨：膜内骨化 それ以外：軟骨内骨化
		腰帯		筋肉内で腹鰭を支持	腰帯	中胚葉 (側板中胚葉)	軟骨内骨化
		担鰭骨		筋肉内で背鰭・臀鰭を支持	近位担鰭骨，遠位担鰭骨	中胚葉体節 (体節：硬節か皮節)	軟骨内骨化
外部骨格		鰭条		鰭を支持	背鰭条，尻鰭条，尾鰭条，胸鰭条，腹鰭条	中胚葉 (体節：皮節)	膜内骨化
		鱗		皮膚を保護	鱗	中胚葉 (体節：皮節)	膜内骨化

頭骨はさらに，脳を被う神経頭蓋（neurocranium）と上下の顎と鰓を構成する内臓頭蓋（visceral cranium）に分類される．神経頭蓋には，脳の前方から上方を覆う膜性神経頭蓋と，脳の下部から後方を覆う軟骨性神経頭蓋がある（図11-1 A, C）．内臓頭蓋には，上顎を作る上顎骨（upper jaw；図11-1C）と7組の咽頭骨格があり，咽頭骨格は前から下顎骨（lower jaw），舌骨（hyoid），5組の鰓弓（gill arch）で構成される（図11-1 B）．下顎骨と舌骨により下顎が構成され，舌骨は下顎骨を支持している．多くの魚類では，5組の鰓弓のうち，第1から第4鰓弓が鰓骨格を形成して呼吸器官としてはたらき，第5鰓弓は咽頭歯を備えた咽頭骨に変形している．

脊椎骨には，胴体を支持する一続きの椎体（centrum/vertebral body）が存在し，椎体の背側には脊髄を保護する神経弓門（neural arch），および血管を保護する血管弓門（hemal arch）が発達し，さらに神経弓門に神経棘（neural spine）が付属し，血管弓門に血管棘（hemal spine）が付属する（図11-1 C, D）．図11-1に示したフグ，およびカワハギの仲間では肋骨が退化するが，一般の魚類では肋骨（rib）が内臓を保護する．

付属骨格には胸鰭（pectoral fin），腹鰭（ventral fin），背鰭（dorsal fin），および尻鰭（anal fin）などの鰭の支持骨があり，いずれも筋肉内で鰭を支持する（図11-1 A）．なお，フグでは腹鰭が退化

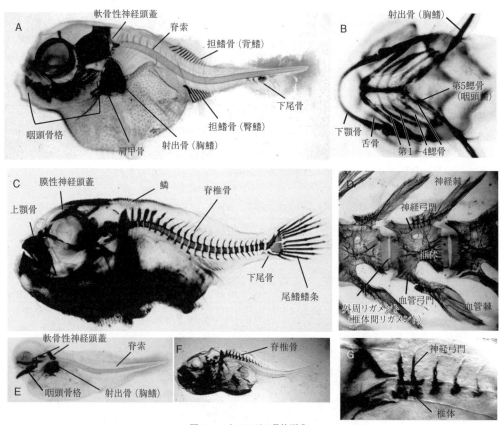

図11-1　トラフグの骨格形成．
A：22日齢の稚魚の軟骨を染色した様子．B：Aの稚魚の咽頭骨格を腹側からみた様子．C：32日齢の稚魚の硬骨を染色した様子．D：60日齢の脊椎骨の拡大写真．E：孵化仔魚（10日齢）の軟骨を染色した様子．F：脊椎骨形成の初期（22日齢）の硬骨を染色した様子．G：脊椎骨形成初期の拡大写真．

している．胸鰭と腹鰭は対鰭（paired fins）ともよばれ，胸鰭の支持骨である擬鎖骨（cleithrum），肩甲骨（scapula）および射出骨（actinost）からなる肩帯（pectoral girdle），腹鰭の支持骨である腰帯（pelvic girdle）はそれぞれ，四肢動物の前肢と後肢の骨格と相同である．一方，背鰭と尻鰭は正中鰭（median fin）とよばれ，それらの支持骨である担鰭骨（pterygiophore）（図11-1 A）は，魚類に固有な骨格であり，正中鰭をもたない四肢動物には存在しない．尾鰭の支持骨である下尾骨（図11-1 A, C）は，脊椎骨の一部であり中軸骨格に属する．

　魚類の外部骨格には，鰭条（fin ray）と鱗（scale）がある（図11-1 C）．鰭骨格は，筋肉内にある付属骨格と鰭条との組合せでできている．

　トラフグを例にして骨格の発生順序を説明する．なお，マダイ（*Pagrus major*）やヒラメ（*Paralichthys olivaceus*）などでも，ほぼ同じ順序で骨格が発生する．孵化直後の仔魚には，頭部・胴体部とも骨格はまだ形成されていない．孵化から最初の摂餌までの数日間に，捕食と呼吸に最低限必要な軟骨性神経頭蓋，内臓頭蓋，胸鰭の支持骨が形成される（図11-1E）．摂餌開始期には脊椎骨はまだ形成されていないため，この時期には，チューブ状の脊索が体の支持器官としてはたらき，遊泳や摂餌行動を可能とする（図11-1 E）．脊椎骨の形成は，仔魚期中期に神経弓門から始まり，続いて神経弓門が脊索と接する部分から，椎体の形成が始まる（図11-1 F, G）．椎体は脊索をリング状に被うように形成される（図11-1 C）．同時期に神経棘と血管棘が神経弓門と血管弓門に接続して形成される．鰭基部では筋肉内に担鰭骨と下尾骨が形成され，それらを足場として鰭条が形成される．頭部ではこの時期に膜性神経頭蓋が形成される（図11-1 C）．鱗は骨格の中でも最後に形成される．

　このように，トラフグを含めほとんどの魚類では，孵化時期には骨格が未発達であり，脊椎骨を形成する骨芽細胞（osteoblast）は，後述のように前駆細胞として胚発生の間に脊索の周辺に分布している．このような魚類の骨格発生の特徴は，鳥類では孵化した時点で中軸骨格と四肢の骨格が形成されているのと対照的である．また鳥類や哺乳類では，全身の骨格が胚発生過程で同時期に発生するのに対し，魚類では摂餌と呼吸に必要な骨格が孵化直後に発生し，脊椎骨や膜性神経頭蓋はそれらよりもかなり遅れて仔魚期の中期になってようやく発生するなど，骨格系が段階的に発生することも特徴的である．

§2. 骨格の胚葉起源

　ここでは，各骨格が三胚葉（外胚葉・中胚葉・内胚葉）のいずれに由来するかを説明する．大きく分けると，頭骨は外胚葉性の神経堤細胞から発生し，胴体部の骨格は，脊椎骨，付属骨格，および外部骨格を含め，全て中胚葉由来であり，頭部と胴体部の骨格で発生起源が2つに分かれる．

　胚発生の過程で，中枢神経と表皮外胚葉との境界部に，一過性に神経堤（神経冠ともいう；neural crest）とよばれる構造が形成され，そこから，神経堤細胞（neural crest cell）とよばれる外胚葉性の細胞集団が腹側に向かって遊走する（図11-2 A, B, C）．胴体部の神経堤細胞は交感神経（sympathetic nerve）と色素細胞（pigment cell）に分化するが，頭部神経堤細胞は，主に軟骨細胞（chondrocyte）と骨芽細胞に分化する．頭部骨格を構成する神経頭蓋の大部分と内臓頭蓋は，頭部神経堤細胞によって形成される．

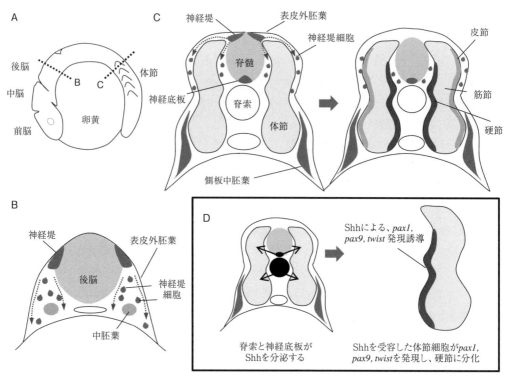

図11-2 骨格を形成する頭部神経堤細胞，硬節，側板中胚葉の発生
A：体節期の胚を側面からみた模式図．破線はB, Cで示した横断面の位置を示す．B：頭部神経堤細胞．神経堤細胞が神経堤から腹側へ遊走する様子を矢印で示した．C：体節，側板中胚葉と周辺組織．体節は硬節，筋節，皮節の3つの領域に分かれる．D：脊索と神経底板から分泌されるShhを受容した体節細胞は *pax1*, *pax9* や *twist* などの転写因子を発現して硬節細胞に分化する．

　胚の胴体部には，脊索と脊髄が正中に存在し，それらを挟んで両側に体節が配置する．体節はさらに正中に近い側から硬節（sclerotome），筋節（myotome），および皮節（dermatome）の3つの領域に分化する（図11-2 C）．体節と表皮の間には，側板中胚葉（lateral plate mesoderm）が配置する．脊索，体節，および側板中胚葉はいずれも中胚葉由来の組織である．脊椎骨を作る骨要素は，全て硬節から発生し，筋節は骨格筋，皮節は皮膚真皮層を形成する．
　胸鰭，腹鰭の支持骨は側板中胚葉から発生する．正中鰭（背鰭，尻鰭）を支持する担鰭骨は，体節に由来することはわかっているが，硬節あるいは皮節のどちらに由来するかは不明である．鱗は，皮節によって形成された真皮内に発生する．鰭条も皮節に由来すると考えられている．このように，胴体部の骨格は全て中胚葉由来で，さらに詳しくみると硬節由来の脊椎骨，側板中胚葉由来の対鰭支持骨，皮節由来の鰭条と鱗に分かれる．

§3. 骨化様式

　骨形成のプロセスは，一度，軟骨組織として発生した後に骨組織に置き換わる軟骨内骨化（endochondral ossification）と，コラーゲン性の膜を基質にして，軟骨を経ずに直接骨化する膜内骨

化（intramembranous ossification）の2通りに分かれる．魚類の骨格のうち軟骨内骨化で発生するのは，上顎骨を除く内臓頭蓋（咽頭骨格），軟骨性神経頭蓋，擬鎖骨を除く対鰭の支持骨，正中鰭の担鰭骨，下尾骨である（表11-1，図11-1 A, B）．血管弓門と神経弓門の骨化様式は魚種によって異なっており，軟骨内骨化で発生する魚種（ヒラメ，マダイなど）と膜内骨化で発生する魚種（トラフグやメダカなど）がある．膜内骨化で発生する骨格には，膜性神経頭蓋，上顎骨，擬鎖骨，椎体，神経棘，血管棘，鰭条，および鱗がある（図11-1 C, D）．

　四肢動物では，膜内骨化で発生する骨格は膜性神経頭蓋のみであり，それ以外の骨格は全て軟骨内骨化で発生する．四肢動物と異なる魚類の骨格発生の特徴の1つに，膜性神経頭蓋だけでなく，椎体を含め多様な骨格が膜内骨化で発生することが挙げられる．

§4. 脊椎骨の発生機構

4-1　硬節の分化

　魚類脊椎骨の発生機構について，四肢動物のニワトリやマウスと比較しながら共通性と相違点を解説する．なお，四肢動物における詳細な脊椎骨発生機構は，解説書を参照のこと（Gilbert, 2015）．いずれの脊椎動物種においても，脊索と脊髄神経の底板が細胞間シグナル因子のSonic hedgehog(Shh)を分泌し（第9章参照），シグナルを受容した体節細胞は*pax1*，*pax9*，および*twist*などの転写因子を発現して硬節細胞に分化する．このような誘導システムのため，硬節は体節の脊索に近い正中側に分化する（図11-2 C, D）．ニワトリやマウスの胚では硬節が筋節や皮節よりも大きく，体節の中央部まで発達する．対照的に魚類の胚では，硬節は脊索に面した体節の正中側に沿って分化するだけで，体節の大部分は筋節を形成する（図11-2 C）．このような硬節の発達程度の違いをもたらす要因の1つとして，ニワトリ胚では孵化までに脊椎骨が形成されるのに対し，魚類では胚発生期ではなく，孵化後の仔魚期に脊椎骨が形成されるという違いがあるものと考えられる．

　ニワトリやマウスの胚では，硬節はさらに前方セグメント，中央セグメント，後方セグメントの3つの領域に分離し，隣り合う硬節の後方セグメントと前方セグメントが集合して1つの椎体原基を形成する（図11-3 A）．中央セグメントは椎間板（intervertebral disk）原基を形成する．いったん体節内に形成された硬節に，椎体原基と椎間板原基を生み出すために新しい分節性が再構築されるため，このプロセスを再分節化（resegmetation）とよぶ．椎体原基と椎間板原基はともに軟骨を形成し，その後，椎体のみ軟骨内骨化で硬骨に置き換わる．椎間板は骨化せずに，コラーゲンに富む線維性の組織として維持され，脊椎骨に可動性を与える関節状の組織として機能する．椎体と椎間板はともに脊索の周りを被うように発生するが，脊索は椎体内では消失し，椎間板の中でわずかに髄核（nucleus pulposus）とよばれる粘液様構造として痕跡的に残るだけである．

　一方，魚類では，体節内に分化した硬節は，脊索の周りに移動して脊索をリング状に被う構造を形成する（図11-3 B）．硬節細胞で作られたこのリング状組織は外周リガメント（external ligament）とよばれ周期的に1つの体節に1つ形成される［椎体間リガメント（intervertebral ligament）ともよばれる］．この間，魚類の硬節は四肢動物とは異なり，再分節化することはない．後述のように椎体は脊索の外側で骨形成が始まることで発生する．

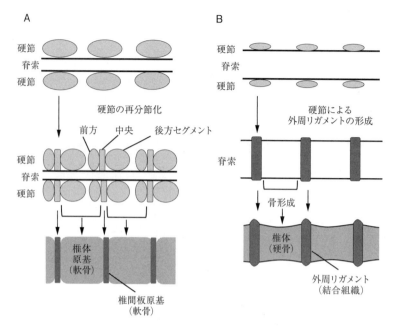

図11-3　四肢動物と魚類の間での硬節と脊椎骨の関係の比較
A：ニワトリの胚．各硬節は前方，中央，後方セグメントに再分節化し，椎体原基と椎間板原基を形成する．B：魚類の胚～仔魚期．硬節細胞は脊索周辺に移動し，外周リガメントを形成する．外周リガメントから脊索鞘周辺に骨芽細胞が供給され，仔魚期に椎体が形成される．

4-2　椎体と椎体間関節の形成

　脊索の内部は，硬節を誘導する胚の時期には脊索細胞が密につまっているが，孵化期には，内部の脊索細胞は大型の空胞を形成し，脊索の外側は緻密なコラーゲンのシートから成るチューブ状構造の脊索鞘（notochord sheath）によって被われる（図11-4 A, B）．脊索鞘の内面に接した脊索細胞は，上皮組織を形成し，シート形成に必要なコラーゲン（collagen）などの細胞外マトリックス（extracellular matrix）を合成・分泌する．脊索鞘は，隣り合う外周リガメントの間で次第にくびれを形成し，周期的な分節性を形成する．外周リガメントの部分が太く，その間がくびれた分節性が，脊椎骨形成の鋳型となる（図11-4 C）．

　外周リガメントの一部の細胞は骨芽細胞に分化し，脊索鞘の外面に遊走して覆い，脊索鞘の外側から椎体の骨化を始める（図11-4 C）．このように外周リガメントは椎体の分節性を形成するとともに，骨芽細胞を供給することで，椎体形成で中心的な役割を果たす．一部の骨芽細胞は，外周リガメントを経ずに，硬節から直接分化する．椎体の骨化の進行に伴い，脊索は椎体の内向きの成長により圧迫され，周期的なくびれがより顕著になり，養殖の対象となるような大型魚類では，最終的には脊索は椎体によって分断される（図11-4 D）（Kanekoら，2016）．ゼブラフィッシュやメダカなどの小型魚類では，椎体は大型魚ほど骨化が進まず，脊索は完全には分断されない．

　外周リガメントは緻密な結合組織を形成し，椎体によって分断された脊索と協調して，関節状構造を形成する（図11-4 D）．この関節状構造は，椎体間関節（intervertebral joint）とよばれ，機能的には哺乳類の椎間板に相当するが，発生起源と形成過程は著しく異なっている．また，トラフグなどの発達した脊椎骨を形成する魚種では，脊索の正中部に脊索糸（notochord string）とよばれる線維構造

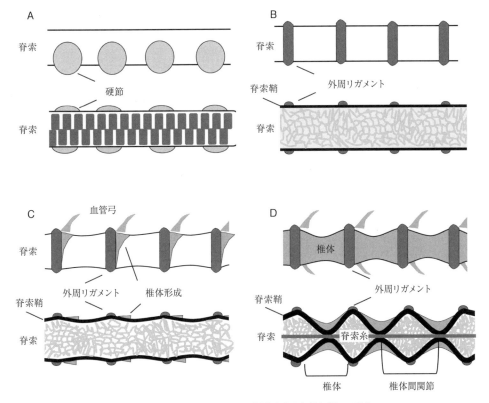

図11-4 魚類における脊椎骨（椎体と椎間板様組織）の形成
A：胚期の脊索と硬節．B：仔魚初期の脊索と，硬節によって形成された外周リガメント．C：仔魚期に始まる椎体の形成．D：稚魚期に完成した脊椎骨（椎体と，外周リガメントと分断された脊索によって形成された椎間関節）．各図の上段は外観を，下段は内部構造を示す．

が形成され，隣り合う椎体を内側から接続し，脊椎骨に強度を与えている．魚類の脊椎骨は外見上，椎体と外周リガメントの繰り返し構造に見えるが，内側は分断された脊索が大きなスペースを占めており，脊椎骨に可動性をもたらす椎体間関節を形成するとともに，脊椎骨の軽量化にも役立っている．

脊椎骨中の空胞化した脊索細胞および脊索上皮性細胞はともに，胚発生過程で発現し始めた転写因子 *no tail* を引き続き発現し，脊索上皮細胞は軟骨性の2型コラーゲンやプロテオグリカンを合成・分泌して脊索鞘を肥厚化する．椎体の外側に分布する骨芽細胞は，1型コラーゲンを主とした骨基質を活発に分泌して椎体の骨化を行い，脊索鞘と椎体の基質成分は異なっている．

4-3 魚類と四肢動物の脊椎骨発生の違い

これまで解説したように，脊椎骨の発生機構は四肢動物と魚類とで著しく異なっている．特に以下の点は，四肢動物にはみられない魚類特有の特徴である．（1）硬節が再分節化しない．（2）硬節は脊索の周りに外周リガメントとよばれる結合組織を形成する．（3）椎体が軟骨内骨化ではなく，膜内骨化で形成される．（4）椎体を形成する骨芽細胞は，硬節由来の外周リガメントから供給される．（5）外周リガメントと脊索が協調して椎間板様の関節構造（椎体間関節）を形成する．

脊椎骨の構造を進化的にみると，総鰭類の祖先種であるシーラカンスや肺魚には，神経弓門と血管

弓門は存在するが，椎体は存在しない（岩井，2004；松原ら，1995）．シーラカンスは，体調が1メートルを超えるほど大型になるが，成魚になっても脊索が中軸器官として機能しており，構造的に椎体を形成する前の真骨魚類の仔魚の発生段階（図11-1 Aに相当）に近い．条鰭類の祖先種であるチョウザメにも神経弓門と血管弓門だけが存在し，椎体は発達しない．したがって，四肢動物と条鰭類の共通祖先の段階（約4.4億年前）では椎体はまだ進化しておらず，椎体は両者が分岐した後にそれぞれの系統で独立して進化した可能性が高い．そのために，四肢動物と魚類で脊椎骨の発生機構が著しく異なっているものと推定される．

　脊椎骨の形成異常は，養殖魚の健全性や商品価値を損ねる大きな要因となる．多くの場合，脊椎骨異常は成魚になってから検出されるが，その原因は仔魚期（脊索の分節化など，脊椎骨形成の初期段階）にあることが多い．したがって，正常な脊椎骨の形成のためには，仔魚期の飼育管理や餌条件が極めて重要な要素となる．成魚で検出された脊椎骨異常の原因を，仔魚期までさかのぼって究明することは困難な場合が多い．この問題を克服するためには，仔魚期の間，定期的に試料（仔魚）を固定保存しておく必要がある．

§5. 咽頭骨格の発生機構

5-1　咽頭骨格の発生

　咽頭骨格は顎と鰓の骨格系で，前述のように魚類の骨格の中では最も早くに発生する．下顎と鰓の骨格ははじめ，7組の咽頭弓（pharyngeal arch）とよばれる原基として形成される（図11-5 A）．魚類では，第一咽頭弓（下顎骨弓，mandibular archともよぶ；p1）が下顎骨，第二咽頭弓（舌骨弓；p2）が舌骨を形成し，後方の5組が鰓弓（p3-7）となり鰓骨を形成する（図11-5 B）．哺乳類では4組の咽頭弓が発生し，第一咽頭弓が下顎骨，第二と第三咽頭弓が舌の運動を保持する舌骨の諸要素，第四咽頭弓が咽頭軟骨を形成する（Gilbert, 2015）．このような構造的な違いはあるものの，咽頭骨格の発生過程は脊椎動物種間でよく保存されており，この研究分野ではゼブラフィッシュがモデル生物としてよく使われている．

　咽頭弓は，咽頭内胚葉が咽頭嚢（pharyngeal pouch）とよばれる陥入を分節的に形成し，咽頭嚢は体外に開いて鰓裂（gill slit）を形成する（図11-5 A）．魚類では，鰓裂は呼吸に必要な鰓と鰓の間の水路となる．一方，脳は前脳，中脳，後脳に分画された後，後脳はさらに8つの菱脳節（rhombomere）に分節する（図11-5 B）．8個の菱脳節（r1からr8まで番号が付けられている）のうち，r3とr5を除く6つの菱脳節が，軟骨細胞に分化する神経堤細胞を供給する．この時，中脳とr1，r2から出た神経堤細胞は第一咽頭弓（p1），r4由来の神経堤細胞は第二咽頭弓（p2），r6〜r8由来の神経堤細胞は分散して5組の鰓弓（p3-7）に遊走する．

　神経堤細胞由来の軟骨細胞は，第一咽頭弓では下顎骨，第二咽頭弓では舌骨，第三〜七咽頭弓では鰓の骨を形成するというように，それぞれの咽頭弓で決まった骨格を形成する．第2章で述べたように，*hox*遺伝子はゲノム中，*hox1*から*hox13*までのメンバーが染色体上の狭い範囲に順番に並んだ*hox*クラスターとして存在する（例えば，クラスターA中の*hox*遺伝子は*hoxa1*, *hoxa2*, *hoxa13*と表記する）が，後脳では，*hoxa2*がr2より後方に，*hoxa1*がr4より後方に，*hoxa3*がr5より後方に階

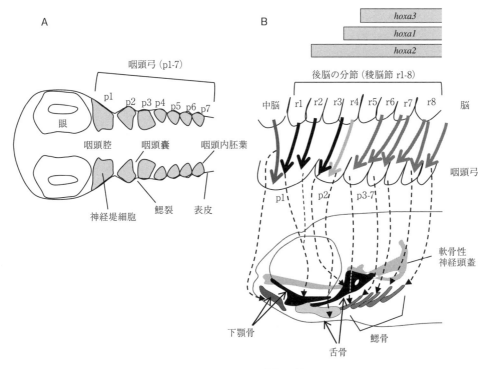

図 11-5 咽頭骨格の発生
A：腹側からみた胚の咽頭部の構造．7 組の咽頭弓（p1 ～ p7）が形成されると同時に，咽頭内胚葉が分節的に陥入（咽頭嚢とよばれる構造）し，鰓裂を形成する．B：後脳にある 8 個の分節（菱脳節 r1 ～ r8）から派生した神経堤細胞と咽頭弓（p1 ～ p7），咽頭骨格の関係．上段のグレーのバーは，各 hox 遺伝子の発現領域を示す．Kopinke ら（2006）を改変．

層的に発現する（図 11-5 B）．後脳から咽頭弓に遊走した神経堤細胞は，由来する菱脳節で発現していた hox 遺伝子を引き継いで発現する．そのため，下顎弓の一部の軟骨細胞は hoxa2 を発現し，舌弓の細胞は hoxa2 に加えて hoxa1 を発現する．5 組の鰓弓は共通して hoxa2，hoxa1 および hoxa3 を発現する．このような hox 遺伝子の発現の組合せにより，それぞれの咽頭弓で形成される骨格の形態が決められる（図 11-5 B）．また咽頭内胚葉には，単に咽頭弓を被う役割だけでなく，Shh などの細胞間シグナル因子を分泌することにより，軟骨細胞の分化や増殖を調節する役割もある．

5-2 レチノイン酸の役割

レチノイン酸は，ビタミン A（レチノール）から生合成される細胞間シグナル因子で，体節や咽頭弓の発生に重要な遺伝子群の発現を制御することが知られている（Wolpert ら，2012）．咽頭骨格の発生においては，hox と shh がレチノイン酸により発現誘導される典型的なレチノイン酸応答遺伝子である．ビタミン A（ひいてはレチノイン酸）の欠乏や過剰によって，これらの遺伝子の発現が撹乱され，咽頭骨格に形態異常が生じることがある．そのため，養殖種苗の健苗性を考える上でも，以下に記したレチノイン酸の作用メカニズムは理解しておくべきだろう．

ビタミン A は，レチノール脱水素酵素（Rdh8）によりレチナールに転換され，次にレチナール脱水素酵素（Raldh2）により活性体であるレチノイン酸に転換される（図 11-6）．さらにレチノイン酸

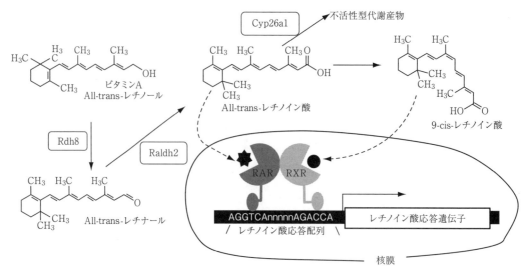

図11-6 レチノイン酸の合成・分解経路とレチノイン酸応答遺伝子の転写促進機構

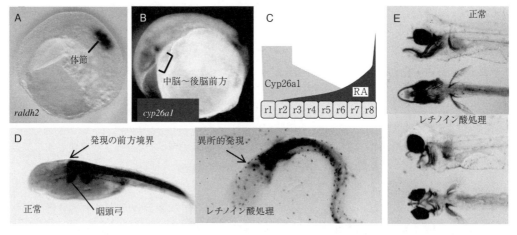

図11-7 胚の後脳におけるレチノイン酸の濃度勾配形成とレチノイン酸処理（浸漬）による咽頭骨格の異常誘導
A, B：胚内におけるレチノイン酸の合成酵素遺伝子（*raldh2*）と分解酵素遺伝子（*cyp26a1*）の発現．C：後脳で形成されるレチノイン酸（RA）の濃度勾配．レチノイン酸分解酵素 Cyp26a1 が少ない後方で多くなる．D：レチノイン酸処理による *hox* 遺伝子の異所的発現．E：レチノイン酸処理による咽頭骨格の形態異常．

の一部は，立体異性体である9-cis-レチノイン酸に転換される．レチノイン酸は低分子で脂溶性のために細胞膜と核膜を透過することができ，核内にまで浸透した後，転写因子として機能する核内受容体と結合する特定の *hox* 遺伝子や *shh* などのレチノイン酸応答遺伝子の転写調節領域には，レチノイン酸応答配列（AGGTCAnnnnnAGACCA；nは任意の配列）が存在し，そこにレチノイン酸受容体（RAR）とレチノイドX受容体（RXR）のヘテロ2量体が結合している（図11-6）．レチノイン酸がRARに，9-cis-レチノイン酸がRXRに結合すると，*hox* 遺伝子や *shh* などのレチノイン酸応答遺伝子の発現が誘導されるしくみになっている．

魚類では，咽頭軟骨が発生するのは摂餌の開始前であるため，その発生には卵黄に蓄積されたビタ

ミン A 関連物質が重要な役割を果たすことになる．ニワトリ胚ではビタミン A 関連物質はレチノールの状態で卵黄に蓄積されるのに対し，魚類胚ではレチナールの状態で蓄積される．そのため，魚類胚では Raldh2 による一段階の酵素反応によりレチノイン酸が合成される．合成されたレチノイン酸は *hox* 遺伝子や *shh* の発現を制御するが，胚内では合成と分解が Raldh2 とレチノイン酸分解酵素 Cyp26a1 によって厳密に調整されている．胚発生の過程では，*raldh2* は体節で発現し，*cyp26a1* は中脳から後脳前方にかけて発現する（図 11-7 A, B）．そのため，レチノイン酸は体節から分泌され，中脳から後脳前方で分解されることになり，後脳では後方でレチノイン酸濃度が高く，前方で低い濃度勾配が形成される（図 11-7 C）．後脳での段階的な *hox* 遺伝子の発現は，このようにしてできたレチノイン酸の濃度勾配により制御されている．そのため，実験的にレチノイン酸を添加した飼育水で魚類胚を発生すると，胚全体でレチノイン酸濃度が上昇することになり，それにより脳内で *hox* 遺伝子の発現が異所的に起こる．その結果，咽頭骨格に著しい異常が生じることになる（図 11-7 D, E）．逆に，胚内のレチノイン酸が欠乏すると *hox* 遺伝子の発現が抑制され，後脳の低形成，鰓骨格と胸鰭骨格の欠損が起こる（このような *hox* 遺伝子の発現異常によって生じる形態異常は，ホメオティック変異の一種である）．したがって，種苗の咽頭骨格の正常な発生のためには，親魚の栄養管理が大切だと考えられる．

（鈴木　徹）

文　献

Begemann, G., Schilling, T. F., Rauch, G. J., Geisler, R., Ingham, P. W.（2001）: The zebrafish *neckless* mutation reveals a requirement for *raldh2* in mesodermal signals that pattern the hindbrain. *Development*, 128, 3081–3094.

Fleming, A., Keynes, R., Tannahill, D.（2004）: A central role for the notochord in vertebral patterning. *Development*, 131, 873–880.

Gilbert, S. F.（2015）: ギルバート発生生物学（第 10 版）（第 11 章 神経堤細胞と神経軸索の特異性，第 12 章 沿軸中胚葉と中間中胚葉）（阿形清和，高橋淑子監訳）．メディカル・サイエンス・インターナショナル．

Inohaya, K., Takano, Y., Kudo, A.（2010）: Production of Wnt4b by floor plate cells is essential for the segmental patterning of the vertebral column in medaka. *Development*, 137, 1807–1813.

岩井　保（2004）: 水産脊椎動物 II 魚類（第 7 版），恒星社厚生閣，pp.255–256.

Kaneko, T., Freeha, K., Wu, X., Mogi, M., Uji, S., Yokoi, H., Suzuki, T.（2016）: Role of notochord cells and sclerotome-derived cells in vertebral column development in fugu, *Takifugu rubripes* : histological and gene expression analyses. *Cell Tissue Res*., 366, 37-49.

Kopinke, D., Sasine, J., Swift, J., Stephan, W. Z., Piotrowski, T.（2006）Retinoic acid is required for endodermal pouch morphogenesis and not for pharyngeal endoderm specification. *Dev. Dyn*., 235, 2695–2709.

松原喜代松，落合　明，岩井　保（1979）: 魚類学（上），恒星社厚生閣，pp.45.

Nikaido, M., Kawakami, A., Sawada, A., Furutani-Seiki, M., Takeda, H., Araki, K.（2002）: *Tbx24*, encoding a T-box protein, is mutated in the zebrafish somite-segmentation mutant *fused somites*. *Nat. Genet*., 31, 195–199.

Spoorendonk, K. M., Peterson-Maduro, J., Renn, J., Trowe, T., Kranenbarg, S., Winkler, C., Schulte-Merker, S.（2008）: Retinoic acid and Cyp26b1 are critical regulators of osteogenesis in the axial skeleton. *Development*, 135, 3765–3774.

Wolpert, L., Tickle, C.（2012）: ウォルパート発生生物学（第 4 版）（第 5 章 脊椎動物の発生 III : 初期神経系と体節のパターン形成）（武田洋幸，田村宏治監訳）．メディカル・サイエンス・インターナショナル．

> コラム

骨格の発生異常

　養殖魚の種苗では，飼料中のビタミンA過剰や胚期の低酸素など，様々な要因により脊椎骨に異常が生じることが知られているが，その発生学的な機序はほとんど明らかとなっていない．一方，ゼブラフィッシュとメダカでは，骨格異常を示す突然変異体の解析から，骨格異常が生じるメカニズムに迫る知見がいくつか得られている．これらの知見は，養殖魚における骨格異常の発生メカニズムを理解する上でも有用だと考えられる．以下に代表的な突然変異体を紹介する．

fused centum（*fsc*）

　椎体どうしが著しく融合することによって胴体が短くなった症状（短躯症とよばれる）を示す自然発生型のメダカ変異体で，ずんぐりむっくりした形態からダルマメダカともよばれている．原因遺伝子は細胞間シグナル因子をコードする*wnt4b*である（Inohayaら，2010）．正常の発生過程では，*wnt4b*は脊髄の底板で発現する．*fsc*変異体では，*wnt4b*の転写調節領域にトランスポゾンが挿入されており，その影響で*wnt4b*が脊髄で発現しなくなっている．その結果，椎体融合が起こる．*fsc*変異体の解析から，脊髄から分泌されたWnt4bが硬節細胞にはたらきかけて，外周リガメントの形成を促進することが明らかとなり，脊椎骨の発生に脊髄との相互作用が必須であることが示された．

fused somites（*fss*）

　体節が境界を形成しないゼブラフィッシュ変異体で，転写因子の一種*tbx24*が原因遺伝子である（Nikaidoら，2002）．*fss*変異体では*tbx24*機能喪失しているため，体節の境界が形成されない．体節が分節性を示さないだけでなく，硬節の分節性も失われている．にも関わらず，椎体の分節と数は正常である（神経弓門と血管弓門の形態は不規則になるが）．この現象と，培養した脊索が分節的にくびれを形成するという知見から，椎体の分節性は体節に依存するのではなく，脊索自身に分節を形成する性質があることが示唆された（Flemingら，2004）．

stocksteif

　椎体融合が発生するゼブラフィッシュ変異体であり，表現型（外見）はメダカの*fsc*変異体と類似した短躯症となるが，こちらの変異体の原因遺伝子は*cyp26b1*である（Spoorendonkら，2008）．Cyp26b1は本文で紹介したCyp26a1と高い相同性を示す酵素で，やはりレチノイン酸を特異的に酸化し，不活化する．レチノイン酸は骨芽細胞の増骨活性を促進する作用をもち，一方，骨芽細胞自体は，*cyp26b1*を発現して細胞内のレチノイン酸の濃度を適切に調節している．そのため，*cyp26b1*が機能しない*stocksteif*変異体では，レチノイン酸が骨芽細胞の増骨活性を過剰に刺激し，外周リガメント組織を被うように骨化が起こり，椎体どうしが融合する．実験的なレチノイン酸処理（浸漬）によって起こる椎体融合と表現型が類似しており，この場合も過剰なレチノイン酸によって骨芽細胞の機能更新が起こり，椎体が融合するものと考えられる．

neckless

　鰓骨格の低形成と胸鰭の欠損を特徴とするゼブラフィッシュ変異体であり，原因遺伝

子は *raldh2* である（Begemann ら, 2001）. *neckless* 変異体の胚では, Raldh2 が酵素活性を失っているために, 体節からレチノイン酸が供給されない. そのため, 後脳の低形成と *hox* 遺伝子の発現低下が起こり, それが原因で咽頭骨格のうち後方の鰓骨格が欠損する. さらに胸鰭原基も形成されない. この変異体の解析により, 体節から分泌されるレチノイン酸が鰓骨格と胸鰭の発生に必須であることが証明された. 〔鈴木　徹〕

第12章　循環系の発生

　血管系（vascular system）は，全身に血液（blood）を循環させ，からだを構成する各細胞に必要な物質を供給するとともに，各細胞から老廃物を除去することで，個体の内部環境を維持する役割を担う．また，生体防御に関わる種々の血球（blood cell；血球細胞，血液細胞ともいう）や抗体を運搬する役割も担っており，個体の免疫機能にも深く関与する．

　血液は，液体の基質（血漿）の中に細胞要素（血球）が浮かんでいる組織とみなすことができ，結合組織（第2章参照）に分類される．心臓から動脈を通ってからだの各部へ拍出された血液は，毛細血管の壁を通して細胞と物質交換を行った後，静脈を経由して心臓へと戻る．脊椎動物には，血管からしみ出た血漿を静脈に戻すための補助器官として，リンパ管系（lymphatic system）が発達している（したがって，リンパ管は静脈とは接続するが，動脈とは接続しない）．これらの血管系とリンパ管系を合わせて，循環系（circulatory system）とよぶ．なお，血管からしみ出た血漿は組織液（または細胞間液）とよばれ，その後，リンパ管に入った組織液はリンパ液とよばれる．

　近年，ゼブラフィッシュ（*Danio rerio*）やメダカ（*Oryzias latipes*）が，脊椎動物の胚発生の分子機構を理解するための実験モデルとしてよく用いられるようになった（第1章参照）．独立した血管系とリンパ管系をもつ小型魚類は（脊椎動物の進化の過程で血管系とリンパ管系が完全に独立した存在となったのは，硬骨魚類の段階である），循環系の発生機構を調べるための新しいモデル動物としても注目されるようになった．その胚は透明で，血管やリンパ管の形成過程を直接観察することができるだけでなく，胚中の血液循環を全く失ったとしても，拡散によって酸素を得ることができ，数日間は生き延びて正常に発生し続ける．これらの特性は，遺伝学的あるいは実験的な操作によって血液循環に異常が生じた個体において，血流の果たす機能や血流に依存しない血管発生を解析することを可能とし，血管やリンパ管の発生と分化に関わる分子機構が次々と明らかにされつつある．本章の血球の発生（造血；hematopoiesis，またはhematogenesis）では，分子機構については省略するが，ゼブラフィッシュでの知見を中心として説明する．

　血管系の発生研究は形態学的な手法により進められてきた．脊椎動物の血管系は発生初期に共通した形態を示す原始血管系として出現するが，発生とともに動物種によって特異的に分化し，成体では様々なバリエーションを示す．その中で，有尾両生類（サンショウウオ）は脊椎動物に共通する血管系の発生過程をよく保っていることから，血管発生の基本例としてしばしば引用されてきた．一方，真骨魚類の血管系は発生の初期から特異的な発生様式を示す例外として扱われてきた．本章では，「基本形」と考えられている両生類の血管系の発生過程を示し，真骨魚類の代表例としてのニジマスの血管発生様式と比較できるようにした．真骨魚類の中で血管系の発生様式が調べられている種はごくわずかであるが，血管発生の分子機構を理解するための実験モデルとしての必要性から，最近になってゼブラフィッシュとメダカでその詳細が示された．一方，リンパ管の発生研究は今日においても未成

熟の分野である．真骨魚類におけるリンパ管の存在が分子遺伝学的手法で再認識されたのは2000年代に入ってからであり，ゼブラフィッシュやメダカがリンパ管研究のための新しいモデル動物として注目されるようになった．

§1. 血球の種類

脊椎動物の血球は，赤血球（erythrocyte），栓球（thrombocyte；哺乳類では血小板ともよばれる），顆粒球（granulocyte），単球［monocyte；血管外に出たものはマクロファージ（macrophage）とよばれる］，リンパ球（lymphocyte）に大別される．これらの形態および機能は，脊椎動物を通して比較的よく保存されている（図12-1）．例えば，いずれの動物種においても，血赤球は酸素の運搬を，栓球は血液凝固を，マクロファージは感染防御を主な機能とする．しかし，魚類，両生類，爬虫類，鳥類の赤血球や栓球が有核であるのに対して，哺乳類の赤血球や栓球は無核であるなど，動物種による違いもみられる．哺乳類の赤血球や栓球が無核となるのは，赤血球や栓球の最終分化過程で，赤血球の核が除去される「脱核」や，巨核球の細胞質がちぎれて血小板ができる「無核化」が起こるためである．

顆粒球は，顆粒の染色性により，哺乳類や鳥類では好中球（neutrophil；ウサギなどの一部の哺乳類や鳥類では，顆粒の染色性や形態がやや特殊なため，好異球ともよばれる），好酸球（acidophil），好塩基球（basophil）の3種類に分けられる．一方，魚類では顆粒球の種類は魚種により異なる．コイ（*Cyprinus carpio*）やフグ類では，好中球の他，好塩基球も認められるが，ニジマス（*Oncorhynchus mykiss*），アユ（*Plecoglossus altivelis*），ニホンウナギ（*Anguilla japonica*），ドジョウ（*Misgurnus anguillicaudatus*），メダカでは，ほとんど好中球しか観察されない（中村・菊地，2001）．魚類の好中球は，炎症部位に早期に現れ，貪食・殺菌を行うことが確認されており，哺乳類の好中球と同様に，初期の生体防御に重要な役割を担っているようである（椎橋・飯田，2003）．

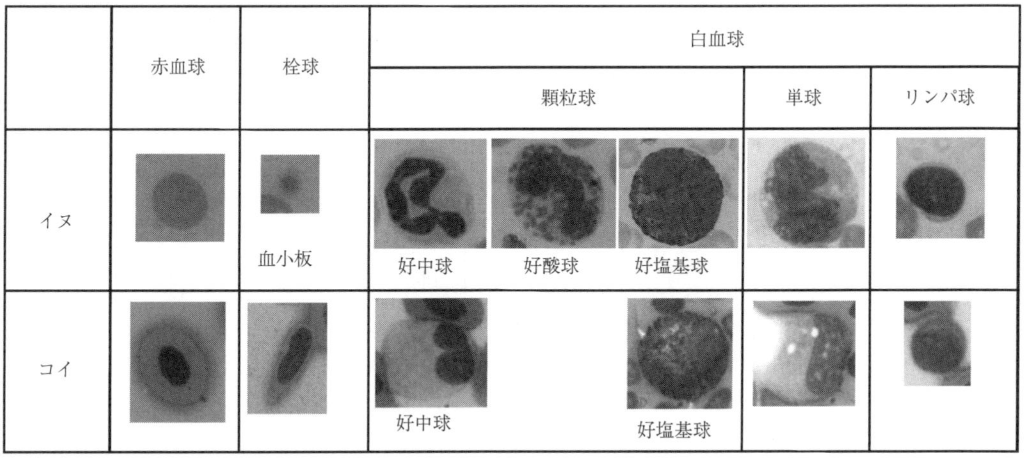

	赤血球	栓球	白血球				
			顆粒球			単球	リンパ球
イヌ		血小板	好中球	好酸球	好塩基球		
コイ			好中球		好塩基球		

図12-1 哺乳類（イヌ）と魚類（コイ）の血球の比較
哺乳類の赤血球と栓球が無核なのに対し，魚類の赤血球と栓球は有核であること，魚類には好酸球がない（魚種によっては好塩基球もない）ことに注意．

リンパ球は，哺乳類ではT細胞（T cell），B細胞（B cell），NK細胞（natural killer cell）に区別され，そのうちT細胞は，αβT細胞とγδT細胞に分けられる．さらにαβT細胞は，免疫反応を制御するヘルパーT細胞と異常細胞を攻撃するキラーT細胞に機能的に分けられる．魚類においても，これらのリンパ球の亜集団が存在することが知られており（Nakanishiら，2011），基本的な獲得免疫機構も脊椎動物の間で保存されているようである．

§2. 血球の発生（造血）

脊椎動物の造血には2つの段階が知られている．胚発生期に起こる一過性の一次造血（primitive hematopoiesis）と，それに引き続いて起こり，一生涯続く造血幹細胞（hematopoietic stem cell；種々の血球を生み出す幹細胞）からの二次造血（definitive hematopoiesis）である．一次造血は，作られる血球の種類が赤血球やマクロファージなどに限られること，造血を促す細胞間シグナル因子（造血因子；hematopoietic factor）による刺激が不要であることを特徴とする．一方，二次造血は，全ての血球系列細胞を作り出すこと，造血因子を必要とすることを特徴とする．これらの特徴は，脊椎動物間で共通している．

2-1 一次造血（胚発生期）

哺乳類や鳥類，爬虫類では，胚体外の卵黄嚢で一次造血が起こる．中胚葉由来の造血・血管芽細胞（hemangioblast；血球や血管内皮細胞のもととなる細胞で，単に血管芽細胞ともいう．血球と血管内皮は共通の祖先細胞から発生するのである）が，卵黄嚢上に血島（blood island）とよばれる多数の小さな細胞塊を形成し，ここから赤血球やマクロファージなどが作り出される．一方，魚類でも卵黄細胞の表面に血島が存在し，そこで一次造血が起こることが最近になって報告されたが，魚類や両生類における主な一次造血の場は，側板中胚葉（lateral plate mesoderm）とよばれる腹側の中胚葉組織である．魚類では，体節期になると，側板中胚葉で造血・血管芽細胞から血球前駆細胞（血球のもととなる細胞）が分化し，主として赤血球とマクロファージが作られる（好中球や栓球も作られるが，リンパ球は作られないことが示されている）．この一次造血は，胚発生期の造血を担うが，孵化後は二次造血に置き換わる．魚類の一次造血は，起こる部位が哺乳類の一次造血とは異なるが，細胞のふるまいやはたらく遺伝子の種類などは類似することが，最近の研究によって明らかとなってきた．ここでは，詳細に調べられているゼブラフィッシュの一次造血について概説する（Finley and Zon, 2004；小林・竹内，2006）．

ゼブラフィッシュの一次造血は，受精後12時間（6体節期）に，側板中胚葉に造血・血管芽細胞が出現することから始まる．造血・血管芽細胞は側板中胚葉の前方領域と後方領域に分かれて出現する（心臓が発生する中央領域には出現しないため，中央領域からは血球や血管は生じない）．造血・血管芽細胞の形成が不全となるゼブラフィッシュ変異体 *cloche* では，中胚葉由来の他の細胞の発生は問題なく進むが，血球と血管は全く形成されない．造血・血管芽細胞は，哺乳類の造血に必須な転写因子として知られるScl（Tal1 ともいう），Lmo2，Gata2を発現するが，ゼブラフィッシュの造血にもそれらの転写因子が必要であることが，遺伝子のノックダウン解析から示されている．

受精後14時間になると，造血・血管芽細胞は次第に，血球前駆細胞と血管内皮前駆細胞（血管内皮のもととなる細胞）に分化していく（図12-2）。前方側板中胚葉に存在する血球前駆細胞では，転写因子Pu.1が発現するようになり，骨髄球（顆粒球やマクロファージなどの前駆細胞）の造血が始まる。後方側板中胚葉に存在する血球前駆細胞では，別の転写因子Gata1が発現するようになり，赤血球の造血が始まる。前方側板中胚葉の血球前駆細胞はばらばらになり，吻側血島とよばれる構造を形成する。後方側板中胚葉の血球前駆細胞は，正中線に向かって移動した後，互いに融合し，中間細胞塊（intermediate cell mass）とよばれる構造を形成する。吻側血島と中間細胞塊が，それぞれマクロファージと赤血球の一次造血の中心となる。この後（およそ受精後26時間で），心臓の拍動開始に伴っ

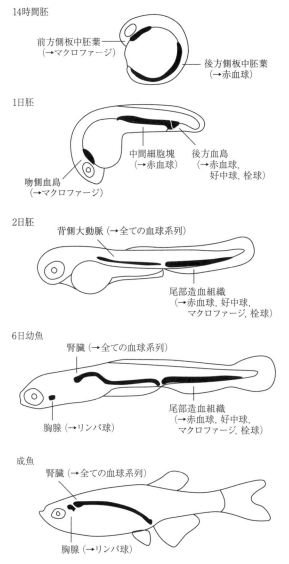

図12-2　発生，成長に伴うゼブラフィッシュ造血組織の変遷
1日胚までは一次造血を，2日胚以降は二次造血を示す。カッコ内には，分化できる血球系列を示した。

て血球循環が始まるが，循環開始時の赤血球は大型の未分化細胞が多く，循環しながら徐々に成熟赤血球へと分化を遂げる．栓球と好中球の造血は，後方側板中胚葉に形成される後方血島という構造で起こると考えられている．

　Pu.1は，骨髄球の分化を制御する遺伝子カスケードの最上位に位置するマスター転写因子であり，顆粒球やマクロファージの発生に必須である．Gata1は，赤血球の分化を制御するマスター転写因子であり，Gata1を欠損すると赤血球分化が起こらなくなる．興味深い現象として，*pu.1*をノックダウンすると前方側板中胚葉から赤血球が出現し，逆に，*gata1*をノックダウンすると後方側板中胚葉からマクロファージが出現する．この細胞運命のリプログラミングは，転写因子の量的バランスが血球の運命を決めるという仮説の実証例としてよく知られている．

2-2　二次造血（成体）

　脊椎動物の成体における成熟血球の寿命は，血球の種類ごとに異なるが，長いものでも数百日，短いものでは数日しかない．しかし，血液中の血球数は生涯を通じて一定に保たれており，減少することはない．これは，全ての系列（種類）の血球を作り出す多分化能を維持しながら自己複製を行い続ける造血幹細胞が存在するためである．この造血幹細胞から血球が作り出される過程を二次造血とよぶ．

　哺乳類では，造血幹細胞は骨髄（bone marrow）に存在し，骨髄が二次造血の場となっている．一方，魚類に骨髄は存在せず，二次造血の場は腎臓（kidney）と脾臓（spleen）である．このように二次造血の場は動物種によって異なるが，腎臓は多くの種で主要な造血部位となっている．魚類の腎臓中には，尿をつくる組織の間に分化途中の各種の幼若血球が観察され，全ての種類の血球を長期間に渡って作り続けることができる造血幹細胞の存在も示されている（Kobayashiら，2006）．造血の場であるという点では，魚類の腎臓は，哺乳類の骨髄と機能的に相同な器官と言える．

　二次造血における各種血球の分化過程については，魚類ではあまり調べられていないため，参考として哺乳類での知見を図12-3に示した．図中には，赤血球の最終分化過程で脱核が起こること，巨核球の細胞質がちぎれて血小板ができることが示されているが，前述の通り，魚類を含めた哺乳類以外の脊椎動物ではこれらのイベントは起きないことに注意してもらいたい．また，上で哺乳類の二次造血の場は骨髄であると述べたが，T細胞については他種の血球とは異なり，骨髄で作られた前駆細胞が胸腺（thymus）へと移動し，そこで分化，成熟が進む．胸腺に入ったT細胞の前駆細胞は，細胞表面にCD4とCD8の両方を発現するダブルポジティブT細胞の段階を経て，CD4のみを発現するヘルパーT細胞や，CD8のみを発現するキラーT細胞に分化する（CDとはclass of differentiationの略で，それぞれの血球種に特有な，細胞表面に存在するタンパク質である）．魚類でも，胸腺がT細胞の成熟の場となっているようである（図12-2）．CD4とCD8の両方を発現するT細胞が胸腺中に存在することや，どちらか片方のみを発現するT細胞が血液中に存在することが魚類でも示されており（Todaら，2011），魚類のT細胞も哺乳類のT細胞と類似の分化過程をたどると推測される．

　血球の分化，増殖は，造血因子とよばれる各種の細胞間シグナル因子の刺激によって引き起こされる．赤血球ではエリスロポエチン，骨髄球では各種のコロニー刺激因子，栓球ではトロンボポエチン，リンパ球では各種のインターロイキンが，分化増殖を促す主要な造血因子としてはたらく（須田，

1992).魚類における造血因子にはまだ不明な点も多いが,これらの分子は魚類でもそれぞれの血球に対する造血因子としてはたらくと考えられている(渡辺,1997).ヒトやマウスの骨髄細胞を軟寒天培地で培養すると,加えた造血因子の種類に応じて,各種の血液系列のコロニーが形成されるようになるが,魚類の腎髄細胞の培養でも同様のコロニーが形成される.なお,造血因子は造血幹細胞を特定の血球系列に運命決定させるのではなく,すでに運命決定された特定系列の前駆細胞の分化増殖を促進すると考えられている.

　その他,二次造血に関してゼブラフィッシュで明らかになっていることを,ごく簡単に紹介する(Finley and Zon, 2004).受精後30時間頃になると,背側大動脈で造血幹細胞が発生し,血流に乗って体内を循環するようになる.尾部造血組織に達した造血幹細胞は,そこにいったん定着し,造血を開始する(図12-2).ただし,尾部造血組織での造血は数日間の一過的なものであり,受精後4日目以後は,頭腎に定着した造血幹細胞からの造血が中心となる.魚類の腎臓は,頭側に位置する頭腎と尾側に位置する体腎に分かれているが,いずれもが造血の場である.哺乳類の造血幹細胞も,魚類の背側大動脈に相当する大動脈-生殖原基-中腎(aorta-gonad-mesonephros;AGM)領域で発生することが知られており,そこには脊椎動物共通のしくみが予想される.背側大動脈で発生するゼブラ

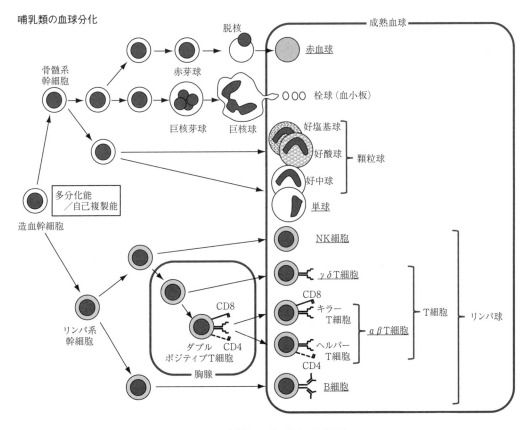

図12-3　哺乳類における血球の分化様式
赤血球での脱核や血小板での無核化は哺乳類以外では起こらないことに注意.

フィッシュの造血幹細胞は，Runx1 と c-Myb という転写因子を発現する．いずれの転写因子も，一次造血には必要ないが，二次造血に必須であることが哺乳類で知られている．その他，造血幹細胞の発生には，Notch シグナルや血管内皮細胞が産生する一酸化窒素（NO）なども必要であることが明らかになりつつある．

§3. 血管系の発生

ナメクジウオ・円口類・軟骨魚類・硬骨魚類・両生類・爬虫類・鳥類・哺乳類の血管系の初期形態形成過程の比較研究から，有尾両生類（サンショウウオ）の胚が脊椎動物に共通した血管系の発生様式を比較的よく保っていることが示されている．一方，真骨魚類の血管発生は脊椎動物の中で唯一例外的な形態形成様式を示すことが古くから指摘されてきた．ここでは軟骨魚類や，真骨魚類以外の硬骨魚類も含めた魚類の血管系の発生過程を，両生類のそれと比較しながら概説することとする．

3-1 脊椎動物に共通した血管系の発生

有尾両生類（サンショウウオ）の胚では，中胚葉に由来する血管内皮前駆細胞が，脊索の腹側（後に背側大動脈となる領域）にヒモ状に集合するとともに，卵黄嚢上に血島とよばれる多数の小細胞塊を形成する．これらの胚体内と胚体外の細胞集団から生じた幼若な血管内皮細胞が互いに連絡を取りながら，胚体内外にまたがる一次血管系を形成していく．

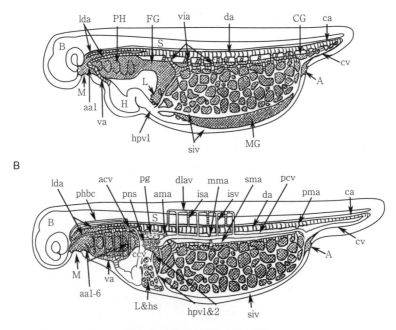

図12-4　有尾両生類胚の初期血管系
A：中腸に蓄えられた卵黄を吸収するための腸血管系．B：より発生の進んだ胚における体液の恒常性を保つための前腎門脈系，および骨格・筋とそれらを支配する神経系を養う体壁血管系．浦良治氏が作成した図を改変．

一次血管系の模式図を図12-4に示した．血流開始期の血管系は，中腸（MG）に蓄えられた卵黄を吸収して胚体に循環させるための原始的なものである（図12-4 A）．腹側大動脈（va），第1鰓弓動脈（aa1）から続く左右の背側大動脈根（lda）は，脊索下で融合し，1本の背側大動脈（da）となって尾側に向かう．そして尾動脈（ca）となって尾端に達する．尾腸（CG）腹側に生じる尾静脈（cv）は，2本に分かれて肛門（A）を左右から囲み，卵黄を蓄えた中腸（MG）側壁の血管網へと注ぐ．背側大動脈（da）から多数の卵黄動脈枝（via）が腹側へ分岐し，左右の中腸（MG）の血管網へ注ぐ．血管網は腹側縁で左右の腸下静脈（siv）を形成して頭側へ向かい，肝原基（L）を乗り越え，肝静脈（hpv1）から心房へと戻る一次肝門静脈系が完成する．

腸の血管系に続いて，老廃物を尿として排泄し，体液の恒常性を保つための腎臓（前腎）の血管系が出現する（図12-4 B）．背側大動脈（da）の頭端には糸球合体（pg）が出現し，ここから前腎のボーマン嚢，前腎管へと原尿が分泌される．一方，左右の総主静脈（ccv）から，前腎管の外側に沿って尾側に後主静脈（pcv）が伸長し，尾静脈（cv）と連絡する．こうして，前腎管内の原尿から有用な成分や水分の再吸収を行うための腎門静脈系（尾静脈（cv）から後主静脈（pcv），前腎静脈洞（pns），総主静脈（ccv）を経て，静脈洞へ戻る経路）が完成する．

孵化した幼生は，摂餌のために必要な骨格・筋とそれらを支配する神経系を養うため，体壁の血管系を発達させる．頭部には，原始内頸動脈（aa1とldaが合わさったもの），原始後脳血管（phbc），前主静脈（acv）を，体幹には節間の動静脈（isa，isv）を発達させる．

腸系の血管系では，背側大動脈（da）から多数分岐していた卵黄動脈枝（via）が，卵黄の吸収に伴って前・中・後腸間膜動脈（ama，mma，pma）となる．それらは互いに連絡して腸の上縁を頭尾方向に走る腸上動脈（sma）を形成し，腸側壁の血管網に注ぐようになる．一方，左右の腸下静脈（siv）は融合して1本の腸下静脈となり，中腸の腹側を頭側へ，さらに中腸の左側壁を背側に向かう．そして，前腸（FG）と中腸（MD）の境を背側に乗り越えて腹側へ向かい，肝臓内に発達した静脈網（Lとhs）を経て心房へと戻る．これにより，成体の二次肝門静脈系（hpv1）が完成する．咽頭（PH）には，呼吸のための血管として，鰓弓動脈（aa2-6）が発達する．

このようにして，幼生は，母親からもらった卵黄を吸収し尽くすまでに，成体でみられるような血管系の基本構造を確立させる．

3-2 真骨魚類以外の魚類の血管系の発生

軟骨魚類では，胚盤の内胚葉が大きな卵黄塊を包んで卵黄嚢を形成し，卵黄嚢上の血島で一次造血が起こる．血管系の発生様式についても，サンショウウオとほぼ同様である．胚体内の背側大動脈（da）から分岐する卵黄動脈枝（via）が，内胚葉上に発達した卵黄嚢血管網と連絡し，一次血管系を形成する（図12-5 A）．続いて前腎の糸球合体が出現すると，前腎管の外側に沿う後主静脈（pcv）が伸長し，尾静脈（cv）と連絡して前腎の門脈系が完成する（図12-5 B）．

真骨魚類以外の硬骨魚類，つまり，肉鰭類のハイギョの仲間や，条鰭類の中でも原始的とされるチョウザメ，ポリプテルス，アミアの仲間（図12-6）でも，血管系はサンショウウオと同様の発生様式を示す．

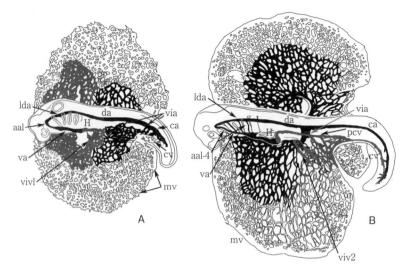

図12-5 軟骨魚類胚の初期血管系
A：数本の卵黄動脈から卵黄嚢血管網へ注いだ血液は，一次卵黄静脈を経て心臓に戻る．B：より発生の進んだ胚では，後主静脈が前腎門脈系として機能し始める．卵黄動脈は1本のみが発達する．これに沿った二次卵黄静脈が出現し，卵黄嚢からの血液を肝臓へと導く門脈系の形成が始まる．浦良治氏が作成した図を改変．

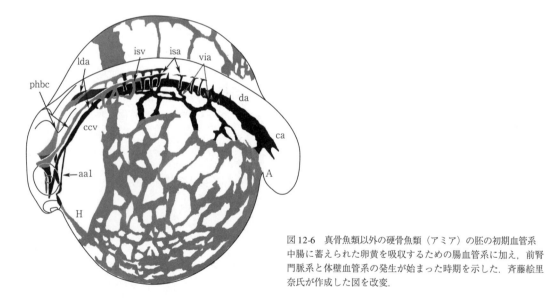

図12-6 真骨魚類以外の硬骨魚類（アミア）の胚の初期血管系
中腸に蓄えられた卵黄を吸収するための腸血管系に加え，前腎門脈系と体壁血管系の発生が始まった時期を示した．斉藤絵里奈氏が作成した図を改変．

3-3 真骨魚類の血管系の発生

血管系の初期発生で真骨魚類が示す例外的な特徴として，卵黄を吸収する血管が動脈ではなく静脈であり，さらに卵黄吸収に関わる静脈が魚種によって異なることが指摘されてきた．これには，「胚体内での卵黄の局在」が深く関係する（図12-7）．全割する卵（ハイギョ，チョウザメ，ポリプテルス，アミアの仲間や両生類の卵）では，卵黄はやがて，腸管を構成する細胞の内部に取り込まれる（図12-7 A）．一方，盤割する通常の卵（軟骨魚類，爬虫類，鳥類の卵）では，卵黄はやがて，腸管の上

皮細胞に包まれて存在するようになる（図12-7 B）．卵割様式の違いによって，このような違いが生じることになるが，卵黄が腸管の内側に局在するようになる点は共通である．それゆえ，いずれの卵においても，背側大動脈から分岐する腸の動脈枝が，卵黄を吸収するための主な血管となる．ところが，真骨魚類の卵（盤割卵に分類される）では，卵黄は腸管の外側に位置することになる（図12-7C）．初期胞胚期に，卵黄細胞が胚体を形成する胚盤から完全に分離するためである．真骨魚類の卵では，胚盤の辺縁部の細胞群が卵黄の表層部に取り込まれ，卵黄多核層（yolk syncytial layer；YSL）とよばれる真骨魚類特有な多核体の細胞質層を形成する（第4章参照）．その結果，卵黄は卵黄多核層に覆われて腸管の外に位置することになり，卵黄多核層の上を流れる静脈によって吸収される．

また，卵黄吸収に関わる静脈が，魚種によって異なることも知られている．長い間，真骨魚類には血島がなく，胚体内の中間細胞塊から生じた静脈が卵黄上に広がり，卵黄吸収静脈を形成すると考えられてきた．しかし，真骨魚類でも血島が卵黄多核層上に存在することが明らかとなり，その分布様式は魚種によって異なることも示された．魚種によって卵黄吸収に関わる静脈が異なるのは，魚種によって血島の分布様式が異なることに起因すると考えられている．

サケ科魚類，アユ，サヨリ（*Hyporhamphus sajori*），コイなどは，比較的多くの卵黄を含む大きな沈性卵を産む．沈性卵は孵化までの時間が長く，開口して腸管が形成され，摂餌可能な遊泳力をもつ仔魚となってから孵化することが多い．一方，スズキ（*Lateolabrax japonicus*），マダイ（*Pagrus major*），ヒラメ（*Paralichthys olivaceus*）など，多くの海産魚は小さな浮性卵を産み，それらの浮性卵は短時間で孵化する．孵化した段階の仔魚は開口しておらず，腸管も未完成，運動能力もなく海中を浮遊する．沈性卵と浮性卵では，卵黄吸収のために使われる静脈が異なる．沈性卵の仔魚が卵黄嚢上に静脈網を発達させるのに対し，浮性卵では浮遊生活のために発達させた卵黄嚢洞（卵黄を取り巻く皮下腔）を通して静脈系が吸収に関わる．沈性卵は浮性卵と比べて，大きくて扱いやすく，また

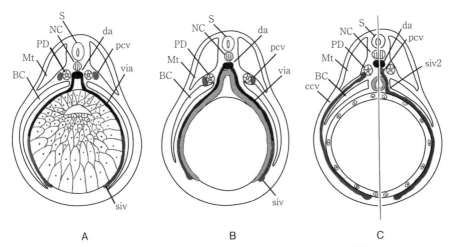

図12-7　体幹の横断面で，腸と卵黄と卵黄吸収血管の関係を示した模式図
A：原始的な硬骨魚類や両生類の胚では，卵黄は腸管の細胞内に含まれ，卵黄動脈（via）によって吸収される．B：軟骨魚類，爬虫類，鳥類（哺乳類も）の胚では，卵黄は内胚葉性の中腸上皮に包まれ，やはり卵黄動脈（via）によって吸収される．C：真骨魚類の胚では，卵黄は卵黄多核層に覆われて腸管の外に位置し，総主静脈（ccv；図の左側に示した）と二次腸下静脈（siv2；図の右側に示した）によって吸収される．

発生過程の特殊化も少ないと考えられている．これまでに，沈性卵を産むいくつかの魚種で血管系の発生様式が詳しく調べられてきた．以下に，真骨魚類の代表例としてニジマスの血管系の発生様式を例示する．

3-4　ニジマスの血管系の発生

　ニジマスの血管系の発生過程の概要を，図12-8に示した．心室（H）から出た腹側大動脈（va）は，咽頭（PH）の正中に沿って頭側に向かい，第1鰓弓動脈（aa1）へと続く．咽頭（PH）の背側にある左右1対の背側大動脈根（lda）は，頭側で内頸動脈（ica）となる．尾側では，脊索（NC）の下で融合して正中に沿った1本の背側大動脈（da）となり，中間細胞塊上を尾側に向かう．そして，肛門（A）より尾側で尾動脈（ca）となる．尾腸腹側に生じる尾静脈（cv）は，2本に分かれて肛門（A）を左右から囲み，卵黄嚢上の血管網へ注ぐ．卵黄成分を吸収した静脈血は，辺縁静脈［mv；腸下静脈（siv）

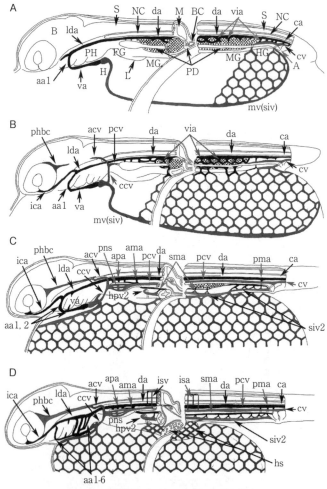

図12-8　真骨魚類（ニジマス）胚の初期血管系
胚の体幹中間での横断面で，各器官の原基と動脈，静脈との関係を示した．A，B，C，Dの順に発生が進む．A，B，C中のドット模様の領域は中間細胞塊を示す．

ともいう]を経て，心臓（H）へと戻る（図12-8 A）．

真骨魚類では，卵黄吸収に動脈の関与は認められていなかったが，背側大動脈（da）から中間細胞塊上を左右外側に発芽し，中腸（MG）の両外側を経て卵黄血管網に注ぐ複数の痕跡的な卵黄動脈（via）が報告されている（図12-8 A，B）．これらの動脈枝は中間細胞塊とともに退縮するが，成体でみられる前腎糸球体への輸入動脈（apa）や，前・後腸間膜動脈（ama，pma）はこれらに由来する．

この後，消化管の背側を頭尾方向に走る腸上動脈（sma）が発達する（図12-8 C,D）．消化管（MG，HG）から出た静脈血は，腹側の正中を縦に走る腸下静脈（siv2）を頭側に向かい，消化管の左外側から背側を超える．そして，総胆管に沿う肝門脈（hpv2）として肝臓に入り，類洞静脈網（hs）を経て，卵黄囊静脈網へ注ぐ．卵黄囊静脈網は卵黄の消費に伴って退縮し，成体では静脈洞に注ぐ部位のみが肝静脈として残る．

腎臓（前腎）の血管系では，尾静脈（cv）から出た後主静脈（pcv）が，前腎管（PD）の外側に沿って伸長し，前腎静脈洞（pns）へと続く．そして，頭部体壁と脳からの静脈血を運ぶ前主静脈（acv）を受け，総主静脈（ccv）へと連絡することで，前腎の門脈系が完成する（図12-8C，D）．体壁の血管系として，頭部では原始内頸動脈（aa1+ica）と原始後脳血管（phbc），前主静脈（acv），体幹では節間の動静脈（isa，isv）が発達する．また，咽頭（PH）では，成体の呼吸血管としての鰓弓動脈（aa3-6）が発達する．

以上のような過程を経て，ニジマスは成体にみられる血管系の基本構造を確立させる．ニジマスは，肝臓の静脈網（hs）を卵黄吸収静脈として利用するように発達させた魚種と考えられる．孵化までの時間が長い沈性卵では，卵黄囊静脈網は呼吸器官としての機能も果たすが，卵黄の吸収に伴って縮小し，成魚では肝臓からの静脈血を心臓へ送る肝静脈となる．

3-5 ゼブラフィッシュとメダカの血管系の発生

ゼブラフィッシュやメダカが，循環系の発生機構を調べるための実験モデルとして用いられるようになり，血管系の発生に関する知見も蓄積されてきた．それらの詳細については，章末に記したウェブサイトを参照してもらいたいが，ここでも，ごく簡単に紹介しておく．

ゼブラフィッシュの心臓は，受精後1日以前に搏動を開始する．その後，1.5日頃に各部を分ける彎入が起こり，2日目までに動脈球，心室，心房，静脈洞が区分されることで，成魚の心臓にみられる解剖学的な基本構造が確立する．受精後14時間頃（11体節期）には，血管内皮前駆細胞が胚体の前後軸方向に沿って左右に対をなしてヒモ状に集合した後，正中線上で融合して背側大動脈を形成し始める．一方，卵黄囊上に血島の存在は認められていない．受精後20時間の胚では，脊索の腹側に背側大動脈の内皮前駆細胞が扁平となり，内腔が生じている．その腹側では，後主静脈の内皮前駆細胞と，やや球形の造血細胞が索を形成しているが，そこに内腔は認められない．受精後24～26時間頃になると，背側大動脈で造血幹細胞が発生し，体内を循環し始める．ゼブラフィッシュの胚では前腎の門脈として出現する後主静脈が心臓への帰流路となり，総主静脈は，卵黄吸収のための血管として機能する．

メダカの心臓は，受精後2日弱で心搏動を開始し，3日頃に彎入，4日目に動脈球，心室，心房，静脈洞の区分が起こる．また，ゼブラフィッシュの卵黄吸収血管が左右の総主静脈（キュビエ氏管）だ

けであるのに対し，メダカでは左右の総主静脈の他に，尾状脈からの腸下静脈へと注ぐ静脈が卵黄吸収に関係し，ゼブラフィッシュとは異なった血管系の発生過程を示す．その詳細は章末に記したウェブサイトに譲る．

§4. リンパ管系の発生

血管からしみ出た血漿を血管系（静脈）へと戻すことを基本的な機能とする脊椎動物のリンパ管系は，体壁系と内臓系に大きく分けられる．ゼブラフィッシュ体壁の集合リンパ管（主要な脈管を「幹」ともよぶ）系を図12-9に示した．表皮のすぐ下を縦に走る浅い背側，腹側，外側リンパ集合管などの浅層系と各鰭に属する集合管系，深い位置にある脊髄リンパ幹，椎骨下リンパ幹（哺乳類では胸管とよばれる）などの深層系からなる．頭部では顔面リンパ管系が浅層系，眼窩リンパ管系が深層系に属する．内臓系は，内臓器官の表面のリンパ管網の集合管である腸間膜リンパ幹からなる．

4-1 リンパ管系の進化

無脊椎動物にリンパ管は認められていない．リンパ管は円口類ではじめて出現するが，リンパ管が静脈と各所で連絡するため，リンパ管内にも血液が流れる．軟骨魚類になると，体壁系と内臓系のそれぞれで，静脈からのリンパ管の分離が始まる．リンパ管系がはじめて血管系から完全に独立した存在となるのは硬骨魚類である．リンパ管内皮を特異的に標識するマーカー遺伝子の発見によって研究が進み，2000年代にはゼブラフィッシュ（図12-9）やメダカで，真骨魚類のリンパ管が他の脊椎動物のものと分子遺伝学的にも相同であることが示された．

哺乳類のリンパ管には，ところどころにリンパ節（lymph node）とよばれる膨らみが存在する．リンパ節は異物や細菌の除去，抗体の産生などの場であるため，免疫担当器官としての意味合いを強くもつ．しかし，哺乳類以外でリンパ節の存在はほとんど認められない．

4-2 リンパ管内皮の起源

発生過程でのリンパ管内皮の起源については，大静脈から発芽し，リンパ管網が周囲に広がっていくとする静脈内皮由来の遠心説と，由来不明の間充織細胞が嚢胞を形成して合流し，静脈へは二次的に接続するとする求心説，さらにこれらの折衷説がある．発生遺伝学や分子生物学を駆使したマウス

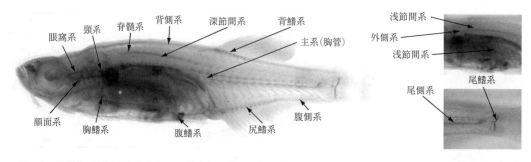

図12-9　腹腔内へ注入された色素をリンパ管内皮が取り込む性質を利用したゼブラフィッシュ成魚リンパ管系の解剖アトラス

胚，ゼブラフィッシュ胚での研究結果から遠心説が広く支持されたが，最新の研究結果から間充織細胞由来のリンパ内皮の存在が再び注目を集めている．

4-3 メダカとゼブラフィッシュのリンパ管系の発生

ごく簡単にゼブラフィッシュとメダカのリンパ管系の発生過程について触れておきたい．メダカ（図12-10）では，受精後4日目に，体幹皮下を縦に走る外側リンパ集合管が出現することが示された．また，仔魚の頭部では，顔面と頸リンパ集合管が形成され，体幹では，体表近くの浅い外側リンパ集合管に続き，深部で椎骨下の胸管，脊髄硬膜の上縁を走る脊髄リンパ幹が形成されることが確認された．ゼブラフィッシュで，胸管は受精後3週目までに背側大動脈に沿って並んだリンパ嚢胞が互いに連絡して頭側へ伸び，静脈角へ開口して機能を開始することが示された．また，皮下の外側リンパ集合管は，リンパ嚢胞が互いに連絡して静脈角へ開口し，4週までに機能を開始すること，5週目までには集合リンパ管系の基本構造が完成し，機能し始めることが示された．現在，これらの小型魚類を使った

図12-10 リンパ管内皮が蛍光を発するトランスジェニックメダカによるリンパ管系発生解剖アトラス
A：受精後4日目胚の頭部背面観．静脈から尾方に向かって外側リンパ管系が発芽する．B：受精後9日目の仔魚の左側面観．頭部では顔面リンパ管系が出現し，体幹部では脊髄・外側リンパ管系尾方に向かって伸びる．C：受精後27日目の稚魚の左側面観．D：成魚の左側面観．ゼブラフィッシュ（図12-9）で示した全てのリンパ管系が出現する．Deguchiら（2012）の図を改変（階調反転像）．

研究によって，静脈内皮細胞からリンパ内皮細胞への分化を制御する分子機構，リンパ管系の形態形成を制御する分子機構が明らかになりつつある．

（磯貝純夫，小林麻己人，森友忠昭，斉藤絵里奈，藤田深里，出口友則）

文 献

Deguchi, T., Fujimori, K. E., Kawasaki, T., Maruyama, K., Yuba, S. (2012): In vivo visualization of the lymphatic vessels in pFLT4-EGFP transgenic medaka. *Genesis*, 50, 625-634.

Finley, K. R., Zon, L. I. (2004)：ゼブラフィッシュと幹細胞研究．実験医学，22, 336-343.

Kobayashi, I., Sekiya, M., Moritomo, T., Ototake, M., Nakanishi, T. (2006): Demonstration of hematopoietic stem cells in ginbuna carp (*Carassius auratus langsdorfii*) kidney. *Dev. Comp. Immunol.*, 30, 1034-1046.

小林麻己人，竹内未紀（2006）：赤血球分化を制御する遺伝子ネットワーク．細胞工学，25, 13-16.

Nakanishi, T., Toda, H., Shibasaki, Y., Somamoto, T. (2011): Cytotoxic T cells in teleost fish. *Dev. Comp. Immunol.*, 35, 1317-1323.

中村弘明，菊池慎一（2001）：動物界における免疫系の進化（11）魚類の生体防御系．医学のあゆみ，199, 797-801.

須田年生（1992）：実験医学バイオサイエンス7 血液幹細胞の運命．羊土社．

Toda, H., Saito, Y., Koike, T., Takizawa, F., Araki, K., Yabu, T., Somamoto, T., Suetake, H., Suzuki, Y., Ototake, M., Moritomo, T., Nakanishi, T. (2011): Conservation of characteristics and functions of CD4 positive lymphocytes in a teleost fish. *Dev. Comp. Immunol.*, 35, 650-660.

椎橋 孝，飯田貴次（2003）：顆粒球―魚類好中球の活性酸素産生機構を中心として―．魚類免疫系（渡辺 翼編），恒星社厚生閣．

渡辺 翼（1997）：魚類の食細胞系の特徴と防御機能．動物の血液細胞と生体防御（和合治久編），菜根出版，pp.157-178.

心臓の鼓動開始期以後のゼブラフィッシュ血管系の発生（英文ウェブサイト）：http://zfish.nichd.nih.gov//Intro%20Page/intro1.html

心臓の鼓動開始期以後のメダカ血管系の発生（英文ウェブサイト）：http://www.shigen.nig.ac.jp/medaka/medaka_atlas/

略 号

器官原基の略号

A; 肛門，B; 脳，BC; 体腔，CG; 尾腸，FG; 前腸，H; 心臓，HG; 後腸，L; 肝臓，M; 口，MG; 中腸，Mt; 筋節，NC; 脊索，PD; 前腎管，PH; 咽頭（鰓），S; 脊髄

動脈の略号

aa1-6; 第 1-6 鰓弓動脈，ama; 前腸間膜動脈，apa; 前腎糸球合体の輸入動脈，ca; 尾動脈，da; 背側大動脈，ica; 内頸動脈，isa; 節間動脈，lda; 背側大動脈根，mma; 中腸間膜動脈，pg; 前腎糸球合体，pma; 後腸間膜動脈，sma; 腸上動脈，va; 腹側大動脈，via; 卵黄動脈

静脈の略号

acv; 前主静脈，ccv; 総主静脈，cv; 尾静脈，dlav; 背側縦吻合血管，hpv1&2; 一次・二次肝門脈，hs; 肝類洞血管網，isv; 節間静脈，phbc; 原始後脳血管，pcv; 後主静脈，pns; 前腎静脈洞，siv; 腸下静脈（mv; 周縁静脈と同義），siv2; 二次腸下静脈，ss; 脾静脈洞，viv1&2; 一次・二次卵黄静脈

第13章 骨格筋の発生

　筋肉は，その組織学的特徴に着目した場合，主に骨格筋，心筋，平滑筋の3種類に分類することができる（図13-1）．一方で発生部位に着目すると，頭部の筋肉，頸部の筋肉，体幹部の筋肉，四肢の筋肉，心臓の筋肉，内臓の筋肉などに分類できる（図13-2）．本章では，組織学的観点からみた3種類の筋肉（筋組織）について説明した後，魚類の体幹部と四肢の筋発生について解説する．紙面の都合上，それ以外の部位の筋肉については説明を割愛する．

　なお，魚類の初期胚における筋発生の最新知見は，発生生物学のモデル生物の1つであるゼブラフィッシュ（*Danio rerio*）を用いた研究により得られており，ここでは主にその知見を哺乳類や鳥類の知見と比較しながら紹介する．ただし，魚類は形態的に多様化した多くの種を含んでいる生物群なので，ゼブラフィッシュで得られた知見が魚類の中でどれほど一般的であるかについては常に留意が必要である．

§1. 3種類の筋組織

組織学的観点からみた場合，動物成体の筋肉は主に骨格筋（skeletal muscle；横紋筋 striated

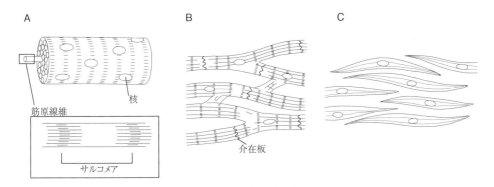

図13-1　3種類の筋組織
A：骨格筋．骨格筋は線維状の多核の細胞，すなわち筋線維から構成されている．筋線維は筋原線維から構成されている．筋原線維には収縮の最小単位であるサルコメアが連なっている．このサルコメアの規則正しい配置が，筋線維上の横紋をもたらす．筋線維は分裂を終了した段階の細胞であり，ここからは新しい筋線維は生まれない．脊椎動物の場合，骨格筋細胞は胚の体節と頭蓋中胚葉に由来する．B：心筋．心筋細胞には骨格筋と同様に横紋が観察されるが，心筋細胞は骨格筋のように多核ではなく，単核である．心筋細胞は介在板によってつなぎ合わされており，介在板を介することで電気的シグナルや張力が心筋細胞間で伝わる．心筋細胞は基本的には骨格筋と同様に分裂を終えているが，細胞の肥大によりある程度は成長可能である．脊椎動物の場合，心筋細胞は胚の側板中胚葉および頭蓋中胚葉に由来する．C：平滑筋．平滑筋細胞は紡錘型をした単核の筋細胞である．この細胞には横紋が認められない．他の筋細胞とは異なり，分裂能を保持している．脊椎動物の場合，平滑筋細胞の多くは胚の側板中胚葉に由来すると考えられている．ただし，体節や神経堤細胞起源の細胞も認められる．基本参考文献は Slack（2007）．部分的に Tzahor（2009）と Sambasivan ら（2011）も参照した．

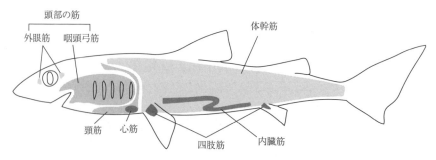

図 13-2　脊椎動物における代表的な筋肉
軟骨魚，真骨魚，四肢動物が共通してもつ筋肉の例を示した．本来 6 つある外眼筋を 2 つだけ示すなど，本図では著しい単純化をほどこしてある．

muscle ともよばれる），心筋（cardiac muscle），平滑筋（smooth muscle）の 3 種類に分けられる（Slack, 2007）（図 13-1）．

　骨格筋は体幹部や四肢などに認められる筋組織である．これを構成する主要な細胞は筋線維（muscle fiber）とよばれる（図 13-1 A）．筋線維は線維状の多核細胞であり，筋原線維（myofibril）より構成されている．筋原線維の中には，収縮の最小単位であるサルコメア（sarcomere；日本語訳は筋節であるが，この言葉は myotome の訳としても用いられる．本章では，筋節を myotome の意味に限定して用いる）が存在し，サルコメアはミオシン（myosin）やアクチン（actin）といった筋構造タンパク質をその主要成分としている．このサルコメアが規則正しく配置されているので，筋線維の表面には横紋が認められるのである．筋線維は分裂を終了している細胞であり，ここからは新しい筋線維は生まれない．

　心筋は，心臓にのみ認められる筋組織である（図 13-1 B）．骨格筋と同様にサルコメアが規則的に配置されており，筋細胞上には横紋が観察されるが，骨格筋のように多核ではなく単核である．これらの細胞は介在板（intercalated disk）とよばれる構造によって繋ぎ合わされており，この構造を介することで電気的シグナルや張力が伝わる．心筋細胞は，基本的には骨格筋と同様に分裂を終えている．

　平滑筋は紡錘型をした単核の平滑筋細胞により構成されており，腸や血管などに存在する（図 13-1 C）．平滑筋細胞の場合，ミオシンやアクチンを主成分とする収縮装置は存在しているが，横紋は認められない．他の筋細胞とは異なり，分裂能を保持している．

§2.　培養細胞から明らかとなった骨格筋の形成過程

　個体発生における筋形成（myogenesis）を理解するための基礎として，マウス培養細胞の研究から明らかとなった骨格筋形成過程を簡単に説明しておく（図 13-3）（鍋島，1995；Wolpert ら，2012；Gilbert，2006）．

　中胚葉由来の細胞の一部は，筋形成制御因子（myogenic regulatory factors）である MYF5 や MYOD1 の発現とともに筋細胞へと運命付けられ，単核の筋芽細胞（myoblast）となる（図 13-3 A から図 13-3 B への変化）．筋芽細胞は細胞分裂による増殖を経て，分裂を行わない段階に達し，隣接した細胞どうしが融合して多核の筋管細胞（myotube）を形成する（図 13-3 C）．この時期には，別

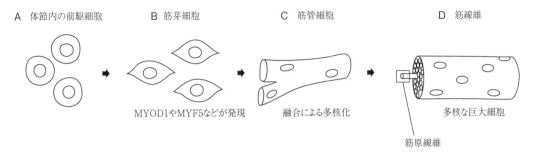

図 13-3　マウス培養細胞の研究から明らかとなった骨格筋形成過程
A：体節内の筋前駆細胞．B：筋芽細胞．筋芽細胞は MYOD1 や MYF5 を発現しており，筋細胞へ分化することを運命づけられている．この細胞は増殖した後，隣接した細胞どうしが融合して筋管細胞を形成する．C：筋管細胞．筋芽細胞の融合により形成される多核の細胞．この時期には myogenin や MYF6（別名 MYF4）が発現する．D：筋線維．筋管細胞の中で筋原線維が整然と配置されることにより形成される．筋線維という術語は，筋原線維をもつ多核で巨大なシリンダー状の細胞に対して用いられるが，単核であったり筋原線維が明瞭ではなかったりしても筋線維とよぶことがある（例：ゼブラフィッシュ胚における表層遅筋細胞）．図は鍋島（1995）や Gilbert（2006）を参考にして描いた．

の筋形成制御因子である myogenin や MYF6（別名 MYF4）が発現することが知られている．筋管細胞は集合して，筋原線維が整然と配置された筋線維となる（図 13-3 D）．なお，筋形成制御因子は，MYF5，MYOD1，myogenin，MYF6，筋構造タンパク質群という順の単純な線形のカスケードにより筋分化を促すわけではなく，筋形成制御因子どうしで複雑なネットワークを構成している．

§3. 成魚の体幹筋

本節から魚類の筋発生に関する説明を始める．成魚の体幹筋（trunk muscle）をはじめに概観し，次に，その形態的特徴がいかに発生してくるかという視点で話を進める．

成魚の体幹筋を側面から観察すると，筋間中隔（myoseptum）によって仕切られた W 状の筋節（myotome）が連なっていることがわかる（図 13-4 A と図 13-4 B）（岩井，2005）．これら筋節の分節構造は，個体発生初期における体節（embryonic somite）の分節構造（第 8 章参照）を反映している．胴体の横断面を観察すると，魚類体幹の大部分は筋節によって占められていることがわかる（図 13-4 C）．さらに左右の筋節は，水平筋間中隔（horizontal myoseptum）を境界として，背側の軸上部と腹側の軸下部にそれぞれ分割されていることがみてとれる．軸上部にある体幹筋を軸上筋（epaxial musculature），軸下部にある体幹筋とその派生筋を軸下筋（hypaxial musculature）とよぶことがある．

§4. 2 種類の筋線維

次に，筋組織の色合いに着目して魚類胴体の横断面をみてみよう（図 13-4 C）．筋節の外側部に，赤みを帯びたくさび形の部位（図では灰色の部分）が存在することに気がつくだろう．食用魚でしばしば「血合い」とよばれるこの部位は，遅筋線維（slow muscle fiber）が集まった領域である．一方，筋節の大部分を占める赤みが比較的薄い部位（図では白色の部分）は，速筋線維（fast muscle fiber）が集まった領域である（岩井，2005；塚本，2013）．

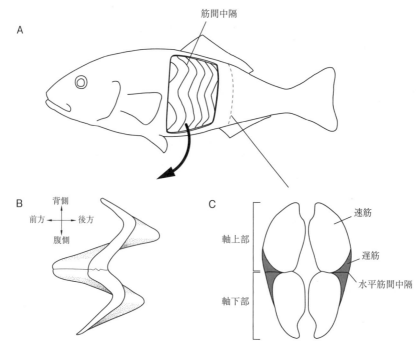

図13-4 成魚の体幹筋
A：側面からみた魚類成体の模式図．皮膚の下には，W状の形をした筋節が連なっている．B：1つの筋節を抜き出した状態．C：体幹の横断面．水平筋間中隔を境界として軸上部と軸下部に分かれている．筋節の大部分は速筋線維により構成されている（白色部）．遅筋線維群はくさび型をつくるように筋節の外側部に位置する（灰色部）．岩井（2005）などを参考とした．

　遅筋線維は，持続的な遊泳に特化した筋線維で，ゆっくりではあるが持続的な収縮をする性質をもつ．多くのミトコンドリアと多量のATP合成系酵素をもっており，その直径は概して小さい．ミオグロビンを多量に含むため，速筋より赤みを帯びている．一方，速筋線維は主に瞬発的な急速遊泳に用いられる筋線維で，急速に収縮する性質をもつ．ミトコンドリアの数は少ないが多量の解糖系酵素を含んでおり，その直径は概して大きい．

　多くの陸上動物の体幹筋では遅筋線維と速筋線維が混在しているが，魚類の体幹筋では2種類の筋線維が基本的に別々に存在している．図13-4Cでは魚類に典型的と考えられる分布パターンを示したが，遅筋部位と速筋部位の体積比や分布は，異なった遊泳様式や生理的性質に依存して魚類の中で多様化している（岩井, 2005；塚本, 2013）．例えば，ブリ類など持続的に遊泳する魚種では遅筋領域の割合が大きく，カレイ類など底棲性でときに瞬発的に泳ぐ種では速筋領域の割合が大きい．またマグロ類のように，筋節の外側部よりも内側に大きな遅筋線維束をもつものもある．

§5. 体節における筋細胞分化と一次筋節の形成

　§3と§4で述べた魚類の体幹筋はどのように発生し，遅筋と速筋の分布パターンはいかなるプロセスにより生じてくるのだろうか．その一部については，ゼブラフィッシュを用いた研究により明らかとなっている．発生時期に沿って順にみていくこととする．

ゼブラフィッシュの発生において最も早く筋細胞の特徴を示す細胞は，体節形成期に認められるadaxial cell（傍軸細胞）である（図13-5 A）．adaxial cellは脊索に沿って存在する細胞であり，立方体様の形をしている．分化後の筋細胞（筋線維）がもつ線維状の形態をこの時点では示していない．それにもかかわらず，筋形成制御因子が発現しており，さらにはミオシンなどの筋構成タンパク質も発現している．これらの細胞は，体節形成後すぐに線維状に変化して，遅筋線維へと分化する．その後，この遅筋線維は体節を横断するように中心部から外側に向かってダイナミックに移動し，一次筋節の表層を覆う「単層の表層遅筋線維群」を形成する（図13-5 B）（Stickneyら，2000；Stellabotte and Devoto，2007）．個々の表層遅筋細胞は体節の前端から後端にまたがる単核の筋線維で，収縮機能をすでにもっている（図13-5 C）．

　adaxial cellの次に筋線維へと分化する細胞は，体節の後端を形成する上皮性の細胞である（図13-6）．これらの細胞は，体節形成後すぐに筋形成制御因子の発現を開始し，adaxial cellについで線維状の形態を示す．これらの細胞は細胞融合によって多核化しつつ速筋線維へと分化し，最終的には筋節の大部分を占める速筋線維群を形成する（図13-6，図13-5 Bと13-5 Cも参照）．以上が，ゼブラフィッシュの一次筋節（primary myotome）形成の概要である．一次筋節は主に2種類の筋線維群，すなわち表層遅筋線維群と速筋線維群から構成されており，受精後1日程度で形成される（図13-5参照）．

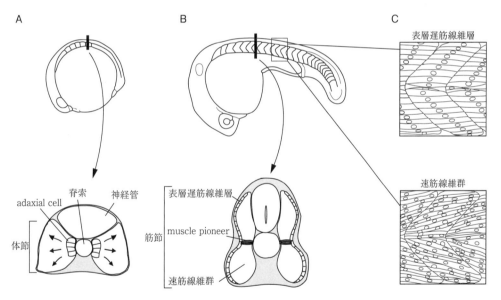

図13-5　遅筋細胞のダイナミックな移動
A：体節形成期のゼブラフィッシュ胚．太線の位置の横断面を下に示した．adaxial cellは遅筋線維へと分化しつつ，体節の表面へ移動する．B：筋節が形成されたゼブラフィッシュ胚．遅筋線維は筋節表層に達し，表層遅筋層を形成する．遅筋細胞の一部は移動が遅れて，muscle pioneerとよばれる細胞となる（濃灰色の細胞）．なお，ニワトリやショウジョウバエにもmuscle pioneerとよばれる細胞があるが，いずれも性質が異なる細胞である．C：側面からみた筋線維．上は表層遅筋層を体の横から見た状態（矢状面）．この時期の表層遅筋線維は単核のままである．下は速筋線維群の矢状断面．速筋線維は多核化している．

§6. 皮筋節細胞と二次的な筋形成

先に，体節後端の上皮性細胞が深部の速筋線維群へと分化することをみたが，体節前端の上皮性細胞の運命は全く異なる（図13-6）．そのほとんどは，体節の端に沿って外側へ移動し，表層遅筋細胞層の外面に扁平な細胞として位置して，皮筋節（dermomyotome, dermyotome）［ゼブラフィッシュでは皮筋節様細胞層（dermyotomal-like cell layer）ともよばれる］を形成する（図13-7 A）．皮筋節細胞の一部は筋節内に入って筋細胞へと分化し，二次的な筋形成（筋節の成長）に寄与する（図13-7 A）．つまり，「一次筋節の形成」と「それに続く筋節の成長」には，全く異なった細胞集団が寄与していると考えられる．

なお，哺乳類や鳥類の皮筋節細胞は多能性をもっており，筋線維だけではなく，真皮（dermis）などへも分化することが知られている．魚類の皮筋節細胞も同様の多能性をもつと推測されている．

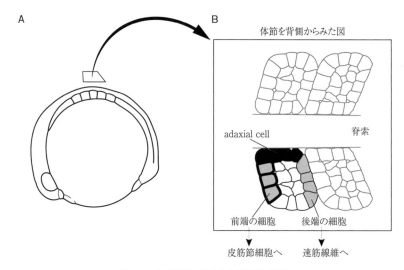

図13-6　体節前端の細胞と体節後端の細胞
A：体節形成期のゼブラフィッシュ胚．体節を背側からみて拡大した図をBに示した．B：分節直後の体節．体節の後端にある細胞（灰色）は，速筋線維へと分化する．一方，体節の前端にある細胞（輪郭が強調された灰色）は，体節の縁に沿って外側へ移動し，表層遅筋細胞層の外面で皮筋節細胞となる．

§7. 魚類における保存性

さて，ゼブラフィッシュでみられた上記の筋節形成過程は，他の魚類でも認められるのだろうか．adaxial cell あるいは表層遅筋線維に類似する細胞の存在は，ニジマス（*Oncorhynchus mykiss*），タイセイヨウニシン（*Clupea harengus*），ヒラメ（*Paralichthys olivaceus*）といった，多様な分類群に属する魚種において報告されている．したがって，筋節の形成過程は魚類で保存されていると考えてよいだろう（Stellabotte and Devoto, 2007）．一方で§3で記したように，魚類の成体における速筋と遅筋の分布パターンは多様化している．この多様性を生み出す発生過程の詳細は現在のところ不明である．

§8. 魚類と哺乳類・鳥類との間にみられる違い

　一次筋節の形成過程は魚類間で保存されているようであるが，他の脊椎動物と比較した場合はどうであろうか．一次筋節の形成過程については，ニワトリやマウスを用いた研究が盛んに行われている（Wolpertら，2012；Wilt and Hake，2006）．これら羊膜類の場合，まず体節の一部が硬節（sclerotome）細胞へと分化し，残された体節が皮筋節となる（図13-7 B）．この皮筋節細胞の一部が筋芽細胞へと分化して，一次筋節を形成することがわかっている（図13-7 B）．ちなみに，羊膜類とは哺乳類・鳥類・爬虫類など羊膜をもつ動物の総称であるが，胚における移植操作が容易なニワトリや遺伝学的実験に適しているマウスから得られた知見を，羊膜類共通の発生機構とみなすことが多い．

　この羊膜類の筋節形成過程を魚類のそれと比較すると，両者の間に大きな違いがあることに気がつくだろう．羊膜類と比べて，ゼブラフィッシュの筋節が体節内で占める割合が著しく大きいのである（図13-7）．さらに，ゼブラフィッシュの皮筋節には，羊膜類でみられるような上皮性は観察されていない（図13-7）（上皮性を示すか間充織性を示すかは，発生学において重要な形態的特徴である）．ニジマスのようにゼブラフィッシュよりは大きな皮筋節を形成する魚種もいるが，魚類では総じて皮筋節が体節に占める割合は著しく小さい（Stellabotte and Devoto，2007）．

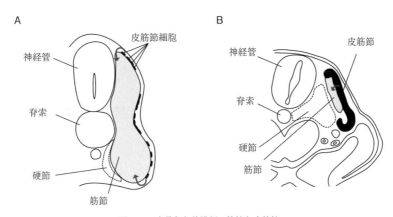

図13-7　真骨魚と羊膜類の筋節と皮筋節
A：受精後24時間のゼブラフィッシュ胚．皮筋節細胞は表層遅筋細胞層の外面に扁平な細胞として位置する（黒色）．これらの細胞の一部は筋節内に移動して，新しい筋細胞を形成すると考えられている（矢印）．ゼブラフィッシュの場合，羊膜類の皮筋節でみられるような上皮性は観察されていない．B：33体節形成期のニワトリ胚．上皮性体節の一部が，間充織性の細胞から成る硬節（点線）へと分化した後，残った体節は二層の構造を示す．背側－側方に位置する皮筋節（黒色）と腹側－正中方向に位置する筋節（灰色）である．皮筋節を構成する細胞の一部は筋節側に移動し，新しい筋細胞を形成する（矢印）．ニワトリと比べた場合，ゼブラフィッシュの皮筋節細胞が体幹内で占める割合は著しく小さい．本図はStellabotteら（2007）とPattenら（1990）を参考にして描いた．

§9. 細胞間シグナル因子による筋発生の調節

　細胞間シグナル因子が体節の分化に重要なはたらきを担っていることは第8章で紹介したが，これらの因子は筋細胞の運命決定にも大きく関わっている（図13-8）．ゼブラフィッシュにおいて最もよく研究されているのは，脊索（notochord）および底板（floor plate）から分泌される細胞間シグナル

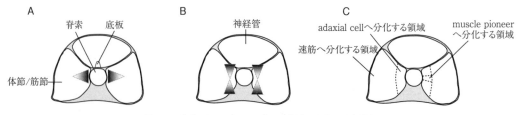

図13-8 細胞間シグナル因子による筋前駆細胞の運命決定
A：中軸からのシグナル因子．脊索および底板から分泌されるhedgehogは，濃度依存的に筋細胞の運命を決定する．分泌源に最も近い細胞はadaxial cellへと誘導される．中でも最も強いシグナルを受けた細胞は，muscle pioneerへと分化する．一方，分泌源から隔たった細胞は速筋線維へと分化する．B：背腹からのシグナル因子．BMP様の細胞間シグナル因子もhedgehogシグナルと協同して，濃度依存的にadaxial cellの運命を決定する．背側（神経管）と腹側（内胚葉由来の細胞）の分泌源に近いadaxial cellは表層遅筋細胞へと運命づけられ，両分泌源から隔たったadaxial cellはmuscle pioneerへと運命づけられる．

因子であるhedgehog類の役割である（Stickneyら，2000）．これらのhedgehog類は，濃度依存的に筋細胞の運命を決定し，分泌源に最も近い細胞はadaxial cellへと誘導される（図13-8）．中でも最も強いシグナルを受けたadaxial cellは，muscle pioneerという特殊な遅筋線維へと分化する．この細胞は軸上筋と軸下筋の境界に位置し，§3で述べた水平筋間中隔の形成に関与すると考えられている．一方，hedgehogの分泌源から遠い細胞は速筋線維へと分化する．hedgehog以外にも，BmpやFgfといった細胞間シグナル因子が筋線維の運命決定に関わっていると考えられている（Mauryaら，2011；Nguyen-Chiら，2012）．なお羊膜類の筋節の場合，上記の細胞間シグナル因子が筋線維の運命決定に及ぼす影響はよくわかっていない．

§10. 筋節の成長—線維数の増加と線維の肥大—

次に成長期の魚の体幹筋をみていく（図13-9）．筋節の体積増加（成長）は，既存の筋節内にまず

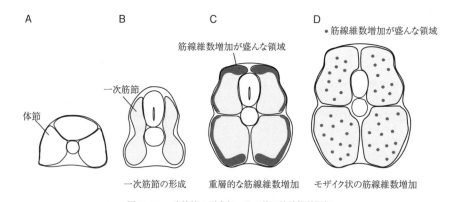

図13-9 一次筋節の形成と，その後の筋線維数増加
A：体節形成直後の体幹横断面．B：筋節形成直後の体幹横断面．体節の分化過程において，線維状の筋細胞により最初に構成される構造を一次筋節とよぶ．C：筋節成長初期の体幹横断面．一次筋節の形成後しばらくは，筋節の表層付近に新たな筋線維が盛んに生まれる．この時期の筋線維の増え方を重層的筋線維数増加とよぶ．D：筋節成長後期の体幹横断面．重層的な増加が盛期を過ぎると，筋節内部の散在した領域で筋線維が生まれるようになる．この時期の筋線維の増え方をモザイク状筋線維数増加とよぶ．これらの図は，実際は重なりあって起きている現象を分離して単純化した模式図である．

直径の小さな筋線維が生まれ（muscle fiber hyperplasia；筋線維数の増加），次に，それらの筋線維が体積を増すこと（muscle fiber hypertrophy；筋線維の肥大）で成し遂げられると推測されている（Rowlersonら，1995；Johnstonら，2011）．

　筋線維数の増加に着目した場合，魚類では主に2つの様式が存在するとされている．成長初期に筋線維数の増加が認められるのは，主に筋節の表面付近であり，これは「重層的な線維数増加」(stratified hyperplasia）とよばれている（図13-9 C）．成長が進むにしたがって，筋線維が生み出される場は筋節内部の散在した領域に移行する．これは「モザイク状の線維数増加」(mosaic hyperplasia）とよばれている（図13-9 D）．これらをより具体的に理解するため，図13-10を見てもらいたい．

　重層的線維数増加においては，速筋塊の表層付近で新たな筋線維が次々と生まれるが，これらの線維はすぐに肥大化を開始するので，筋線維が直径を増しながら筋節の内側に向かって広がっていく様子が層状を呈することになる（図13-10 A）．これが「重層」とよばれる理由である．

　一方，モザイク状線維数増加の場合，筋線維数の増加は筋節内に散在する複数の場所で起きるので，生まれて間もない細い筋線維と肥大化が進んだ太い筋線維がモザイク状に分布することになる（図13-10 B）．モザイク状の線維数増加は比較的大型の魚種にみられる現象で，グッピー（*Poecilia reticulata*）などの小型魚にはみられない，とかつては考えられていた．しかし，近年この考え方には疑問が呈されている．例えば小型魚であるゼブラフィッシュの体幹速筋の場合，体長約7 mmになるまで顕著な重層線維数増加が認められ，その後はモザイク状増加が盛んとなることが報告されている（Johnstonら，2009）．ちなみにゼブラフィッシュの場合，このモザイク状の線維数増加は最終体長（約

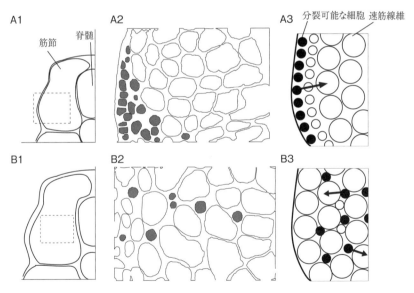

図13-10　速筋における重層的筋線維数増加とモザイク状筋線維数増加．
A1：若い仔魚の体幹横断面の軸上筋節の片側を示した．点線で囲んだ部位をA2で示した．A2：筋節横断面．細い筋線維（灰色）が，筋節の表面付近に局在している．A3：単純化したモデル．分裂可能な筋前駆細胞（黒）が，速筋塊の表面付近に並び，ここで新たな筋線維が生まれる．誕生直後の筋線維の直径は小さいが，その直径は成長に伴い徐々に増加していく．新たな筋線維の源となる細胞（黒い細胞）は完全に同定されているとはいえない．B1：上記より成長が進んだ仔魚の体幹横断面．点線で囲んだ部位をB2で示した．B2：筋節横断面．細い筋線維（灰色）が，太い筋線維の間に存在する．B3：単純化したモデル．分裂可能な筋前駆細胞（黒丸）の由来は不明である．Pattersonら（2008）とRowlersonら（1995）を参考にして描いた．

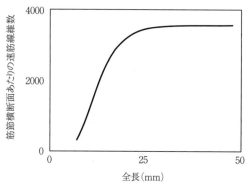

図 13-11　ゼブラフィッシュの筋線維数と全長の関係

哺乳類体幹の場合，出生後に筋線維数はほとんど増えないが，魚類では成体まで線維数の増加が認められる．ゼブラフィッシュの場合，体幹速筋線維数の顕著な増加は最終体長の半分程度に達するまで持続する．Johnston ら（2009）を参考にして図を描いた．

50 mm) の半分程度に達するまで継続される（図 13-11）．哺乳類の場合，出生時以降に筋線維数はほとんど増加しないと考えられており，魚類で線維数増加が成魚まで認められるのとは対照的である．ただし，魚類でも線維数が生涯にわたって直線的に増加するわけではなく，ある時期に頭打ち傾向を占めることにも留意すべきである．

次は筋線維の肥大についてであるが，成長にともなう筋線維直径の増加という現象はよく記載されているものの，その現象の背景にある分子メカニズムに関しては，魚類ではあまりわかっていない．§2 でみたマウス培養細胞の事例や，次節でみる羊膜類の事例から，魚類においても筋線維の肥大には筋芽細胞との融合が必要であると推測されている（Johnston ら，2011）．

§11. 筋線維の増加と肥大をもたらす前駆細胞

筋線維数の増加に寄与する前駆細胞については不明な点が多い．ゼブラフィッシュでは§6で述べたように皮筋節由来の細胞が筋節に侵入して筋線維へ分化することが細胞系譜追跡実験で示されており，これが重層線維数増加の一部には寄与すると考えられている．しかし，長期間の細胞系譜追跡実験例は少なく，モザイク状の増加が盛んに起きている幼魚期まで追跡した研究例もないため，筋線維数増加全般に寄与する前駆細胞の正確な由来や位置は不明である（Stellabotte and Devoto, 2007）．

筋線維の肥大に寄与する細胞についても，魚類に関してはよくわかっていない．羊膜類の場合，成体の骨格筋組織の中に，筋肉細胞の幹細胞（筋衛星細胞；muscle satellite cell）が存在する（図 13-12）．この細胞は胚の皮筋節に由来し，通常は静止期にあって未分化な状態を維持しているものの，骨格筋の肥大や骨格筋になんらかの損傷が生じて筋肉が再生する際は，増殖・分化して筋線維をつくったり，既存の筋線維に細胞核を供給したりする．この羊膜類の知見をもとに，魚類でも筋線維の肥大には，幹細胞に由来する筋芽細胞との融合が必要であると推測されている．筋衛星細胞と同等の細胞が魚類に存在するのか否かという問題は，発生学的にも水産学的にもとても興味深い．羊膜類の筋衛星細胞は PAX7 を発現していることが大きな特徴である（図 13-12）．魚類の場合，幼魚や成体の筋節には，Pax7 を発現している未分化様の細胞が，筋線維間に確かに認められる．ただし，これらの細胞

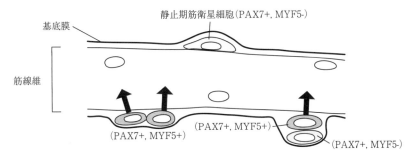

図 13-12　四肢動物成体の筋衛星細胞

筋衛星細胞（muscle satellite cell または satellite cell）は，四肢動物成体の骨格筋組織の中に存在する筋肉細胞の幹細胞である．筋線維の細胞膜と基底膜の間に位置する細胞で，骨格筋の肥大や骨格筋の再生において，既存の筋線維に細胞核を供給したり（図中の矢印），新たな筋線維をつくり出したりする．例えば，筋肉組織が損傷を受けると，筋衛星細胞は活性化されて盛んに増殖を始める．増殖を停止して最終分化に移行した細胞群は，融合して機能的な筋線維へと変化し損傷部を補う．静止期の筋衛星細胞（quiescent muscle satellite cells）は PAX7，MET，CDH15 などの衛星細胞マーカーを発現している．静止期には MYF5 を発現しておらず（図中の MYF5- 細胞），この点が，一見未分化に見えても筋前駆細胞へと分化が運命づけられている MYF5 陽性細胞とは異なっている（図中の MYF5+ 細胞）．

が幹細胞であるという直接的な証拠は未だない．さらに，モザイク状の線維数増加が筋節のいたるところで盛んに起きている時期において Pax7 発現細胞の数が不釣合いに少ないことから，Pax7 発現細胞に加えて未同定の細胞が筋線維数の増加に寄与している可能性も指摘されている（Stellabotte and Devoto，2007）．

§12. 鰭の筋肉の発生

脊椎動物の四肢の筋肉は，体幹筋が特殊化したものであると考えられるが，その発生過程は体幹筋とは大きく異なる．羊膜類の場合，四肢筋の前駆細胞は体節に由来することが分かっている．これが移動性の間充織細胞（筋芽細胞）となって側板に侵入し，肢芽領域に到達した後に分化を遂げて筋肉を形成する（図 13-13 A）．

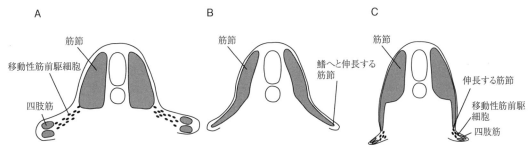

図 13-13　四肢筋発生様式の派生型と祖先型

A：移動する筋前駆細胞による筋形成．羊膜類の四肢や真骨魚の胸鰭筋にみられる様式．筋前駆細胞が筋節から側板内に侵入し，肢芽領域まで移動して筋を形成する．このタイプの筋形成は板鰓類では認められないことから，その進化的な起源は新しいと考えられている（すなわち派生型）．B：上皮性筋節の伸長による筋形成．板鰓類における胸・腹鰭筋にみられる様式．脊椎動物における祖先型と考えられている．C：中間型の筋形成．魚類の腹鰭にみられる様式．祖先的様式と派生的様式の折衷による筋形成．

魚類において哺乳類における四肢の筋肉に相当するのが，胸鰭や腹鰭にある筋肉である．ゼブラフィッシュの胸鰭の場合，体節内にある移動性の筋芽細胞がまず側板に侵入し，鰭芽領域に到達した後に分化を遂げて筋肉を形成する（図13-13 A）．移動前の筋芽細胞の詳細は不明だが，皮筋節に由来するのではないかと推測されている（Stellabotte and Devoto，2007）．腹鰭筋の発生は，胸鰭筋と多少異なる．体節にあった筋芽細胞が鰭芽領域まで移動した後に分化を遂げるという点は同じである．しかし，筋芽細胞が体節から抜け出す前に，上皮性筋節が腹側に伸長（epithelial myotome extension）し，その伸長した端から筋芽細胞が出てくるという点が異なっている（図13-13 C）．

サメなど板鰓類の鰭の筋肉は，胸・腹に関わらず筋節伸長によって形成される（図13-13 B）．サメは四肢動物の祖先的な形態をよく保っているので，筋節伸長は祖先的な発生様式であり，筋芽細胞の移動は派生的な発生様式であると考えられる（Donら，2013）．魚類の場合，胸鰭の筋肉は派生的様式でつくられ，腹鰭の筋肉は祖先的様式と派生的様式の折衷によってつくられているようである．

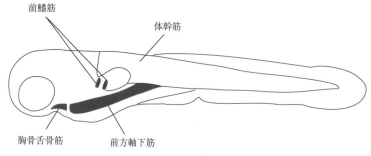

図13-14　体節に由来する移動性の細胞が作る筋肉の例
鰭の筋肉は，体節から遊離して側板に侵入した細胞に起源する．類似した形態形成プロセスにより，前方軸下筋肉や胸骨舌骨筋など複数の筋肉が形成される．受精後60時間のゼブラフィッシュ．この時点では腹鰭の筋肉は発達していない．

§13. 体節に由来する他の軸下筋

体節から腹側に移動する筋前駆細胞は，鰭の筋肉とは異なる筋肉も形成する（図13-14）．魚類において運命追跡実験により十分な証拠が得られているのは，前方軸下筋（anterior hypaxial muscle）である．胸骨舌骨筋（sternohyoideus muscle）も体節から移動してくる細胞に由来すると予想されている（Stellabotte and Devoto，2007）．

§14. 筋発生の部位による多様性

筋分化研究の歴史において培養細胞が果たした重要性は疑いようがない．しかし，ノックアウトマウスを利用した一連の研究により，筋発生の機構が体の部位により異なっていることが示されており，培養細胞による研究だけでは，個体レベル（*in vivo*）で進行する筋発生現象の全貌を明らかにすることはできないことが明白となってきた（Bryson-Richardson and Currie，2008）（図13-15）．

例えば，頭部や四肢の筋発生においても，体幹筋と同様に筋形成制御因子が必要であるが，その上

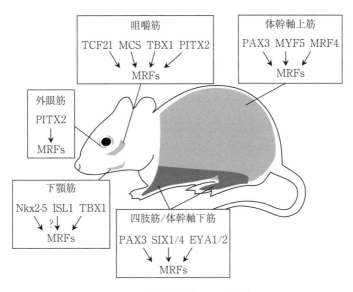

図 13-15 筋発生の部位による多様性
ノックアウトマウスを利用した研究により，筋発生の機構が体の部位により異なっていることが示されてきている．MRFs は筋形成制御因子（myogeneic regulatory factors）を意味する．Tzahor（2009）と Bryson-Richardson and Currie（2008）を参考にして描いた．

流の制御因子は，体幹筋のそれとは大きく異なっている．また同じ体幹筋であっても，軸上筋と軸下筋では筋発生の制御ネットワークが異なっており，軸下筋ではPAX3がより中心的な役割を担っていると考えられている．さらに，MYF5により筋分化が進む細胞群とMYF6（別名MRF4）により筋分化が進む細胞群が別々に存在する可能性も示されている．このようなことは培養細胞だけを用いた研究からは予想できなかったことである．

四肢の筋肉の発生においては，前駆細胞の細胞間接着，脱上皮化，移動といったダイナミックな形態形成過程が関わっているが，これらのプロセスの解明は培養細胞中心の研究には欠けていた視点である．今後の魚類の筋発生の研究でも，個体レベルの解析や細胞系譜の解析の重要性がさらに増していくと考えられる．

（菊池　潔）

文　献

Bryson-Richardson, R. J., Currie, P. D.（2008）: The genetics of vertebrate myogenesis. *Nat. Rev. Genet.*, 9, 632-646.
Don, E. K., Currie, P. D., Cole, N. J.（2013）: The evolutionary history of the development of the pelvic fin/hindlimb. *J. Anat.*, 222, 114-133.
Gilbert, S. F.（2006）: Developmental Biology. Sinauer Associates.
岩井保（2005）: 魚学入門 . 恒星社厚生閣
Johnston, I. A., Bower, N. I., Macqueen, D. J.（2011）: Growth and the regulation of myotomal muscle mass in teleost fish. *J. Exp. Biol.*, 214, 1617-1628.
Johnston, I. A., Lee, H. T., Macqueen, D. J., Paranthaman, K., Kawashima, C., Anwar, A., Kinghorn, J. R., Dalmay, T.（2009）: Embryonic temperature affects muscle fibre recruitment in adult zebrafish: genome-wide changes in gene and microRNA expression associated with the transition from hyperplastic to hypertrophic growth phenotypes. *J. Exp. Biol.*, 212, 1781-1793.

鍋島陽一 (1995) : 筋発生の分子機構. 蛋白質核酸酵素, 40, 101-113.

Nguyen-Chi, M. E., Bryson-Richardson, R., Sonntag, C., Hall, T. E., Gibson, A., Sztal, T., Chua, W., Schilling, T. F., Currie, P. D. (2012) : Morphogenesis and cell fate determination within the adaxial cell equivalence group of the zebrafish myotome. *PLoS Genet.*, 8, e1003014.

Patten, B. M., Carlson, B. M. (1990) : 発生学 (白井俊雄監訳) 西村書店.

Patterson, S. E., Mook, L. B., Devoto, S. H. (2008) : Growth in the larval zebrafish pectoral fin and trunk musculature. *Dev. Dyn.*, 237, 307-315.

Rowlerson, A., Mascarello, F., Radaelli, G., Veggetti, A. (1995) : Differentiation and growth of muscle in the fish *Sparus aurata* (L) : II. hyperplastic and hypertrophic growth of lateral muscle from hatching to adult. *J. Muscle Res. Cell Motil.*, 16, 223-236.

Sambasivan, R., Kuratani, S., Tajbakhsh, S. (2011) : An eye on the head: the development and evolution of craniofacial muscles. *Development*, 138, 2401-2415.

Slack, J. (2007) : エッセンシャル発生生物学 (改訂第 2 版) (大隅典子監訳). 羊土社.

Stellabotte, F., Devoto, S. H. (2007) : The teleost dermomyotome. *Dev. Dyn.*, 236, 2432-2443.

Stellabotte, F., Dobbs-McAuliffe, B., Fernández, D. A., Feng, X., Devoto, S. H. (2007) Dynamic somite cell rearrangements lead to distinct waves of myotome growth. *Dev. Dyn.*, 236, 1253-1257.

Stickney, H. L., Barresi, M. J., Devoto, S. H. (2000) : Somite development in zebrafish. *Dev. Dyn.*, 219, 287-303.

塚本勝巳 (2013) : 遊泳. 増補改訂版魚類生理学の基礎 (会田勝美, 金子豊二編), 恒星社厚生閣, pp.103-121.

Tzahor, E. (2009) : Heart and craniofacial muscle development: a new developmental theme of distinct myogenic fields. *Dev. Biol.*, 327, 273-279.

Wilt, F. H., Hake, S. C. (2006) : ウィルト発生生物学 (赤坂甲治, 八杉貞雄, 大隅典子監訳). 東京化学同人.

Wolpert, L., Tickle, C., Lawrence, P., Meyerowitz, E., Robertson, E., Smith, J., Jessell, T. (2012) : ウォルパート発生生物学 (武田洋幸, 田村宏治監訳). メディカル・サイエンス・インターナショナル.

第14章 発生学における実験技術

　第1章でも述べたが，移植や観察を中心とした実験発生学から始まった発生学は，遺伝学や分子生物学などの研究手法を取り込み，大きな発展を遂げた．本章では，今日の発生学において多用される実験技術について概説する．

§1. 細胞系譜の解析（細胞の追跡）

　たった1つの細胞である受精卵から様々な細胞が生み出され，それらの細胞が決まった分化の道筋をたどることで個体が形成されていく．その過程で，それぞれの細胞がどのように振る舞い，どこに配置されていくのか．発生学の中でも最もシンプルかつ興味深い問いの1つである．この問いに答えるために，胚の一部に色素を注入し，染色された細胞群の移動や分化を観察する実験が古くから行われてきた．近年もこのような細胞系譜（cell lineage；受精卵から個体が形成されるまでの過程で各細胞が示す挙動）の解析は繰り返し行われており，顕微鏡の性能が向上したおかげで，以前よりもはるかに精密で詳細な解析が可能となっている．例えばHiroseら（2004）は，メダカ（*Oryzias latipes*）の初期嚢胚中の一つ一つの細胞に色素を注入し，染色された各細胞のその後の移動や分化のパターンを追跡することで，メダカ胚の細胞系譜を詳細に解析した（http://dev.biologists.org/content/suppl/2004/05/10/131.11.2553.DC1/Movie1.mpg にて動画が公開されている）．

　ただ，色素を注入することで細胞を標識する方法には，時間が経過して色素が分散希釈されると標識された細胞を見失ってしまうという欠点がある．そこで今日では，遺伝子導入技術（詳しくは，§4を参照）を用いて，細胞を恒久的に標識する試みも多くなされている．例えば，緑色蛍光タンパク質（green fluorescent protein；GFP）などの蛍光タンパク質の遺伝子を，標識したい細胞で特異的かつ恒久的に発現させれば，標識された細胞とその子孫の細胞の挙動を長時間にわたって追跡することができる．蛍光タンパク質には一般に，毒性が低く，個体や細胞にほとんどダメージを与えないという利点があることも，このような長期間にわたる標識と追跡を可能としている．

§2. 細胞や組織の移植

　魚類の胚は一般に，母体外で発生が進行するため，胚に様々な操作を加えてその後の様子を観察することが容易である．細胞や組織の移植（transplantation）も，魚類の胚で容易に行うことができる操作の1つである．ある胚から取り出した細胞や組織を別の胚に移植することで，移植された細胞や組織がどのように分化するのか，あるいは周辺の細胞にどのような影響を及ぼすのかを観察することができる．例えば，GFPなどの蛍光タンパク質の遺伝子を導入した個体から蛍光を有する細胞を分取

し，別の胚に移植すれば，その細胞の挙動を可視化して容易に追跡することができる．なお，移植する細胞や組織を提供する個体をドナー（donor）とよび，移植を受ける個体を宿主（hostあるいはrecipient）とよぶ．

　少数の細胞を移植するには，コラムに記したマイクロインジェクション（microinjection；顕微注入ともいう）技術を用いる．顕微鏡下で，先端を細くしたガラス針（ガラス製の極細の注射針）内にドナー胚の細胞を吸い取り，それを宿主胚に注入するのである（図14-1A）．より太いガラス針を用いれば，発生の進んだ胚の組織を移植，あるいは交換することも可能である．その例として，あらかじめ一部の体節を宿主胚から除去した上で，ドナー胚の体節を移植する実験の様子を図14-1B，1Cに示した（Kawanishiら，2013；Kobayashiら，2009a）．ここでも，ドナー胚の細胞をGFPなどで標識しておけば，移植された体節がその後どのような挙動を示すかを容易に追跡することができる．また，図14-2に，胚盤を移植する実験の様子を示した．ガラスウール針もしくはタングステン針を用いてドナー胚から胚盤を切り取り，それを宿主胚に密着させる．しばらくすると，ドナー胚由来の胚盤が宿主胚の胚盤に融合して両者が混じり合った胚盤ができ，その後も正常に発生が進む．なお，移植に先立って宿主胚の胚盤をわずかに削っておくと移植の成功率が上がるようである（長井ら，2005）．

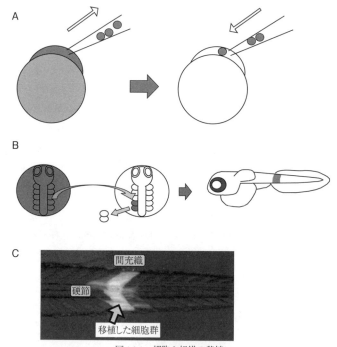

図14-1　細胞や組織の移植
A：細胞の移植．顕微鏡下で，ガラス針の中にドナー胚の細胞を吸い取り，宿主胚に移植する．B：組織の移植．同様に，ガラス針の中にドナー胚の組織を吸い取り，宿主胚に移植する．C：移植された細胞群が分化・増殖した体節の写真．白く見える部分が移植された細胞群．Kawanishiら（2013）の図を改変．

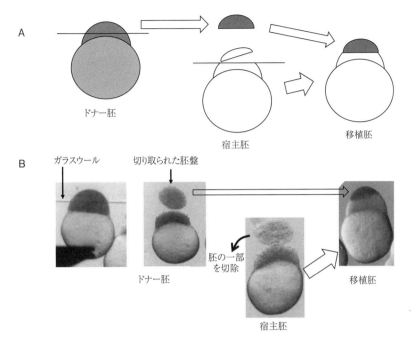

図14-2 胚盤の移植実験
A：概念図．顕微鏡下で，ガラスウール針もしくはタングステン針を用いてドナー胚と宿主胚の胚盤の一部を切り取る．その後，切り取ったドナー胚の胚盤を宿主胚の切断部分に密着させる．長井ら（2005）の図を改変．B：ゼブラフィッシュ胚を用いた胚移植実験の実際．白色のドナー胚の胚盤の一部を茶色の宿主胚に移植した．山羽悦郎氏提供．

§3. 遺伝子の発現部位の解析

発生過程で，特定の遺伝子がどのような機能を担っているかを理解するためには，その遺伝子が胚体のどの部位，どの細胞で発現しているかを知る必要がある．特定の遺伝子の発現部位を調べる手法としてよく用いられているのは，その遺伝子の転写産物，つまりmRNAを検出する *in situ*（インサイチュー，もしくはインシチューと読む）ハイブリダイゼーションと，その遺伝子の翻訳産物，つまりタンパク質を検出する免疫組織化学［immunohistochemistry あるいは immunocytochemistry；免疫染色（immunostaining）とよぶことも多い］の2つである．

3-1　*in situ* ハイブリダイゼーション

特定のmRNAを検出する実験手法には様々なものがあるが，調べたいサンプル（組織や器官，個体など）を溶解してRNA画分を取り出さないとmRNAを検出できない手法も多い．しかし，サンプルをいったん溶解してしまうと，目的の遺伝子がどの細胞で発現していたかの情報は失われてしまう．*in situ* ハイブリダイゼーションは，組織や器官の形状を保ったまま，細胞単位でmRNAの局在を検出，可視化できる数少ない手法の1つである．*in situ* ハイブリダイゼーションは通常，可視化したmRNAを顕微鏡で観察することができるように，組織や器官を薄くスライスした組織切片（tissue section）で行う．しかし，胚のような小さなサンプルの場合には，切片化せずに個体まるごとのまま［これをホー

ルマウント（whole-mount）という］で行うこともできる．発生学ではむしろ，ホールマウントで行うことの方が多いようである．

　in situ ハイブリダイゼーションの一般的な手順と原理は以下の通りである．*in situ* ハイブリダイゼーションに先立ち，まずはサンプルを固定（fixation）する必要がある．固定とは，細胞や組織を腐敗や自己融解から守って安定化させる化学処理のことである．通常は，4％のパラホルムアルデヒド（PFA）溶液にサンプルを浸すことで固定を行う．その後，検出したい標的mRNAに相補的な塩基配列をもつRNA断片（これをRNAプローブという）を合成し，そのRNAプローブを含む溶液にサンプルを浸す．サンプル中に標的mRNAが存在すれば，標的mRNAとRNAプローブが相補的に結合する（これをハイブリダイゼーションという）ことになる（図14-3）．本手法が *in situ*（「本来の場所にて」という意味）ハイブリダイゼーションとよばれるのは，試験管やチューブの中ではなく，mRNAが存在する本来の場所である細胞の中でハイブリダイゼーションを行うためである．RNAプローブは，ジゴキシゲニン（digoxigenin；DIG）やフルオレセインなど動物の生体内に存在しない物質であらかじめ標識しておき，ハイブリダイゼーションの後に，それらの物質に特異的に結合する抗体（antibody）を含む溶液にサンプルを浸す．ここである種の酵素（アルカリフォスファターゼやペルオキシダーゼ）で標識しておいた抗体を用いれば，その後に特殊な基質を添加することで，目的mRNAが存在している部位に色素を沈着させたり，蛍光物質を結合させることができる．それによって，目的mRNAの局在が可視化されることになる．

　in situ ハイブリダイゼーションには様々な変法がある．異なる物質で標識したRNAプローブを用い，

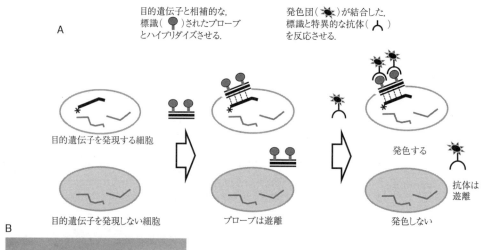

図14-3　*in situ* ハイブリダイゼーション
A：*in situ* ハイブリダイゼーションの原理．目的遺伝子のmRNA（図中に＊で示した）が，標識されたRNAプローブとハイブリダイズし，可視化される．その結果，目的遺伝子が発現している細胞を検出することができる．B：*in situ* ハイブリダイゼーションの実際．孵化後4日目のメダカ胚で，*prox1b* の発現を検出するために，ホールマウント *in situ* ハイブリダイゼーションを行った．*prox1b* が脳の手綱核（Hb）と中脳被蓋（Tg）に強く発現していることがわかる．出口友則氏提供．

異なる色（波長特性）の蛍光物質で可視化することで，複数の遺伝子のmRNAを同一サンプルで同時に検出することも可能である．例えば，ある遺伝子のmRNAを赤の蛍光物質で可視化し，別の遺伝子のmRNAを緑の蛍光物質で可視化するといった具合である．また，mRNAだけでなく，各種のノンコーディングRNAの検出も可能である．より詳しい in situ ハイブリダイゼーションの手順については，他の成書を参考にしてもらいたい（野地，2006；Kobayashi，2009b）．

3-2 免疫組織化学

特定のタンパク質に特異的に結合する抗体を利用して，そのタンパク質の局在を可視化する実験手法が免疫組織化学である．タンパク質以外の生体分子（例えばセロトニンなどの低分子化合物）でも，その分子に特異的に結合する抗体が入手可能な場合には，免疫組織化学によって局在を調べることができる（図14-4）．in situ ハイブリダイゼーションと同様に，通常は組織切片上で行うが，胚ではホールマウントで行うことも可能である．

実際の工程や原理は，多くの部分が in situ ハイブリダイゼーションと共通である．まずは免疫組織化学に先立ち，4%のPFA溶液などでサンプルを固定（fixation）する．その後の処理は in situ ハイブリダイゼーションとは異なり，検出したいタンパク質に特異的に結合する抗体（これを一次抗体とよぶ）を含む溶液にサンプルを浸し，抗体抗原反応を起こさせる．次に，その一次抗体に特異的に結合する別の抗体（これを二次抗体とよぶ）を含む溶液にサンプルを浸す．蛍光物質であらかじめ標識

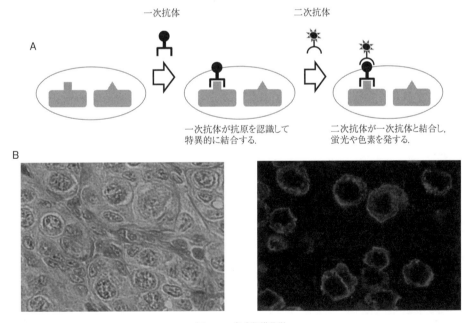

図14-4　免疫組織化学

A：検出したいタンパク質（抗原）に一次抗体を結合させる．次に，蛍光物質あるいは発色用の酵素で標識した二次抗体（一次抗体に特異的に結合する別の抗体）を結合させる．その結果，蛍光あるいは発色によって，目的のタンパク質の局在が可視化される．B：免疫組織化学の実際．精巣内のA型精原細胞に特異的に存在するタンパク質に結合する一次抗体，および蛍光物質で標識された二次抗体を用いて，精巣内のA型精原細胞を検出した．右の写真は，一般的な染色試薬（ヘマトキシリンとエオシン）で全ての細胞を染色した像．左の写真は，免疫組織化学を行った後の蛍光観察像．A型精原細胞が蛍光で検出されている．

しておいた二次抗体を用いれば，その蛍光で目的タンパク質の局在を可視化できることになる．あるいは，酵素（アルカリフォスファターゼやペルオキシダーゼ）で標識した二次抗体を用いれば，その後に基質を添加して発色させることで，目的タンパク質の局在を可視化できることになる．現在では様々な色（波長特性）の蛍光物質で標識された二次抗体が市販されており，異なる動物種で生産された一次抗体と組み合わせることで，複数のタンパク質の局在を同一サンプルで同時に可視化することも容易である．

　タンパク質は通常，細胞内に均一に存在するのではなく，細胞内の特定の領域（例えば，核や細胞膜など）に局在する．免疫組織化学の結果を解像度の高い顕微鏡で観察すれば，目的のタンパク質がどの細胞に局在しているかだけでなく，細胞内のどこに局在しているかも知ることができる．細胞内での局在を詳細に調べるために，免疫組織化学に供したサンプルを電子顕微鏡で観察することもよくある．これらの特徴は，*in situ* ハイブリダイゼーションにはないものである（mRNA は通常，細胞質に均一に存在するため）．

　免疫組織化学がうまくいくかどうかは，抗体，特に一次抗体の質に大きく左右される．目的タンパク質への結合力が強く，非特異的な結合が少ない高品質な抗体を入手することができれば，よい結果が得られるが，目的タンパク質への結合力が弱かったり，非特異的な結合が多い抗体では，よい結果は得られない．二次抗体については質の高い抗体が多数市販されている．しかし一次抗体については，ヒトやマウスのタンパク質に対する質の高い抗体は数多く市販されているものの，魚類のタンパク質に対する良質な抗体はごくわずかしかない．ヒトやマウスと魚類では，同じタンパク質でもアミノ酸配列や翻訳後修飾が大きく異なっている場合もあり，ヒトやマウスのタンパク質に対する抗体が魚類の相同タンパク質にも結合するとは限らない．その場合は，魚類の目的タンパク質に対する抗体を新たに作製しなければならないが，高品質な抗体を作製できるかどうかは運任せの部分もあるため，複数の抗体を生産し，その中から質のよいものを選抜する操作が重要である．

§4. トランスジェニック技術

　卵母細胞あるいは受精後間もない卵に，二本鎖 DNA を人為的に導入すると，ある程度の確率で，導入した DNA が宿主のゲノムに組み込まれる．この技術をトランスジェニック（transgenic；遺伝子導入ともいう）技術といい，こうして外来性の DNA が組み込まれた生物をトランスジェニック生物という．トランスジェニック技術やトランスジェニック生物は，今日の発生学研究において様々な局面で利用される大変有効なツールとなっている．

　魚類に外来性の遺伝子を導入する方法としては，受精卵へのマイクロインジェクション（コラム参照）が一般的である．これまでに，メダカ，ゼブラフィッシュ（*Danio rerio*），ニジマス（*Oncorhynchus mykiss*）をはじめ，マダイ（*Pagrus major*），ナイルティラピア（*Oreochromis niloticus*）など，多くの魚種でマイクロインジェクションによる遺伝子導入が行われている（Zhu and Sun, 2000）．外来遺伝子を注入された細胞と，そこから分裂によって派生した細胞でのみ，外来遺伝子がゲノムに組み込まれる可能性があるので，個体を形成するより多くの細胞のゲノムに外来遺伝子を組み込ませるためには，未受精卵の雌性前核，あるいは第一卵割前（1細胞期）の受精卵に外来遺伝子のマイクロイ

ンジェクションを行うべきである．ある程度発生が進んだ胚の全ての細胞にマイクロインジェクションを行うのが大変な作業であることは容易に想像できよう．マイクロインジェクションによって導入された外来遺伝子がゲノムに組み込まれるまでに，ある程度の時間を要することを考えると，未受精卵の雌性前核にマイクロインジェクションを行うのが理想的である．しかし，卵母細胞の核を目視できる時期は卵核胞崩壊（GVBD）（第3章参照）以前に限られており，GVBD以前の卵母細胞を得るには親魚を殺して開腹する必要がある上，マイクロインジェクション後の卵を試験管内で成熟させる必要がある．さらに得られた成熟卵の発生を開始させるためには，人工授精を行う必要があることなどから，現在ではほとんど行われていない．一方，親魚を傷つけることなく大量に得られる受精卵であれば，マイクロインジェクションを容易に行うことができる．また，核ではなく細胞質部分に外来遺伝子を注入してもゲノムに取り込まれることが経験上明らかとなったため（その機構については不明であるが），現在では受精卵へのマイクロインジェクションが主流となっている．

　上でも述べたが，マイクロインジェクションによって導入された外来遺伝子は100％の確率でゲノムに組み込まれるわけではなく，組み込まれるまでにもある程度の時間を要する．したがって，1細胞期の受精卵にマイクロインジェクションを行ったとしても，ある程度卵割が進んでから一部の細胞でのみ外来遺伝子がゲノムに取り込まれる場合が多い．そのため，マイクロインジェクションを行った卵より発生した個体は，通常外来遺伝子を含む細胞と含まない細胞がモザイク状に入り混じった状態となる．全身の細胞が外来遺伝子を含む個体を得るためには，マイクロインジェクションを行った個体の中から，生殖細胞（精子や卵）のゲノムに外来遺伝子が組み込まれた個体を見つけ出し，その個体どうしを掛け合わせる必要がある．

　導入する外来遺伝子（これをトランスジーンとよぶ）は，任意のプロモーター/エンハンサー配列，任意のタンパク質をコードする配列，ポリA付加シグナル（mRNAに必要なポリAを付加するための配列）をつなげた人工遺伝子とすることが多い．様々な種類のプロモーター/エンハンサー配列とタンパク質をコードする配列を組み合わせることで，任意のタンパク質を任意の細胞や器官，任意の成長段階で発現させることができる．例えば，全身で強い発現を引き起こすプロモーター/エンハンサー配列と成長ホルモンをコードする配列を組み合わせれば，全身で成長ホルモンを強く発現するトランスジェニック生物を作ることができる．実際にそうして作られた成長ホルモンのトランスジェニックニジマスは大型化することが確認されている．あるいは，宿主生物がもっていないタンパク質を含むトランスジーンを導入することで，その生物が本来もたない機能や性質を付与することも可能である．

　また，宿主生物自身の特定の遺伝子のプロモーター/エンハンサー配列にレポーター遺伝子（発現を可視化できるタンパク質をコードする遺伝子）をつなげたトランスジーンを導入することで，その遺伝子の発現を可視化することもできる．例えば，レポーター遺伝子としてGFPなどの蛍光タンパク質の遺伝子を用いれば，個体を生かしたまま，特定の遺伝子を発現する細胞を蛍光で標識することができる．それにより，*in situ* ハイブリダイゼーションなどを行わなくとも，個体を観察するだけで，しかも個体を生かしたまま，目的の遺伝子の発現パターンを調べることができるようになる．実際にこれまで，魚類でそのような報告が数多くなされている（図14-5）．GFPなどの蛍光タンパク質の他に，β-ガラクトシダーゼやルシフェラーゼなどの遺伝子もレポーター遺伝子として用いられることがあ

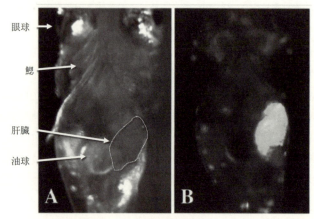

図14-5　レポーター遺伝子のトランスジェニックを用いた遺伝子の発現解析の一例
女性ホルモン（エストロゲン）応答性のコリオゲニンH遺伝子のプロモーター配列にGFP遺伝子をつないだトランスジーンを導入したメダカをエストロゲンに暴露した．A：通常の明視野での観察像．B：蛍光観察像．コリオゲニンH遺伝子の発現細胞（肝臓の細胞）がGFP蛍光によって可視化されている．

るが（表14-1），やはり個体を生かしたまま観察できるという利点をもつ蛍光タンパク質の遺伝子が最も多く用いられている．蛍光タンパク質には，青色，緑色，黄色，赤色など，異なる波長の蛍光を発するものがあり，異なる波長の蛍光タンパク質を使用することで，複数の遺伝子の発現パターンを同時に解析することもできる．ただ，レポーター遺伝子によって可視化された発現パターンは，目的遺伝子の本来の発現パターンを必ずしも正確に反映しているとは限らないことに注意が必要である．トランスジーンに含めたプロモーター／エンハンサー配列が不完全だったり，染色体に組み込まれたトランスジーンの周辺にある別の内在性遺伝子のプロモーター／エンハンサーがトランスジーンの発現パターンに影響を及ぼす場合もあるためである．

表14-1　レポーター遺伝子の比較（一例）

タンパク質	カテゴリー	特徴	備考
蛍光タンパク質（青色；BFP，緑色；GFP，赤色；RFPなど）	蛍光タンパク質	励起光の照射により，基質を必要とせず，蛍光を発する．生物試料を生かしたまま観察できる．半減期は，lucに比べて長い．異なる波長の蛍光を発する蛍光タンパク質を同時に使用することができる．蛍光が発するまでに数時間のタイムラグがある．	各種改良型の蛍光タンパク質が各社から販売されている．
ルシフェラーゼ (Luc)	発光タンパク質	基質であるルシフェリンを分解し，光を発する．蛍光タンパク質に比べ半減期が短く，遺伝子発現のOn/Offの観察に好都合である．生物試料を生かしたまま観察することも可能であるが，基質を供給する必要がある．	各種改良型のLucが各社から販売されている．
β-ガラクトシダーゼ（β-Gal）	ラクトース分解酵素	5－ブロモ-4-クロロ-3-インロリル-β-D-ガラクトピラノシド（X-gal）を基質として加えると，青色の不溶性分解物を生じる．特殊で高価な器機を必要としない．	

§5. 順遺伝学的手法（ポジショナルクローニング）

第1章で述べたように，何らかの特別な表現型を有する突然変異体の解析から，その表現型の原因となる遺伝子（原因遺伝子，あるいは責任遺伝子とよぶ）を探り当てる順遺伝学（forward genetics）の登場によって，発生学は飛躍的に発展することとなった．順遺伝学を用いた研究によって，発生過程の個々の現象を引き起こす遺伝子が次々と明らかになっていったためである．順遺伝学を用いた研究はショウジョウバエで始まったが，その後，ゼブラフィッシュやメダカでも盛んに行われるようになった．ここでは，順遺伝学的な手法の代表例であるポジショナルクローニングについて概説する．

着目した表現型がメンデル遺伝する場合には，ポジショナルクローニングを用いれば，原因遺伝子を同定することができる．ポジショナルクローニングの「ポジション」とは，原因遺伝子の染色体上での位置のことである．その名の通り，交配実験と交配によって得られたそれぞれの個体のゲノム解析によって，原因遺伝子が存在する可能性があるゲノム領域をどんどん絞り込んでいき，最終的に原因遺伝子を突き止めるのが，ポジショナルクローニングの基本戦略である．ポジショナルクローニングを行うには，着目した表現型を示す個体（テスター）の他に，テスターと交配可能ではあるが，ある程度の頻度でゲノムの塩基配列に違い（DNA多型）がある個体や集団（リファレンス）が必要となる．例えば，メダカは北日本集団と南日本集団でゲノム配列が3％ほど違っているので，テスター

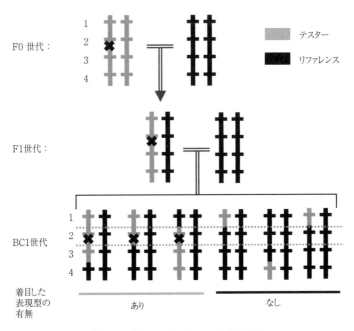

図14-6　ポジショナルクローニングの原理

図の横棒は，テスター系統とリファレンス系統の間で多型を示すDNAマーカーの位置を示す．テスター上の×印は変異部位を示す．テスターとリファレンスを交配して得られる雑種第1世代（F1世代）で着目した表現系を示す個体を再度リファレンス系統と交配する．この際，F1個体の減数分裂中に交叉が生じ，様々なタイプの戻し交配第1世代（BC1世代）が得られる．この図では，テスターのDNAマーカー2と着目する表現系が連鎖しているため，その原因遺伝子は，DNAマーカー2の近傍に存在することがわかる．

が北日本集団の個体である場合は，南日本集団をリファレンスとして用いればよい．

　まずは，テスターをリファレンスと交配して雑種第1世代（F1世代）を得る（図14-6）．次に，このF1個体を再度リファレンスと交配して戻し交配第1世代（BC1世代）を得る．さらに，このBC1個体を再度リファレンスと交配して戻し交配第2世代（BC2世代）を得る．このような戻し交配（backcross；交配によって生じた子孫を片方の親と再び交配させること）を繰り返していくと，生殖細胞で染色体の相同組み換えが起こることもあり，世代を重ねるごとに様々なパターンでゲノムの大部分がリファレンス由来のものになっていく．それに伴い，着目した表現型を示す個体の割合も世代を重ねるごとに低くなっていくが，それでもその表現型を示す個体は一定の割合で出現する．そのような個体集団が共通にもつテスター由来のゲノム領域に原因遺伝子が存在するはずである．そのゲノム領域をどんどん絞り込んでいけば，最終的に原因遺伝子を同定することができる（小林・武田，2004）．

　それぞれのゲノム領域がテスター由来かリファレンス由来かを判断するには，DNA多型を検出し，それがどちらの型かを確認すればよい．DNA多型には，塩基の挿入や欠損，置換など様々なタイプがあるが，塩基の挿入や欠損であれば，その多型を含むゲノム領域をPCRで増幅し，PCR産物の長さを調べれば多型を検出，解析できる．塩基置換のDNA多型の場合は，その多型が制限酵素サイトの違いをもたらしていれば，そこを含むゲノム領域をPCRで増幅した後に制限酵素処理を行い，消化されたかどうかを確認することで，多型を検出，解析できる（ただし，事前に塩基配列と制限酵素の切断パターンを把握しておく必要がある）．最近では，大規模な塩基配列の解析を短時間で行うことができる次世代シークエンサー（next generation sequencer；NGS）を用いた多型の解析も普及しつつある．

§6. 逆遺伝学的手法

　第1章で述べた通り，特定の遺伝子の機能を人為的に阻害する技術が開発されたことで，順遺伝学とは逆方向の研究スタイル，つまり，特定の遺伝子の機能を阻害し，その際の表現型を調べることで，その遺伝子がもつ本来の機能を明らかにする逆遺伝学（reverse genetics）が登場した．近年，様々な魚種でゲノム配列が解読され，各遺伝子の塩基配列も明らかになってきた．そのため，逆遺伝学は魚類でも有効な研究手段となっており，様々な遺伝子の機能阻害法が魚類に適用されてきた．ここでは，その代表例をいくつか紹介することにする．

6-1　遺伝子のノックダウン

　遺伝子のノックダウン（knockdown）とは，発現量を低下させることで遺伝子の機能を阻害することである．遺伝子をノックダウンする手法はいくつかあり，それぞれ原理が大きく異なるが，いずれの手法も，後述する遺伝子のノックアウトとは異なり，ゲノム上の遺伝子そのものには何の変化も引き起こさない．そこから転写されるmRNAやタンパク質の機能を阻害することで，結果として遺伝子の機能を阻害するのである．そのため，標的とした遺伝子の機能を完全に消失させることはできないという欠点があり，標的遺伝子をノックダウンしても明瞭な表現型が認められない場合がある（言

い換えれば，明瞭な表現型が認められないからといって，ノックダウンした標的遺伝子がその表現型に関与していないとは断定できない）．しかしながら，ノックダウンは一般に操作が簡便であるため，しばしば発生学の研究に用いられる．以下に代表的なノックダウンの手法を示す．

1) アンチセンスオリゴによるノックダウン

標的の mRNA に相補的な塩基配列を有する18～25塩基ほどの核酸類似物質（アンチセンスオリゴ）を人工合成して生体に導入し，標的 mRNA に結合させる手法である．マイクロインジェクションで受精卵に導入することが多い．mRNA は本来一本鎖だが，アンチセンスオリゴが結合した部位は二本鎖となり，その部位に本来結合するはずの他の物質が結合できなくなる．そのため，結果として mRNA の機能が阻害される．例えば，mRNA の翻訳開始点に結合するアンチセンスオリゴを合成して導入すれば，タンパク質への翻訳を阻害することができる．あるいは，エキソンとイントロンの境界部分に結合するアンチセンスオリゴを合成して導入すれば，mRNA の正常なスプライシングを阻害できる．

アンチセンスオリゴにはいくつかの種類があるが，モルフォリノオリゴ（morpholino oligo；MO）とペプチド核酸（peptide nucleic acid；PNA）が魚類でも用いられている（Kitano and Okubo, 2009）．DNA や RNA の骨格にあるデオキシリボースやリボースを，MO ではモルフォリン環に，PNA では N-（2-アミノエチル）グリシンに置き換えてある．それにより，DNA や RNA への結合性が強く，かつ生体内で分解を受けにくくなっている．魚種にもよるが，効果は数日～数週間しか続かないので，より長期にわたって遺伝子機能の抑制が必要な場合には不向きである．

2) RNAi によるノックダウン

二本鎖 RNA（double-stranded RNA；dsRNA）を細胞に導入すると，その RNA と相同な塩基配列を含む mRNA が選択的に分解される現象［これを RNA interference（RNAi）とよぶ］を利用したノックダウンの手法である．実際に，標的 mRNA の一部と相同な配列を有する二本鎖 RNA をマイクロインジェクションで卵に導入すると，標的 mRNA が特異的に分解され，翻訳されるタンパク質の量が減少する（多比良ら，2004）．ただ，その作用はアンチセンスオリゴと同様に一過性であり，ノックダウンの効果は数日間しか続かない．

RNAi の作用メカニズムは以下の通りである．細胞に導入された二本鎖 RNA は，RNaseIII ファミリーに属する Dicer という RNA 分解酵素によって，small interfering RNA（siRNA）とよばれる21～23塩基の短い二本鎖 RNA に分解される．次に，siRNA は RNA 誘導型サイレンシング複合体（RNA-induced silencing complex；RISC）とよばれる複数のタンパク質で構成された分子に組み込まれる．RISC は，組み込まれた siRNA の配列と相同な配列をもつ mRNA に結合し，その mRNA を切断する．切断された mRNA はやがて分解されてしまう．

3) ドミナントネガティブによるノックダウン

トランスジェニック技術を用いて，正常なタンパク質の一部を改変して機能を失わせた変異型のタンパク質を過剰に発現させることで，目的のタンパク質のはたらきを抑えることができる．この手法をドミナントネガティブという．その一例を挙げる．細胞膜上に存在する受容体は通常，リガンドに結合すると活性化し，細胞内に特定の変化を引き起こす．そのような受容体の一部を改変し，リガンドには正常に結合するが，活性化しないようにした変異型の受容体を強力なプロモーターのもとで大

量発現させれば，内在性のリガンドの大部分は，この変異型の受容体にトラップされてしまい競合阻害が生じるため，本来の受容体との結合効率が低下する．

本手法は，上述のアンチセンスオリゴや RNAi とは異なり，ゲノムに改変を加えるため（ゲノム上の標的遺伝子自身には何の変化も引き起こさないが，トランスジェニック技術によって，ゲノム上に遺伝子を追加するため），継続的に機能抑制効果を発揮できる．

6-2 遺伝子のノックアウト

遺伝子のノックアウト（knockout）とは，ゲノムを改変し，特定の遺伝子の機能を完全に失わせることである．ゲノム上から標的遺伝子そのものを消失させるか，機能を完全に失うような変異を標的遺伝子に導入することで達成される．

ノックアウトは遺伝子の機能を明らかにするためだけでなく，近年は産業への応用も考えられるようになってきた．水産業でその一例を挙げよう．増肉（筋線維の増殖や成長など）に関係する遺伝子が牛で同定され，ミオスタチン遺伝子と名付けられた．ミオスタチン遺伝子に変異をもつウシの系統は，通常のウシより肉付きがよく，畜産業において付加価値のある系統となっている．ミオスタチン遺伝子は魚類にも存在する．そこで，メダカで同遺伝子をノックアウトしたところ，期待通りに骨格筋量が増えることが確認されたため（Chisada ら，2011），現在，マダイやトラフグ（*Takifugu rubripes*）などの養殖魚への応用が展開されている．

ここでは，魚類で遺伝子のノックアウトを達成することができる代表的な手法を以下に概説することとする．

1）TILLING

TILLING（targeting induced local lesion in genome）とは，ゲノム中に1塩基置換（1個の塩基が別の塩基に置き換わること）の突然変異をランダムに起こさせた変異体集団の中から，標的遺伝子に変異をもつ個体を探し出す手法である．配偶子（種子や精子あるいは卵）を長期間保存することができ，保存された配偶子から個体を発生させることができれば，どのような生物種にでも適用できる．2003年にシロイヌナズナで技術が開発されて以降，魚類でもメダカ，ゼブラフィッシュ，トラフグに適用されている．長い間，ES 細胞が樹立されていたマウスでしかノックアウトを行うことができなかったが（第1章参照），TILLING の登場によって，初めて生物種を問わずノックアウトが可能となった．

ここでは，メダカへの適用を例に説明する．TILLING はまず，多数の変異体個体を作製し，それらの個体を集めてコレクション化した変異体ライブラリーを作製するところから始まる．ゲノムに1塩基置換の突然変異（点変異ともいう）を高頻度に誘発する化学物質である N-ethyl-N-nitorosourea（ENU）で成熟したオスを処理すると，精子のゲノム中に多数の点変異がランダムに入る．その後，そのオスと通常のメスを交配すると，全身の細胞のゲノムに点変異をもつ F1 世代が得られる．メダカの場合，100個体の ENU 処理したオスから約6000個体の F1 世代のオスが得られ，その約6000個体分のゲノム DNA と精子（凍結保存した精子）のセットが変異体ライブラリーとして保存されている（Taniguchi ら，2006）．

点変異には，アミノ酸の置換につながらないものや，アミノ酸の置換は起こすがタンパク質の機能には大きな影響を与えないものが多い．しかし，中にはタンパク質の機能を完全に消失させ得る点変

異もある．終止コドンを生じさせる点変異（これをナンセンス変異という）である．ナンセンス変異によってアミノ酸をコードする通常のコドンが終止コドンに変わると，そこで翻訳がストップし，不完全なタンパク質しか翻訳されなくなる．その結果，多くの場合で遺伝子の機能が完全に失われることになる．つまり，遺伝子がノックアウトされることになる．メダカの変異体ライブラリーを解析したところ，ENUは約350 kbのゲノム中に1カ所の割合で点変異を誘発することが示された．メダカの変異体ライブラリーは約6,000個体分のゲノムから構成されているので，ライブラリー全体でみれば，約350 kbのゲノム中に約6,000カ所の点変異が入っていることになる．言い換えれば，約60 bpのゲノム中に1カ所の割合で点変異が入っているライブラリーとなっている．点変異がナンセンス変異となる確率は1/25なので，このライブラリーをスクリーニング（集団の中から目的のものを見つける作業を行うこと）すれば，タンパク質をコードするゲノム領域約1.5 kbの中に1カ所の確率でナンセンス変異が見つかることになる．

　変異体ライブラリーは一度作製すれば，長期にわたって何度も使い回すことができる．後はそのライブラリーをスクリーニングし，目的の遺伝子中にナンセンス変異をもった個体を見つければよい．そして，その個体の精子を使って人工授精し，交配によりこの変異をホモ接合化すれば，目的の遺伝子のノックアウト個体が得られることになる．ライブラリーのスクリーニングは通常，ライブラリーのゲノムDNAを鋳型としたPCRで標的遺伝子のゲノム領域を増幅し，その配列を解析することで行う．スクリーニングの詳細については，ウェブサイト（http://www.shigen.nig.ac.jp/medaka/strain/aboutTilling.jsp）を参照してもらいたい．なお，ライブラリーをスクリーニングすれば必ず目的遺伝子にナンセンス変異をもった個体が得られるというわけではない．実際に，コード領域が1 kb未満の短い遺伝子などでは，ナンセンス変異が見つからない場合も多くある．

2）ゲノム編集

　TILLINGの登場によって，マウス以外の動物種でも遺伝子のノックアウトが可能となったが，TILLINGでは，ES細胞を使ったマウスでのノックアウトのように，狙った遺伝子の狙った部位に変異を導入し（これをgene targetingという），その遺伝子を確実にノックアウトすることはできない．また，魚類のES細胞を樹立し，魚類でもgene targetingを可能にしようという試みも古くからなされてきたが，魚類では生殖細胞に分化する培養細胞株の樹立が難しく，実用に耐え得るES細胞はできていない．そのような状況の中，近年になって，ゲノム中の任意の塩基配列を特異的に切断することができる技術が開発され，魚類を含め，どのような生物種でもgene targetingによるノックアウトが可能となった．それがゲノム編集（genome editing）技術である．

　ゲノム編集を可能とする分子はゲノム編集ツールとよばれ，これまでに3種類のゲノム編集ツールが開発されている．第一世代のゲノム編集ツール zinc finger nuclease（ZFN），第二世代のゲノム編集ツール transcription activator-like effector nuclease（TALEN），そして第三世代のゲノム編集ツール clustered regularly interspaced short palindromic repeats/Cas9（CRISPR/Cas9）である．ZFNとTALENは，いわば標的の配列と特異的に結合するようにデザインされた人工的なヌクレアーゼ（核酸分解酵素；核酸を切断するハサミのような分子）であり，人工的な制限酵素とみなすこともできる．それに対し，CRISPR/Cas9は，標的配列に特異的に結合するRNAとそれに結合してはたらくヌクレアーゼ［RNA誘導型ヌクレアーゼ；RNA guided endonuclease（RGEN）］の複合体である（山本，

2014;真下・城石,2015).後発のツールほど,より効率良くゲノムを切断でき,かつ実際の作製工程もより簡便になっている.CRISPR/Cas9を用いた遺伝子のノックアウトは特に簡便であるため,マダイ,トラフグ,クロマグロ(*Thunnus orientalis*)などの海産の養殖対象魚でも行われるようになってきた.

ここでは,最も広く用いられているCRISPR/Cas9について,その原理と利用方法を概説する.ゲノム編集ツールはいずれも,「特定の塩基配列を認識するパーツ」と「DNAを切断するパーツ」から構成されるが,CRISPR/Cas9の場合は,ゲノム中の標的配列と同じ塩基配列を含むRNAが「特定の塩基配列を認識するパーツ」であり,Cas9というRNA誘導型ヌクレアーゼが「DNAを切断するパーツ」である.ヌクレアーゼがRNAによってゲノム中の標的配列まで誘導され,その標的配列を切断することになる.

CRISPR/Cas9はもともと,真正細菌や古細菌がもつ獲得免疫システムとして発見されたものである.これらの細菌に外敵(ファージやプラスミドといった外来DNA)が侵入すると,菌内で断片化され,ゲノム中のCRISPRとよばれる領域に取り込まれる.再び外来DNAが侵入すると,このCRISPR領域からRNA(CRISPR RNA;crRNA)が転写される.crRNAはtracrRNAという別のRNAと結合し,さらに,ヌクレアーゼ活性をもつCasタンパク質と複合体を形成する.この複合体はcrRNAと相補的なDNA配列(つまり,再び侵入してきた外来DNA)を認識して,その配列を切断する.この機構によって,過去に菌内に侵入したことがある外来DNAは速やかに除去されることになる.ゲノム編集ツールとしてのCRISPR/Cas9は,元来の真正細菌や古細菌がもつ獲得免疫システムから,ゲノム編集に必要な要素のみを取り出し,改良したものである.例えば,ゲノム編集で用いられるCasタンパク質は,真正細菌のCas9である.またゲノム編集には,特定の塩基を認識する機構として元来別々の分子であったcrRNAとtracrRNAを結合し,1本のRNAとしたsingle-guide RNA(sgRNA)を

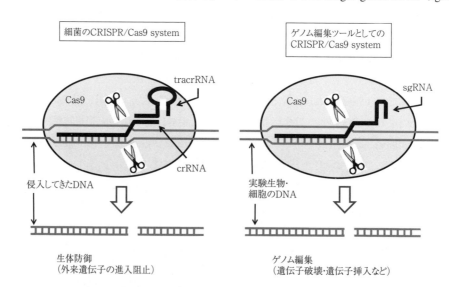

図14-7 細菌の獲得免疫機構としてのCRISPR/Cas9とゲノム編集ツールとしてのCRISPR/Cas9
CRISPR/Cas9は,もともと細菌の獲得免疫機構として見出されたシステムであるが,近年になってゲノム編集ツールに応用されるようになった.ゲノム編集では,もともと別々の分子であったcrRNAとtracrRNAを結合し,1本のRNAとしたsgRNAを用いるなど,いくつかの改良が加えられている.

用いることもある．このsgRNA（中のcrRNA相当部分）に，ゲノム中の改変したい配列を含ませることで，ゲノム中の任意の配列を切断することが可能となる（図14-7）．

ここまでに，ゲノム編集ツールによって標的遺伝子中の任意の配列を切断できることを述べた．次に，標的遺伝子の切断がその遺伝子のノックアウトをもたらすしくみを説明したい．ゲノム編集ツールは，二本鎖ゲノムDNAの両方の鎖を切断する．これをdouble strand break（DSB）とよぶ．細胞には，DSBを起こしたゲノムを修復して元通りにしようとする機構が2つ備わっている．1つ目は非相同末端連結（non-homologous endo joining；NHEJ）とよばれ，DSBを起こしたゲノムを単純につなぎ直す修復機構である．しかし，NHEJは常に正確に元通りにできるわけではなく，偶発的に数塩基の欠失や挿入をもたらすことがある．タンパク質をコードする領域にそのような欠失や挿入が起こると，コドンの読み枠がずれ（これをフレームシフトという），本来のアミノ酸配列とは全く異なる配列のタンパク質をコードするようになることがある．修復部位のすぐ先に終止コドンが形成され，不完全なタンパク質をコードするようになることもある．このような場合に遺伝子がノックアウトされることになる．

細胞がもつもう1つの修復機構は相同組換え（homologous recombinaton；HR）とよばれる．DSBを起こしたゲノム領域の近くにそれと相同な配列のDNA（通常は姉妹染色体）がある場合に，そのDNAを鋳型として，比較的正確に修復する機構である．最近は，このHRを利用して，遺伝子のノックアウトだけでなく，特定のゲノム領域に外来のDNA断片を挿入するノックイン（knockin）や，特定のゲノム領域の塩基配列を書き換えることも可能になってきた．DSBを起こしたゲノム領域と相同な配列をもつ外来DNA断片を，ゲノム編集ツールと一緒に導入することで，外来DNA断片をHRによってDSBを起こした領域に組み込むのである．

CRISPR/Cas9を用いて遺伝子のノックアウトを行う実際の手順は以下の通りである．まずは，ノックアウトしたい遺伝子のゲノム配列の中から，切断する標的配列を選び出す．Cas9の標的配列となるのは，3′端がGGとなっている23塩基である．この配列をもとにsgRNAを合成し，Cas9をコードするmRNAあるいはCas9のタンパク質と一緒に，受精卵にマイクロインジェクションする．その後，受精卵（F0世代）を成魚にまで育て，通常の野生型個体と交配する．得られたF1世代の数個体の胚からゲノムDNAを抽出し，配列を解析することで，標的配列に欠損や挿入をもつF1世代を生み出すF0個体をスクリーニングする．そのようなF0個体が得られれば，その個体から得たF1世代を成魚にまで育てた後，各個体の尾鰭からゲノムDNAを抽出し，標的配列中の欠損や挿入の有無を確認する．そして欠損や挿入が確認されたF1個体（これらの個体は欠損や挿入をヘテロにもつ個体）どうしを交配することで，目的遺伝子がノックアウトされた個体（欠損や挿入をホモにもつ個体）をF2世代で得ることができる．

§7．顕微鏡，および顕微鏡を用いた実験技術

発生学の実験では多くの場合，胚を観察することが基本の作業となる．そのためになくてはならないツールが顕微鏡である．実験発生学が登場して以降，様々な種類の顕微鏡が開発され，それぞれの顕微鏡の性能も飛躍的に向上した．そのおかげで今日では，以前は難しかった様々な観察が可能となっ

ている．細胞内のより細部まで観察できるようになった他，蛍光タンパク質を利用して，胚を生かしたまま特定のタンパク質やそれを発現する細胞の動態を観察すること（これをライブイメージングという）も可能となった．また，組織切片を作製せずに組織の断層像を光学的に得ることも可能となった．ここでは，今日の魚類発生学でもよく用いられる顕微鏡の種類と，顕微鏡を用いた実験技術について紹介する．

7-1 顕微鏡の種類
1）通常の光学顕微鏡

通常の光学顕微鏡は大きく3つの種類に分けられる．正立顕微鏡（upright microscope），倒立顕微鏡（inverted microscope），実体顕微鏡（stereo microscope）の3つであり，いずれも発生学の実験でよく用いられる．顕微鏡と言って普通にイメージするのが正立顕微鏡である．試料をセットする台（ステージ）の上方に対物レンズがあり，試料を上方から観察することになる．スライドグラスとカバーガラスの間にサンプルを挟んだプレパラート標本を観察する場合に多用される顕微鏡である．一方，対物レンズと試料の位置関係が正立顕微鏡とは逆になったのが倒立顕微鏡である．試料をセットするステージの下方に対物レンズがあり，試料を下方から観察することになる．ディッシュ（シャーレ）に入れた胚や培養細胞を観察するのに適している．正立顕微鏡と倒立顕微鏡はいずれも，1,000倍程度まで試料を拡大して観察することが可能であり，高倍率での観察に向いている．ただ，高倍率の対物レンズは通常，作動距離が短く（試料近くまでレンズを接近させる必要がある），かつ被写界深度も浅い（ピントの合う奥行きの範囲が狭い）ので，顕微鏡を覗きながら試料に何かの操作を加えることは難しくなる．

一方，実体顕微鏡は10～100倍程度の低倍率での観察に向いた顕微鏡である．正立顕微鏡や倒立顕微鏡とは異なり，試料を立体視でき，作業空間（対物レンズと試料の距離）を確保できるのが最大の特徴である．そのため，胚の観察を行いながらピンセットを使って胚を選別したり，組織移植を行ったりするのに適している．また，マイクロインジェクションを行う際にも用いられる．

正立顕微鏡，倒立顕微鏡，実体顕微鏡のいずれも，通常はハロゲンランプを光源として用いて，透過光で（試料に光を透過させて）観察を行うが，蛍光観察ユニット（水銀ランプとフィルターセット）を取り付ければ，GFPなどの蛍光タンパク質や各種の蛍光物質を観察することも可能となる．

2）共焦点レーザー顕微鏡

共焦点レーザー顕微鏡（confocal laser scanning microscope）とは，上記の正立顕微鏡あるいは倒立顕微鏡に，レーザー光源とスキャンユニット（レーザー光を当てて試料をスキャンする光学系と，試料から返ってきた蛍光を分光して検出する装置）を追加した蛍光観察専用の顕微鏡である．最大の特徴は，ピントが合ったごくごく薄い平面からの蛍光を検出し，その上下のピントが合っていない層からの蛍光を排除できることである．それにより，非常にシャープな蛍光観察像を得ることができる．また，ピントの合う位置を少しずつずらしながら連続撮影を行い，コンピュータ上でそれらの断層像を重ね合わせることで，三次元の立体像を得ることも可能である．

3）その他の特殊な顕微鏡

上記の他に，生体試料観察のための様々な顕微鏡が開発されている．多光子顕微鏡は，多光子励起

現象が非常に高光子密度でのみ起こることを利用した顕微鏡で，従来の共焦点レーザー顕微鏡では不可能だった試料の深部までの撮影を可能とする．レーザー光の照射による試料へのダメージが少ないという特長ももつ．光シート顕微鏡は，レーザー光をシート状にして試料に当てることで，面でスキャンする顕微鏡である．点でスキャンする共焦点レーザー顕微鏡に比べて，より高速な撮影が可能である．その他に，ラマン吸収・散乱を捉えることで物質の局在を観察するラマン顕微鏡などがある．また，光学顕微鏡は「光」を使用するために光学理論的な制限を受け，可視光で200 nm以上の分解能が達成できない（200 nmよりも小さな構造を観察することができない）が，近年になって，様々な工夫でそれ以上の分解能を達成した顕微鏡が登場してきた．超解像顕微鏡とよばれる顕微鏡である．これらの顕微鏡の使用には，いずれも高度な光学的知識が要求され，機器も大変高価である．

7-2 顕微鏡を用いた実験技術

1) タイムラプスイメージング

一定時間ごとに試料を連続撮影し，試料の経時的変化を観察する手法をタイムラプスイメージングという．ビデオ撮影のようなイメージである．胚を生かしたまま連続撮影し，発生に伴う変化を記録するのに大変有効である．連続撮影が可能なカメラを取り付ければ，どのような種類の顕微鏡でも行うことができるが，共焦点レーザー顕微鏡を用いて，GFPなどの蛍光タンパク質で標識した胚のタイムラプスイメージングを行えば，四次元データ（三次元立体像の経時変化）を得ることもできる．ただし，共焦点レーザー顕微鏡では強いレーザー光を試料に照射するため，蛍光物質が退色して（劣化，分解などを起こして），次第に蛍光強度が低下することがある．また，強いレーザー光は生体に光毒性を示すため，条件によっては胚が死ぬ場合や発生が異常になる場合がある．したがって，レーザー光の強度，撮像素子の感度，解像度，撮影回数などの複数のパラメーターを適切に設定する必要がある．

2) 細胞を操作する顕微鏡法

顕微鏡は「観察」という受動的な利用を目的として開発された機器であるが，近年は，光を使って細胞を「操作」する能動的な方向へも進化を続けている．顕微鏡を利用した細胞操作としてはじめに開発されたのは，ケージド（caged；鳥籠に閉じ込めておくという意）とよばれる技術によって，生体に導入した生理活性物質を，任意のタイミングで特定の細胞だけで活性化させる操作術であった．紫外線などの光照射によって分解する保護基を結合させ，一時的に生物活性をマスクした生理活性物質（これをケージド化合物という）を生体に導入した後，任意のタイミングで任意の場所に光照射することで，光が当たった場所（細胞など）だけで生理活性物質を活性化させる操作術である．しかし，紫外線の光毒性や，生体内に化合物を導入する難しさなどから，あまり利用は進んでいない．

一方，最近になって光を用いた全く別の細胞操作術が開発された．トランスジェニックやノックインの技術を用いて，光受容体（細胞膜上に存在し，光を受容すると発現細胞を活性化，あるいは不活性化させる受容体の一種）を特定の細胞で強制発現させ，そこに光を当てることで，その細胞の活性を操作する技術である．光（opto）と遺伝学（genetics）を組み合わせることから，オプトジェネティクス（optogenetics；光遺伝学）とよばれる．現在は，神経細胞で光イオンチャネル（チャネルロドプシン；ChR2）や光イオンポンプ（ハロロドプシン；HR）を発現させ，顕微鏡下でレーザー光を局所的に照射することで神経細胞の活性をオン・オフさせる研究が大部分である．しかし，様々な光

受容体による生理活性調節が報告されているので，将来的にはより多くの局面で利用される研究ツールとなるだろう．

また，赤外線の局部照射で細胞を加熱することにより，熱ショックを起こさせて遺伝子発現誘導を細胞レベルで行う方法（infrared laser evoked gene operator；IR-LEGO）（Kameiら，2009；浦和ら，2010）も実用化されており，魚類での細胞系譜の解析などに利用されている．

メダカとゼブラフィッシュを用いた発生学実験の詳細は，成書（Kinoshitaら，2009）またはウェブサイト（http://zfin.org/zf_info/zfbook/zfbk.html）に記載されているので，そちらを参照してもらいたい．そこに記載されている実験手法は，基本的に他魚種への応用も可能であると考えられる．

（木下政人，亀井保博）

文　献

Chisada, S., Okamoto, H., Taniguchi, Y., Kimori, Y., Toyoda, A., Sakaki, Y., Takeda, S., Yoshiura, Y.（2011）: Myostatin-deficient medaka exhibit a double-muscling phenotype with hyperplasia and hypertrophy, which occur sequentially during post-hatch development. *Dev. Biol.*, 359, 82-94.

Hirose, Y., Varga, M. Z., Kondoh, H., Furutani-Seiki, M.（2004）: Single cell lineage and regionalization of cell populations during Medaka neurulation. *Development*, 131, 2553-2563.

Kamei, Y., Suzuki, M., Watanabe, K., Fujimori, K., Kawasaki, T., Deguchi, T., Yoneda, Y., Todo, T., Takagi, S., Funatsu, T., Yuba, S.（2009）: Infrared laser-mediated gene induction in targeted single cells *in vivo*. *Nat. Methods*, 6, 79-81.

Kawanishi, T., Kaneko, T., Moriyama, Y., Kinoshita, M., Yokoi, H., Suzuki, T., Shimada, A., Takeda, H.（2013）: Modular development of the teleost trunk along the dorsoventral axis and *zic1/zic4* as selector genes in the dorsal module. *Development*, 140, 1486-1496.

Kinoshita, M., Murata, K., Naruse, K., Tanaka, M.（2009）: Medaka: Biology, Management, and Experimental Protocols. Wiley-Blackwell.

Kitano, T., Okubo, K.（2009）: Gene knockdown technology. In Medaka: Biology, Management, and Experimental Protocols（Kinoshita, M., Murata, K., Naruse, K., Tanaka, M., eds），Wiley-Blackwell, pp.292-296.

小林大介，武田洋幸（2004）：メダカを用いたENUによる誘発突然変異体のスクリーニングとポジショナルクローニング．比較内分泌学会ニュース，114, 31-37.

Kobayashi, D., Shimada, A., Maruyama, K.（2009a）: Transplantation. In Medaka: Biology, Management, and Experimental Protocols（Kinoshita, M., Murata, K., Naruse, K., Tanaka, M., eds），Wiley-Blackwell, pp.362-367.

Kobayashi, D.（2009b）: Whole mount *in situ* hybridization. In Medaka: Biology, Management, and Experimental Protocols（Kinoshita, M., Murata, K., Naruse, K., Tanaka, M., eds），Wiley-Blackwell, pp.261-264.

真下知士，城石俊彦（2015）：進化するゲノム編集技術．NTS.

長井輝美，大谷　哲，斎藤大樹，前川真吾，井上邦夫，荒井克俊，山羽悦郎（2005）：ゼブラフィッシュの胚盤移植による生殖系列キメラの誘導．日本水産学会誌，71, 1-9.

野地澄晴（2006）：免疫染色 & *in situ* ハイブリダイゼーション．羊土社．

多比良和誠，宮岸真，川崎広明，明石英雄（2004）：改訂RNAi実験プロトコール．羊土社．

Taniguchi, Y., Takeda, S., Furutani-Seiki, M., Kamei, Y., Todo, T., Sasado, T., Deguchi, T., Kondoh, H., Mudde, J., Yamazoe, M., Hidaka, M., Mitani, H., Toyoda, A., Sakaki, Y., Plasterk, R. H., Cuppen, E.（2006）: Generation of medaka gene knockout models by target-selected mutagenesis. *Genome Biol.*, 7, R116.

浦和博子，出口友則，木村英二，伊藤真理子，鈴木基史，岡田清孝，八田公平，高木　新，弓場俊輔，亀井保博（2010）：赤外レーザーによる局所遺伝子発現誘導法．比較内分泌学，36, 217-221.

山本卓（2014）：今すぐ始めるゲノム編集．洋土社．

Zhu, Y. Z., Sun, H. Y.（2000）: Embryonic and genetic manipulation in fish. *Cell Research*, 10, 17-20.

第 14 章　発生学における実験技術　177

> コラム

マイクロインジェクション

　マイクロインジェクション（microinjection；顕微注入ともいう）とは，顕微鏡下で，ガラス製の微細な針（ガラスキャピラリーとよばれる）を用いて受精卵や胚などに色素，遺伝子，あるいは細胞などを注入する手法である．発生学に関する様々な実験で使われるため，マスターすることが必須の手法となっている．プラーという機器を用いて，直径 1 mm 程度の円筒形のガラス管を加熱して引き伸ばすと，マイクロインジェクション用のガラスキャピラリーができる．このガラスキャピラリーに，受精卵や胚に注入したい物質を充填した後，インジェクターに接続したホルダーに取り付ける．インジェクターには，空気圧あるいは油圧によってガラスキャピラリーの内部の圧力を調整できるしくみが備わっており，圧力をかければ，充填した物質を受精卵や胚へと押し出すことができる．ガラスキャピラリーを取り付けたホルダーはその後，マニピュレーターとよばれる装置に装着する．ガラスキャピラリーの先端を受精卵や胚などに突き刺すために，ガラスキャピラリーの位置を精密に制御する装置である．そして，顕微鏡のステージ上に受精卵や胚を並べ，顕微鏡を覗きながらマニピュレーターを操作することで，受精卵や胚にガラスキャピラリーを突き刺し，充填した物質を注入していくことになる．下の写真は，メダカの受精卵にマイクロインジェクションを行うための典型的な装置を示している．魚類の受精卵へのマイクロインジェクションには，実体顕微鏡を用いることが多い．
　　　　　　　　　　　　　　　　　　　　　　　　　　　　　　（木下政人，亀井保博）

> コラム

トランスジェニック，ノックダウン，ノックアウト，ノックインの違い

　本章で紹介したトランスジェニック（transgenic），ノックダウン（knockdown），ノックアウト（knockout），ノックイン（knockin）は混同されやすい技術である．それぞれの特徴をまとめて以下に記したので，違いをしっかりと理解してもらいたい．

トランスジェニック：外来の遺伝子（トランスジーン；transgene）を宿主のゲノム中に挿入する技術である．ゲノムを改変するのではなく，新たな遺伝子をゲノムに追加する技術と考えればよい．例えば，トランスジーンとして成長ホルモンの遺伝子をトランスジェニックした場合，成長ホルモンの遺伝子がゲノムに追加されるのであって，宿主のゲノム中にもともと存在する成長ホルモン遺伝子には何の変化もないことに注意してもらいたい．トランスジーンがゲノム中のどの位置に挿入されるかや，何分子（何コピー）のトランスジーンが挿入されるかは，通常は偶発的に決まるので制御できない．そのため，狙った遺伝子の狙った部位に変異を導入する gene targeting には属さない技術であると言える．

ノックダウン：標的遺伝子の機能を阻害するという目的はノックアウトと同じである．しかし，ゲノム中の標的遺伝子そのものを機能させなくするノックアウトとは違い，その遺伝子から転写される mRNA やタンパク質の機能を阻害することで，結果として標的遺伝子

の機能を阻害する．したがって，ゲノム中の標的遺伝子そのものには何の変化も起こらない．また，このような方法論のため，ノックアウトとは異なり，遺伝子の機能を完全になくすことはできない．

ノックアウト：ゲノム中の標的遺伝子そのものを改変し，その機能を完全に消失させる技術である．狙った遺伝子の狙った部位に変異を導入する gene targeting に属する技術の一種である．長い間，ES 細胞が樹立されているマウスでしか行うことができなかったが，ゲノム編集の登場によって，現在では様々な生物種で簡単に行うことができる．

ノックイン：ゲノム中の標的部位に外来遺伝子を挿入する技術である．ゲノム中の狙った位置にピンポイントで挿入できるところが，トランスジェニックとは決定的に異なる．ノックアウトと同様に，gene targeting に属する技術である．例えば，特定の遺伝子の翻訳開始点付近に GFP などの蛍光タンパク質の遺伝子を挿入し，その遺伝子の発現を GFP で可視化するなどの用途が考えられる．

（木下政人，亀井保博）

第15章　発生工学

　魚類は他の脊椎動物に比べて多産である上，体外授精を行うため，簡単に多くの受精卵を得ることができる．これは，胚操作を行う上での極めて大きなメリットである．この魚類がもつユニークな発生学的特徴を利用することで，産業応用が可能な種々の発生工学的技術が開発されている．本章では，すでに産業応用されている技術，あるいは近い将来産業応用されることが期待されている技術に焦点を当て，その原理と意義，さらには将来展望について紹介する．

§1. 性統御

　魚類の中には，雌雄間でその養殖特性や商品価値が大きく異なる種が多い．例えば，ヒラメ (*Paralichthys olivaceus*) ではメスの方がオスより早く成長する．サケ科魚類では卵巣（いわゆるスジコ）をもつメスの方が商品価値が高い．同様に，アユ (*Plecoglossus altivelis*) では大型の卵巣をもつメスは子持ちアユとよばれ，珍重されている．これらの魚種においては，全メス種苗を生産することが養殖を行う上で有利となる．一方，アメリカナマズ (*Ictalurus punctatus*) ではオスの方がメスより早く成長する．観賞魚の中にはオスの方がより好まれる体色や体型を有し，商品価値が高い種も多い．これらの魚種では全オス種苗の生産が養殖に有利となる．このように，性の統御は養殖魚の商品価値や生産性を高めるために有用な技術である．

　仔稚魚期の生殖腺はまだ性的に未分化である（第10章参照）．この時期にアンドロゲン処理を行うと，表現型の性（phenotypic sex）をオスへと転換させることができる．逆にエストロゲン処理を行うと，表現型の性をメスへと転換させることができる．これらの処理は通常，アンドロゲンやエストロゲンを含む飼育水中で仔稚魚を飼育するか，接餌開始直後から一定期間，アンドロゲンやエストロゲンを含む飼料を仔稚魚に与えることで行う．アンドロゲンやエストロゲンには様々な分子種があるが，アンドロゲンとしては 17α-メチルテストステロン（合成アンドロゲンの一種）や 11-ケトテストステロン（魚類における主要な天然アンドロゲン）を，エストロゲンとしてはエストラジオール-17β（魚類を含む脊椎動物における主要な天然エストロゲン）を利用する場合が多い（荒井, 2009）．また，内在性のエストロゲン合成を阻害する薬剤であるアロマターゼ阻害剤で処理することによっても，表現型の性をオスへと転換させることができる．これらの処理を行えば，全メス集団や全オス集団を作成することが可能であるが，そうして性ステロイドホルモンや薬剤で処理された個体をそのまま養殖用種苗として用いるのは，食の安全・安心確保の観点から好ましくない．そこで実際の単性種苗の生産には，以下に示すような工夫が必要となる．

　XX/XY型の遺伝的性決定（第10章参照）を行う魚種では，アンドロゲン処理によって，性染色体の組み合わせがXXである遺伝的にはメスの個体でも，表現型がオスに転換する．このXXオスは偽

オス（pseudomale）とよばれ，X染色体をもつ精子のみを生産する．したがって，偽オスを通常のXXメスと交配すると，次世代の性染色体の組み合わせは必ずXXとなり，全メス集団が得られる（Cnaani and Levavi-Sivan, 2009）（図15-1）．一方，エストロゲン処理を施すと，性染色体の組み合わせがXYである遺伝的オスでも，表現型がメスに転換する．このXYメスは偽メス（pseudofemale）とよばれる．偽メスが作る卵の半数は通常の卵と同様にX染色体をもつが，残りの半数の卵はY染色体をもつ．したがって，偽メスから得られた卵と通常のXYオスから得られた精子を受精させると，次世代の一部（1/4の確率）で，Y染色体をもつ卵とY染色体をもつ精子が受精したYYオスが生まれる（図15-2）．このYYオスは超オス（super male）とよばれ，Y染色体をもつ精子のみを生産する（Cnaani and Levavi-Sivan, 2009）．したがって，超オスを通常のXXメスと交配すると，次世代の性染色体の組み合わせは必ずXYとなり，全オス集団を容易に大量生産することができる．偽オスや超オスの作出は，原理的にはあらゆるXX/XY型の性決定機構をもつ魚種に応用可能であり，実際にサケ科魚類で全メス集団を作出したり，子持ちアユを量産する際に利用されている．なお，哺乳類ではX染色体とY染色体の構造が大きく異なっており，X染色体上には個体の正常な発生や成長に必要な遺伝子が多く存在する一方で，Y染色体上には精子形成に必要な遺伝子が複数存在する．そのため，X染色体をもたないYY個体は生残することができず，Y染色体をもたないXX個体は妊性をもつオスにはなり得ない．それに対して，魚類のYY個体（超オス）は正常に発生，成長，成熟し，妊性ももつ．また，XXオスやXYメスも正常な妊性をもつ．これらのことは，多くの魚類の性染色体が，性決定遺伝子以外の領域は機能的には等価であることを意味している．

近年，魚類でもZZ/ZW型の性決定様式に従う魚種の報告も増えてきており，これらの魚種でも性

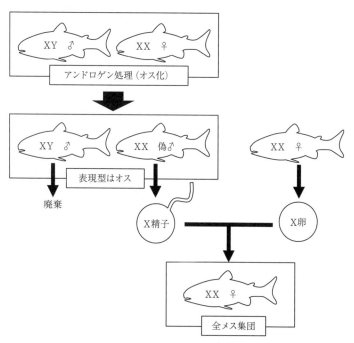

図15-1　偽オス（XXオス）を利用した全メス集団の生産方法
アンドロゲン処理によって得られる偽オス（XXオス）を利用して，全メス集団を生産することができる．

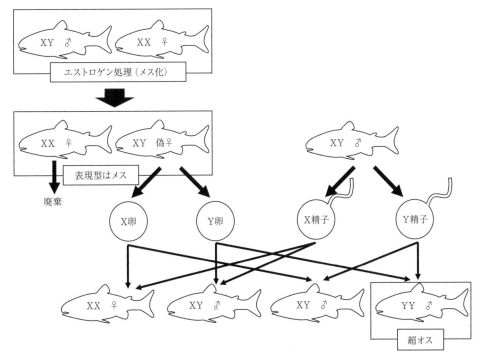

図15-2 超オス（YYオス）の生産方法
エストロゲン処理によって得られる偽メス（XYメス）を利用して，超オスを生産することができる．

ステロイドホルモン処理により性転換が可能と予想されるが，その研究例は未だ少ないのが現状である．

一部の魚種では飼育水温やpH，さらには飼育密度といった飼育環境が性比に大きく影響を与える例も知られており（Baroillerら，2009），このような現象を積極的に利用することで，産業上付加価値のある性の個体のみを養殖する単性養殖（monosex culture）を実現することも可能である．

§2. 染色体操作

脊椎動物の卵は通常，第二減数分裂の中期で排卵され，受精する．そして受精の後に減数分裂を再開し，第二極体（second polar body）を放出する．したがって，受精直後の卵は，卵核，精子核，第二極体に由来する3セットの染色体を保持している．また，魚類や両生類，爬虫類では，哺乳類や鳥類とは異なり単為発生（parthenogenesis）が可能である．魚類では，これらの現象を利用した様々な染色体操作（chromosome set manipulation）が可能となっている．

2-1 三倍体・四倍体

受精卵が第二極体を放出する以前，すなわち受精直後の短い期間に，受精卵を高温か低温，あるいは高圧で処理することで，第二極体の放出を阻害することができる．そうして得られた個体は，通常の核相2n分の染色体に加え，第二極体由来の核相n分の染色体をもつため，合計3n分の染色体を各

細胞内にもつこととなる（図15-3）．これらの個体は通常の二倍体（diploid）に対し，三倍体（triploid）とよばれる．三倍体を作出する際の温度処理条件は魚種ごとに異なるが，通常は産卵適温の±15℃程度で処理すればよいことが経験的に知られている．例えば，13℃程度が産卵適温であるニジマス（*Oncorhynchus mykiss*）では28℃前後が処理適温であり，26℃程度が産卵適温であるナイルティラピア（*Oreochromis niloticus*）では41℃前後が処理適温である．高温処理では受精卵の生存可能な温度帯を逸脱してしまう場合は，逆に低温処理が有効なことも多い．各魚種の処理条件の詳細に関しては，章末に示した成書を参照されたい（荒井，1997；Piferrerら，2009）．三倍体個体は，細胞の大きさは通常細胞より大型化するが（体積は二倍体細胞のほぼ1.5倍になるため，理論的にはその直径が1.5の立方根で1.14倍程度となる），個体を構成する細胞数そのものが減少するため，個体の成長速度は，少なくとも成熟時までは通常個体とほぼ同じである．

　三倍体個体の大きな特徴は，減数分裂の進行が阻害されるために不妊になりやすい点である．不妊の程度は魚種によって様々であるが，一般的にはメスにおける妊性の方が，オスの妊性よりも著しく低下する．例えばサケ科魚類では，三倍体のオスは精巣が発達し，アンドロゲンの分泌に伴って通常の二倍体個体と同様の二次性徴を示すが，三倍体のメスでは卵巣が発達せず，完全な不妊となる．魚類は体サイズに比して大きな生殖腺をもち，特にメスの場合，卵巣の重さが体重の2割程度に達する魚種も珍しくない．そのため，性成熟期には多大なエネルギーが生殖腺の成熟に費やされ，体成長が停滞することになるが，三倍体のメスは大きな卵巣を発達させない分，性成熟期の体成長の停滞が回避される．したがって，三倍体を利用した不妊化は多くの魚種の養殖で有利となる．また，多くの魚

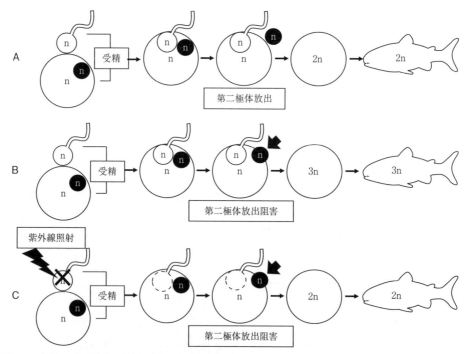

図15-3　魚類における通常の受精時（A），三倍体作成時（B），雌性発生二倍体作成時（C）の染色体セットの挙動
　通常は受精後に第二極体が放出されるが，受精卵に温度処理を施すことで，第二極体の放出が阻害され，三倍体となる．また，紫外線照射によってゲノムを不活化した精子を受精させた後に同様の処理を施すことで，雌性発生二倍体が得られる．

種では性成熟期に感染症への抵抗性が低下したり，可食部の脂質含量（いわゆる，あぶらののり）が低下するが，三倍体化により性成熟に伴うこれらの弊害を防ぐこともできる．なお，三倍体個体であっても成熟した卵や精子が作られる魚種も存在するが，その場合の卵や精子は異数性（aneuploidy）を示す（核相nの倍数からは外れたDNA量をもつ）．そのため，それらの卵や精子から得られた胚には正常な発生能がないようである．

　一方，第一卵割を温度処理あるいは加圧処理により阻害すると，染色体の倍化のみが生じ，四倍体（tetraploid）の作出が可能である．四倍体胚の作出報告は少なくないものの，生残率が極めて低く，成魚まで生育させたという報告は，ニジマスなど一部の魚種に限られている（荒井，2009）．しかし，いったん四倍体個体を作出することに成功すれば，その個体は核相2nの配偶子を形成するため，通常の受精によって四倍体集団の維持が可能となる．作出効率の低さから，四倍体個体そのものは養殖対象として用いられることはないが，四倍体由来の核相2nの配偶子と通常の二倍体由来の核相nの配偶子を受精させることで，通常の交配のみで三倍体集団を確実にかつ大量に得ることが可能である．なお，これらの倍数性の確認には，染色体標本を作製し，その数を計数する方法に加え，フローサイトメーターという機器を用いて個々の細胞にレーザーを照射し，細胞中のDNA量を測定する方法が用いられている．また，三倍体，四倍体の細胞は大型化することを利用して，赤血球の長径によって判定する方法も用いられている．

2-2　三倍体の水産業への応用

　三倍体魚類の作出は，多くの魚種で試みられているが，実用化されている例は，温度処理で容易に，かつ高効率で三倍体化が可能なサケ科魚類に限られている．サケ科魚類の三倍体の場合，上述した通りメスは完全に不妊になり，養殖での有利性が高いが，オスは異数性の少量の精子を生産するため，養殖での有利性が低い．そのため，偽オス由来の精子と通常のメス由来の卵を受精させた後に三倍体化させることで得られる全メス三倍体（性染色体の組み合わせはXXX）を養殖に利用している．実際に，このXXXメス個体は通常個体と比べて産卵期前後の成長がよく，大型化する（Maxime, 2008；Piferrerら，2009）．また，一回産卵型のサケ科魚類やアユは産卵後に斃死するが，三倍体化により寿命が延びることが知られており，これに伴い体サイズも大型化する．実際にヤマメ（*Oncorhynchus masou masou*）やアマゴ（*Oncorhynchus masou ishikawae*）においては，一部の養殖場では大型個体の生産用に三倍体個体が利用されている．さらに，三倍体の不妊という特性そのものを利用している例もある．海外の一部の養殖場では，優良品種の種苗を出荷する場合，遺伝子資源が他社に流出しないよう，種苗を三倍体にすることで不妊化し，自社以外では再生産ができないようにしている．実際に北米で流通しているニジマス種苗のほとんどは三倍体である．

　三倍体化は，致死性雑種，あるいは低生残性雑種の生残率を改善することも知られている．例えば，ニジマスの卵にブラウントラウト（*Salmo trutta*）の精子を受精させた雑種の生残率は極めて低いが，この受精卵に三倍体化処理を施すと，生残率が高くなる（荒井，1989）．同様の雑種三倍体［異質三倍体（allotriploid）とよぶ］は，第1卵割を阻害して作成した四倍体のニジマスから得られた2nの卵に，ブラウントラウトの精子を受精させることでも生産することが可能である．長野県水産試験場は，この四倍体ニジマスを作出し継代しており，これらの個体から得られた核相2nの卵に，アンド

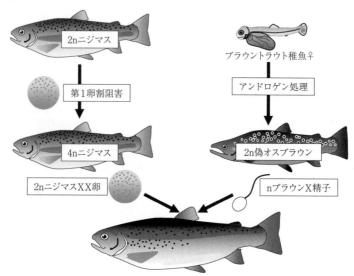

図15-4 全メス異質三倍体（ニジブラ雑種三倍体）の作出方法
第一卵割を阻害することで作出した四倍体ニジマスのメス（XXXX）と，アンドロゲン処理で得られたブラウントラウトの偽オス（XX）を交配することで，全メス三倍体のニジブラ雑種が得られる．

ロゲン処理によって作出した偽オスのブラウントラウトから得られた精子を受精させることで，全メスの異質三倍体を大量生産することに成功している（小原・傳田，2008）（図15-4）この異質三倍体は大型化するのみならず，雑種化に伴い，いくつかのウイルス病に対する抵抗性を獲得している上に，脂質含量も高いという両親よりも優れた特徴を有している．この雑種三倍体系統は信州サーモンと命名され，地域特産品として売り出されている．

近年，養殖場で飼育されている高度に品種改良された個体が飼育施設から逃亡し，これらの個体が野生魚と競合したり，雑種を作出することで野生魚集団の遺伝子組成に影響を与えていることが指摘され始めた．このような問題を解決するためにも，三倍体不妊魚は有効なツールになることが期待されている．

2-3 単為発生

卵のみあるいは精子のみに由来する遺伝情報を用いた発生様式を単為発生とよぶ（第3章参照）．ここでは人為的に単為発生を誘起する方法を紹介するとともに，その利用法について概説する．

紫外線や放射線を照射した精子を受精に用いると，その照射量が低い場合は受精卵の発生が極端に阻害される．しかし，照射量が一定レベルに達すると逆に発生率が高まるという現象が知られている．低線量では精子ゲノム中の突然変異や切断が発生に有害作用を及ぼすが，あるレベルに達すると精子ゲノムは完全に不活性化され，卵ゲノムのみを利用して発生が始まるために，このような現象が起こると解釈されている．精子ゲノムを完全に不活性化した精子を卵に受精させると，その精子は卵の活性化だけに利用され，受精卵は卵由来の遺伝子のみを利用して発生を開始する．この現象を雌性発生（gynogenesis）とよぶ．ただ，その場合，精子が卵内に侵入した直後に第二極体が放出されるため，

核相nの染色体のみを保持する半数体になり，これらの個体は半数体症候群（haploid syndrome）とよばれる極端な発生異常を呈して斃死する（Dunham, 2004）．しかし，照射精子を卵と受精させた後，三倍体を作出する際と同様の方法で第二極体の放出を阻止すれば，母親由来の染色体を2セット保持した個体が得られ，通常個体と同様に発生，生残する（図15-3）．こうして得られた個体は雌性発生二倍体（gynogenetic diploid）とよばれ，組換えがなければ完全なホモ接合の状態となることが予想されるが，実際には第一減数分裂の過程で組換えが起きるためホモ接合体とはならない．しかし，これらの操作を数世代にわたり繰り返すことで，遺伝的にほとんど均一な集団を作り出すことが可能である（荒井，1997）．

XX/XY型の遺伝的性決定を行う種の場合，雌性発生二倍体個体の性染色体の組み合わせは必ずXX型となり，得られる次世代は全メス集団となる．本法は前述のようにメスの商品価値が高い場合に有用な方法であると考えられるが，操作の煩雑さと成功率の問題から，養殖現場での全メス集団の作出には，上述の偽オスを利用する場合がほとんどである．

さらに，上で紹介した第二極体の放出を阻害する方法に加え，紫外線などを照射した精子を用いて発生させた受精卵の第一卵割を阻害することでも，雌性発生二倍体の作出は可能である．ただ，この方法は作成効率がかなり低く，得られる個体の生残率も極端に低い．しかし，一腹仔の遺伝的変異は大きいものの，得られる個体は完全なホモ接合体となるため，得られた個体から再び雌性発生により次世代個体を作出することで，クローン集団の作出も可能となる．2回目の雌性発生時には，組換えが起きてもホモ接合性が保たれるため，この際には成功率が高い第二極体放出阻止が用いられるのが一般的である（荒井，1997；田畑，1989）．

雌性発生とは逆に，γ線やエックス線を用いて卵の遺伝子を不活性化させ，これに通常の精子を受精させることで，精子ゲノムのみからなる胚を作成することができる．これは雄性発生（androgenesis）とよばれるが，このままでは半数体症候群で致死性である．そこで，第一卵割を阻止することで精子由来のゲノムを倍数化させ，雄性発生二倍体を得ることになる．これらの個体は完全なホモ接合体であるが，生残率，作成効率ともに著しく低く，産業応用例は未だ報告されていない．また，異種の卵を借りて雄性発生を行うことも報告されている．この場合は，核ゲノムは精子提供種由来，ミトコンドリアゲノムは卵の提供種由来となり，核−細胞質雑種になる．本技法と後述する精子の凍結保存技法を組み合わせることで，精子さえ凍結保存しておけば，当該種が絶滅した場合も，核ゲノムは絶滅種に由来する魚類個体を誕生させることも可能である（荒井，1997；小野里，1989）．また，このような個体はミトコンドリアゲノムの機能を解析する上での優れたモデル系としても期待されている．

§3. 細胞操作

3-1 精子の凍結保存

魚類の遺伝子資源の長期保存は，生物の多様性保護の立場からも，さらに養殖用の優良品種の保存という意味からも極めて重要である．このために，各都道府県の水産試験場や水族館等の施設で個体の継代飼育が行われている．しかし，継代飼育では飼育施設の事故（給水や曝気の停止など）や，感染症の発生により，当該品種を途絶してしまうリスクが常に存在する．さらに，ゲノム上の転移因子

により，短期間の継代であってもそのゲノムが徐々に変化してしまうことが知られている．このような問題を解決する方策として，卵や精子，あるいは受精卵の凍結保存（cryopreservation）が考えられる．しかし，魚類では，卵，あるいは受精卵の凍結保存はこれまで可能となっていない．一般に，直径が100 μmを超えるサイズの細胞や胚を凍結保存することはできないが，魚卵は通常の細胞や哺乳類の卵と比較すると極めて大きく，そのサイズをゆうに超えている．さらに，卵黄や脂肪分に富むこと，卵膜が厚く凍結保護剤（cryoprotectant）の浸透が悪いことも，魚卵の凍結保存を不可能にしている要因である．一方，精子の凍結保存は多くの魚種で可能となっている（Kopeikaら，2007；Herraezら，2012）．成熟オスから搾出した精液を，ジメチルサルフオキシド（DMSO）や各種の糖（グルコースやトレハロースなど），タンパク質（ウシ血清アルブミンやニワトリ卵黄など）などの凍結保護剤を含む人工精漿で希釈し，液体窒素中で保存することで，精液を受精可能な状態で半永久的に維持することができる．凍結方法には，凍結保護剤を含む人工精漿と混合した精液をドライアイスの上に滴下し，急速に凍結させるペレット法と，ストローの中に同様の混合液を吸い込み，これを液体窒素の液面から数cm離した状態で凍結させる方法があり，どちらの方法を用いるかは魚種によって異なる．前者は簡便であるが，一度に凍結できる精子の量は多くない．後者は専用のストローが必要となり，操作がやや煩雑であるが，一度に大量の精子の凍結することができる．

　精子の凍結保存は，選抜育種で得られた品種の父方の遺伝情報を半永久的に保存することを可能にするだけでなく，交雑種を生産する際にも有用である．卵と精子を提供する種の産卵期が同調していない場合，凍結保存した精子を用いて人工授精を行うことで，はじめて交雑が可能になる．また，飼育環境下では同種であっても雌雄で成熟の時期が同調しないことがある．このような場合も精子を凍結保存しておけば，人工授精によって次世代を作出することができる．さらに，遺伝子改変で得られた品種については，改変された遺伝子をもつ精子を凍結保存しておけば，これを用いて人工授精を行うことで，いつでも目的の個体を作ることが可能となる．

3-2　核移植

　核移植（nuclear transplantation）は，優良形質をもつ個体のクローン（すなわちコピー）を作り出す技術として期待されている．魚類では1960年代から試みられてきた技術であるが，近年メダカ（*Oryzias latipes*）やゼブラフィッシュ（*Danio rerio*）を中心に再現性の高い技術が構築されている．現在までに報告されている研究の多くは，発生途上の胚の細胞から顕微操作により核を単離し，微細なガラス管を用いて除核した卵へと移植するものである．しかし，メダカにおいては成体の体細胞由来の核を用いた核移植法も報告されている（Wakamatsu，2008）．このメダカでの報告では，未受精卵に電気刺激を与えることで単為発生を誘起し，続く第二極体の放出を温度処理で阻害することで，メス由来の染色体を2セット保持している卵，つまり除核していない卵を宿主卵として用いている．初代培養した成体由来の体細胞の核をこの卵に移植すると，生じてくる個体は体細胞を供与した個体（ドナー）のクローンになる（図15-5）．この過程のどの段階でどのようなしくみで卵由来の核が消失し，ドナー核のみで発生が始まるのかは明らかとなっていないが，分化した細胞由来の核を用いて効率よくクローン魚を作出できる点は注目に値する．水産分野においては，優良なニシキゴイ（*Cyprinus carpio*）やキンギョ（*Carassius auratus*）の作出に本法が利用されることが期待されている．しかし，

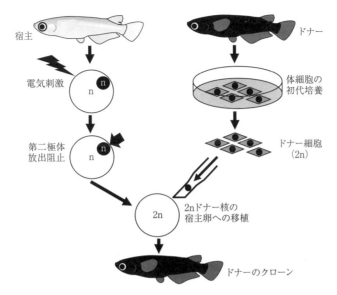

図15-5 クローン魚の作出方法
ドナーの体細胞を初代培養し,その核を雌性発生二倍体の宿主卵に移植することで,宿主卵の核が排除され,ドナー個体のクローンが得られる.

操作の習得に熟練を要するため,本法の利用は,作出する個体が極めて高価な場合に限定されるものと予想される.

3-3 生殖細胞移植

魚類では,上述したように卵や受精卵の凍結保存技術が確立されておらず,遺伝子資源を長期間,安定的に維持する手段がなかった.しかし近年,凍結保存した未熟な生殖細胞を宿主個体に移植することで,移植した生殖細胞を機能的な卵へと改変する技術が開発された.凍結保存,移植する生殖細胞としては,以下に述べるように,性的に未分化な始原生殖細胞(primordial germ cell)か生殖幹細胞(germline stem cell)を用いる.

1) 始原生殖細胞の移植

魚類を含むあらゆる動物の始原生殖細胞は,生殖腺原基の外で誕生し,その後ケモカインの一種であるSdf1に誘引され,生殖腺原基へと移動する(第10章参照).生殖腺原基へと移動中の始原生殖細胞を単離し,胞胚(blastula)の胚盤に移植すると,宿主個体はドナー由来の配偶子を生産することが明らかになっている(山羽,2009)(図15-6 A;生殖細胞欠損胞胚については後述).また,生殖腺原基にたどり着いた直後の始原生殖細胞を単離し,孵化前後の仔魚の腹腔内に移植すると,移植された始原生殖細胞は宿主個体の生殖腺原基へと移動し,そこに取り込まれた後,配偶子形成を再開する(Yoshizakiら,2012)(図15-6 B;三倍体孵化仔魚については後述).しかし,生殖腺原基にたどり着いた後の始原生殖細胞を胞胚に移植した場合や,移動中の始原生殖細胞を仔魚の腹腔内に移植した場合は,移植細胞が生殖腺原基へと移動しないことが示されており,ドナーと宿主の発生段階の適合性が重要であると考えられる.興味深いことに,宿主に移植された始原生殖細胞は,その遺伝的

性に関わらず，宿主がメスであれば卵へ，オスであれば精子へと分化する．このことは，魚類の始原生殖細胞には性的な可塑性（sexual plasticity；性的な可逆性ともいう）があり，性染色体構成とは無関係に，周囲の環境によって卵にも精子にもなれることを意味する．また，始原生殖細胞の移植は同一魚種の個体間のみならず，近縁の異種個体間でも成立し，宿主が生産した異種の配偶子を用いて正常な次世代を生産することも可能となっている．例えば，同属異種の関係にあるパールダニオ（*Danio albolineatus*）とゼブラフィッシュの間での移植で，宿主のゼブラフィッシュがパールダニオの移植細胞に由来する卵と精子を生産することが報告されている．一方，キンギョやドジョウ（*Misgurnus anguillicaudatus*）とゼブラフィッシュのような異属の魚種間では，宿主はドナー由来の精子は生産するものの，卵は生産できない（山羽，2009）．精子形成よりも卵形成の方が，宿主とドナーの魚種の組み合わせの許容範囲が狭いと考えられる．このように遺伝的背景が異なる異種個体間においても一定の遺伝的距離の範囲内であれば移植が成立するのは，宿主個体が免疫系を構築する以前に細胞を移植することにより，免疫拒絶が回避されるからだと考えられる．また，生殖細胞が成熟しないように三倍体化処理を施した宿主個体や，始原生殖細胞の移動や残存に必要な遺伝子をノックダウンすることで，始原生殖細胞を欠損させた宿主個体を用いることで，宿主自身の配偶子は生産させず，ドナー由来の配偶子のみを生産させることも可能である．一方，ニジマスやゼブラフィッシュの始原生殖細胞は，液体窒素中で凍結保存した後でも移植が可能であり，メスの宿主に移植すれば機能的な卵にな

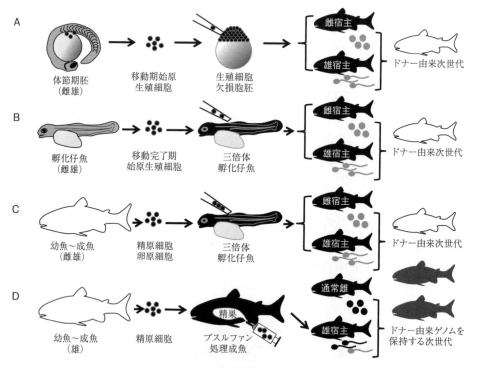

図15-6 魚類の生殖細胞の移植

生殖細胞の移植技術には，A：移動期の始原生殖細胞の胞胚への移植，B：移動完了期の始原生殖細胞の孵化仔魚腹腔内への移植，C：精原細胞，卵原細胞の孵化仔魚腹腔内への移植，D：精原細胞の成魚精巣への移植がある．宿主個体を不妊化することで，ドナー由来の配偶子の作出効率が上昇する．

り得る．凍結保存した細胞から機能的な卵が作出できることになるため，これらの技術は魚類の遺伝子資源の有力な保存法として期待されている．

2）生殖幹細胞の移植

　始原生殖細胞を移植する場合と同様に，生殖幹細胞を含む精巣や卵巣の細胞集団を，始原生殖細胞の移動が完了する前の仔魚の腹腔内に移植すると，移植された生殖幹細胞は宿主の生殖腺原基へと移動し，配偶子形成を再開する．精巣に存在する生殖幹細胞である精原幹細胞（spermatogonial stem cell）は，オスの宿主に移植すると宿主の精巣内で精子へと分化するが，メスの宿主に移植すると宿主の卵巣内で機能的な卵へと分化すること，同様に卵巣に存在する生殖幹細胞である卵原幹細胞（oogonial stem cell）も，宿主の性に応じて精子と卵の両者へと分化可能であることがニジマスで確認されている（吉崎ら，2007）（図15-6C）．生殖幹細胞も始原生殖細胞と同様に，性的な可塑性を保持していることになる．このような性的可塑性は，ブリの精原幹細胞でも確認されている．また，やはり始原生殖細胞の移植の場合と同様に，異種の生殖幹細胞を宿主仔魚に移植することで，異種の配偶子生産を誘起することが可能であるうえ，三倍体の不妊化宿主を用いることで，ドナー種の配偶子のみを生産する代理親魚の作出が可能となっている（吉崎ら，2010）．現在までに，ニジマスの卵や精子を生産するヤマメ，トラフグ（*Takifugu rubripes*）の卵や精子を生産するクサフグ（*Takifugu niphobles*）などが作出されている．精原幹細胞を含む移植用の精巣を凍結保存することもでき，凍結保存された精巣に含まれる精原幹細胞から機能的な卵，精子の両者の生産が可能となっている．以上のように精巣か卵巣さえ入手できれば，そこに含まれる生殖幹細胞を，移植を介して宿主の生殖腺内で配偶子へと改変することが可能となっている．生殖幹細胞は稚魚期や成魚期の生殖腺にも含まれているので，始原生殖細胞を移植する場合のように孵化前後の時期の胚を用意する必要がない点が，生殖幹細胞の移植の大きな特徴である．この点を考慮すると，養殖上有用品種の遺伝子資源の保存には，始原生殖細胞あるいは生殖幹細胞の凍結と移植を，人為管理下で当該種の再生産が困難な場合は，生殖幹細胞の凍結と移植を用いることが適切であろう．また，移植用の生殖幹細胞を試験管内で増殖させる試みも盛んに行われており，これが実用化すれば，試験管内の細胞を宿主に移植するだけで，目的種の卵や精子を大量生産することも可能になると期待される．最近では，生殖幹細胞の移植技術を用いて，クロマグロ（*Thunnus orientalis*）のように親魚が巨大で飼育が難しい魚種の配偶子を，小型で飼育が容易な魚種を代理の親魚として生産する技術の開発も進んでいる．この実験系では，大型魚の配偶子を小型魚に生産させるというメリットのみならず，成熟までに長期間を要する魚種の配偶子を短期間で生産させるというメリットも期待される．実際に上述のクサフグ代理親（surrogate broodstock）は，通常2年は必要なトラフグの精子形成を11カ月で完了している．また，選抜育種を繰り返して行う際の世代期間も短縮できるため，有用系統を育種する際の有効な手段ともなり得る．

　一方，精原幹細胞を成魚の精巣内に直接移植するという技法も開発されている（Lacerdaら，2013）．ブスルファンなどの薬剤処理により宿主個体の生殖細胞を除去した精巣に，ドナー由来の精原幹細胞を移植するという技法である．本法は顕微操作が必要ない上に，移植操作からドナー由来の精子が得られるまでの期間が比較的短いという特徴をもつ（図15-6D）．現在までにナイルティラピアやペヘレイ（*Odontesthes bonariensis*），ゼブラフィッシュで成功例が報告されているが，いずれの報告においても，宿主由来の配偶子生産を完全に抑えることはできない上に，移植細胞に由来する機

能的卵の生産効率も高くはない．

　ニホンウナギ（*Anguilla japonica*）やメダカ，ゼブラフィッシュにおいては，試験管内で未分化な生殖細胞から精子を生産する方法が開発されている（Hong and Hong, 2011）．これらの技法は，精子形成機構を解明する実験手法としては非常に有用であるが，得られる精子数が少ないため，産業応用にはまだ時間がかかりそうである．

§4．おわりに

　本章では，水産応用が期待されている種々の発生工学的技法を紹介した．この分野では日々新しい技術の開発が進んでおり（第14章参照），それらの中には，水産分野への応用の可能性が秘められているものも多いと期待される．今後は，個々の技術の熟成と，水産上有用種を用いた実用化が期待される．

（吉崎悟朗，矢澤良輔，竹内　裕）

文　献

荒井克俊（1989）：異質倍数体．水産増養殖と染色体操作（鈴木　亮編），恒星社厚生閣，pp.82-94．
荒井克俊（1997）：染色体操作．魚類のDNA（青木　宙，隆島史夫，平野哲也編），恒星社厚生閣，pp.32-62．
荒井克俊（2009）：サケ類の性統御．サケ学入門（阿部周一編），北海道大学出版会，pp.119-135．
Baroiller, J. F., D'Cotta, H., Saillant, E. (2009): Environmental effects on fish sex determination and differentiation. *Sex. Dev.*, 3, 118-135.
Cnaani, A., Levavi-Sivan, B. (2009): Sexual development in fish, practical applications for aquaculture. *Sex. Dev.*, 3, 164-175.
Dunham, R. (2004): Aquaculture and Fisheries Biotechnology –Genetic Approach-. CABI Publishing, pp.54-64.
Herraez, P., Cabrita, E., Robles, V. (2012): Fish gamete and embryo cryopreservation: state of the art. In Aquaculture Biotechnology (Fletcher, G. L., Rise, M. L., eds), Wiley-Blackwell, pp.305-317.
Hong, N., Li, Z., Hong, Y. (2011): Fish stem cell cultures. Int. *J. Biol. Sci.*, 7, 392-402.
小原昌和，傳田郁夫（2008）：染色体操作による異質三倍体品種「信州サーモン」の開発．水産育種，37, 61-66．
Kopeika, E., Kopeika, J., Zhang, T. (2007): Cryopreservation of fish sperm. In Cryopreservation and Freeze-Drying Protocols Second Edition (Day, J. G., Stacey, G. N., eds), Humana Press, pp.203-217.
Lacerda, S. M., Costa, G. M., Campos-Junior, P. H., Segatelli, T. M., Yazawa, R., Takeuchi, Y., Morita, T., Yoshizaki, G., Franca, L. R. (2013): Germ cell transplantation as a potential biotechnological approach to fish reproduction. *Fish Physiol. Biochem.*, 39, 3-11.
Maxime, V. (2008): The physiology of triploid fish: current knowledge and comparisons with diploid fish. *Fish and Fisheries*, 9, 67-78.
小野里坦（1989）：雄性発生．水産増養殖と染色体操作（鈴木　亮編），恒星社厚生閣，pp.60-69．
Piferrer, F., Beaumont, A., Falguiere, J. C., Flajshans, M., Haffray, P., Colombo, L. (2009): Polyploid fish and shellfish: production, biology and applications to aquaculture for performance improvement and genetic containment. *Aquaculture*, 293, 125-156.
田畑和男（1989）：雌性発生．水産増養殖と染色体操作（鈴木　亮編），恒星社厚生閣，pp.41-49．
Wakamatsu, Y. (2008): Novel method for the nuclear transfer of adult somatic cells in medaka fish (*Oryzias latipes*): use of diploidized eggs as recipients. Dev. Growth Differ., 50, 427-436.
山羽悦郎（2009）：魚の「からだづくり」の解析と借腹生産．サケ学入門（阿部周一編），北海道大学出版会，pp.137-153．
吉崎悟朗，竹内　裕，奥津智之（2007）：魚類生殖細胞の性質とその生殖工学への応用．蛋白質核酸酵素，52, 2067-2072．
吉崎悟朗，奥津智之，竹内　裕，市川真幸（2010）：魚類配偶子幹細胞のマニピュレーションとその可能性．細胞工学，29, 695-699．
Yoshizaki, G., Okutsu, T., Morita, T., Terasawa, M., Yazawa, R., Takeuchi, Y. (2012): Biological characteristics of fish germ cells and their application to developmental biotechnology. *Reprod. Dom. Anim.*, 47, 187-192.

索 引

あ 行

アキナス構造　110
アクチビン　65
アクチビン様受容体　66
アクチベーター　75
アストロサイト　98
アドヘレンスジャンクション　13
アニマルキャップ　72
　――アッセイ　64
アポトーシス　17
アルカリフォスファターゼ　162
アロマターゼ　109
　――阻害剤　179
アンチセンスオリゴ　169
アンドロゲン　109, 179
　――シャワー　115
異質三倍体　183
移植　159
異数性　183
I 型分裂　107
一次肝門静脈系　137
一次血管系　136
一次造血　132
遺伝学　2
遺伝子　6
　――カスケード　6, 68
　――の発現　6
遺伝的性決定　105
移入　45
囲卵腔　22
インテグリン　13
咽頭弓　124
咽頭嚢　124
鱗　119
A 型精原細胞　111
液性因子　9
エキソサイトーシス　26, 29
エストラジオール-17β　179
エストロゲン　109
エドワード・ルイス　2
エピボリー　36, 49
エフェクター　18
エフリン　96
　――受容体　96

エペンディモグリア　98
エボデボ　3
M 期促進因子　15, 22
エレベーター運動　97
延髄　93
オーガナイザー　1, 54
オーガナイジングセンター　95
オーソログ　9
オーファン受容体　10
オプトジェネティクス　175
オリゴデンドログリア　98
温度依存性　105

か 行

外周リガメント　121, 128
外套層　98
外胚葉　34, 60, 64
蓋板　91
外分泌　26, 29
外翻　94
外来遺伝子　164
核移植　186
核-細胞質雑種　185
核内受容体　126
カスパーゼ　18
割球　35
カドヘリン　13
過分極　27
ガラスキャピラリー　177
顆粒球　131
顆粒膜細胞　21, 107, 109
環境依存的性決定　105
幹細胞　16
　――型　107
陥入　45
間脳　93, 96
間葉-上皮転換　81
器官　12
偽受精　32
鰭条　119
基底膜　13
基板　91
逆遺伝学　2, 168
ギャップジャンクション　14

橋　93
境界溝　91
共焦点レーザー顕微鏡　174
胸腺　134
莢膜細胞　109
筋衛星細胞　154
筋芽細胞　146
筋管細胞　146
筋間中隔　147
筋形成制御因子　146
筋原線維　146
筋節　120, 147
筋線維　146
　――数の増加　153
　――の肥大　153
筋組織　12
筋肉　145
クッパー胞　55
クローン　186
クロマチン　17
　――の脱凝縮　30
クロム親和細胞　91
形質転換成長因子β　65
　――スーパーファミリー　65
形成体　1
ケージド　175
血液　130
血管　130
血管内皮前駆細胞　136
血球　130
結合組織　12
血漿　130
血島　132, 133
ゲノム　164
　――編集　171
ケモカイン　19
原因遺伝子　167
原口背唇部　53, 70
原始線条　67
減数分裂　15, 107
原腸蓋板　56
光学顕微鏡　174
硬骨魚類　4
　――（アミア）の胚の初期血管系

138	雌（単）性発生　26	真骨類　5
硬節　120, 121, 123, 128, 151	雌性ホルモン　109	腎臓　134, 135
抗体　163	実験発生学　1	深層細胞層　40
後脳　75、93	実体顕微鏡　174	伸長　45, 54
後方化因子　78	11-ケトテストステロン　179	真皮　150
抗ミュラー管ホルモン　111	17α-メチルテストステロン　179	腎門静系　137
骨格筋　145	終脳　93, 96	髄脳　93
骨芽細胞　119, 123	――室　94	スクリーニング　171
骨形成タンパク質　53, 67, 73, 92	収斂　45, 54	ステロイド産生細胞　109
コネキシン　14	受精　20	ストローマ領域　110
5脳胞期　93	受精丘　27	性決定　105
コリオン　20	受精能獲得　22	――遺伝子　106
コルチゾル　113	受精膜の形成　29	精原幹細胞　111, 189
	種の特異性　27	精原細胞　20, 104, 108
さ　行	シュペーマンオーガナイザー　54, 62, 67, 70, 72	性差　107
サイクリン　15	受容体　9	精細管　108
――依存性キナーゼ　15	順遺伝学　2, 167	精細胞　23, 108
サイトカイン　10	条鰭類　5	精子　20
細胞外マトリックス　12, 122	小脳　93	――運動開始因子　26
細胞間シグナル因子　9	上皮組織　12	――成熟　23
細胞間膜融合　27, 29	小胞体　28	――変態　23, 24
細胞系譜　159	初期化　17	精小嚢　23
細胞死　17	植物極　22, 37, 49	生殖顆粒　102
細胞質流動　37	女性ホルモン　109	生殖幹細胞　3, 109, 187
細胞周期　15	進化発生生物学　3	生殖細胞　102
細胞接着　12	心筋　145	――のゆりかご　110
――分子　12	神経外胚葉　74	生殖質　102
細胞増殖　14	神経核　89	生殖上皮　109
細胞内膜融合　26	神経管　70, 90	生殖腺　102
細胞分裂抑制因子　22	神経幹細胞　3, 97	――原基　103, 104
雑種第1世代　168	神経索　90	――体細胞　102
3脳胞期　93	神経上皮細胞　97	性ステロイドホルモン　109
三倍体　182	神経組織　12	性染色体　105
ジェームズ・ワトソン　2	神経堤　91, 101, 119	精巣　20, 102
視蓋　95	――細胞　19, 124	成長因子　10
色素細胞　91	神経頭蓋　118	成長ホルモン　177
始原生殖細胞　20, 103, 187	神経板　70, 90	性的な可塑性　188
ジゴギシゲニン　162	神経誘導　70	性的二型　107
支持細胞　107	――因子　74	性転換　105, 112
視床前域　96	人工遺伝子　165	性分化　102, 105
糸状突起　42	人工授精　22, 165	精母細胞　23, 108
視床内境界　96	人工精漿　186	正立顕微鏡　174
シスト　107	人工多能性幹細胞　3, 16	生理的多精受精　31
雌性前核　29, 165	真骨魚　5	脊索　60, 91, 119, 151
雌性先熟　112	――類（ニジマス）胚の初期血管系　140	――鞘　122
雌性発生　32, 184		――前板　60
――二倍体　185		脊髄　75

脊椎骨　117, 118, 128
責任遺伝子　167
赤血球　131
接合子核　30
ゼブラフィッシュ成魚リンパ管系　142
ゼブラフィッシュとメダカの血管系　141
ゼブラフィッシュとメダカのリンパ管系　143
セリンスレオニンキナーゼドメイン　74
セルトリ細胞　107
線維芽細胞増殖因子　64, 77
前核形成　32
栓球　131
全ゲノム重複　8
前後極性　87
染色体操作　181
前神経稜　96
先体　23
　——反応　26
前脳　75
　——胞　93
全能性　16
全メス三倍体　183
繊毛　56
造血幹細胞　135
造血・血管芽細胞　132
早熟受精　22
相同組換え　173
双方向性転換　112
側板中胚葉　55, 58, 120, 132, 133
側方抑制　12
底板　91, 151
組織　12
　——切片　161
速筋線維　147

た 行

帯域　60, 61
体細胞　102
　——分裂　14, 20
第3脳室　94
体節　120
タイトジャンクション　13
第二極体　29, 181
体壁の血管系　137
タイムラプスイメージング　175
第4脳室　94
代理親魚　189
多精拒否機構　30
多精受精　30
手綱核　59
脱分極　27
多糖類　29
多能性　16
多分化能　16
単為発生　181
単球　131
短軀症　128
単精受精　30
単性種苗　179
男性ホルモン　109
単性養殖　181
遅筋線維　147
中間細胞塊　133
中間帯　98
中間脳胞　93
中期胞胚遷移　39, 50
中期胞胚転移　39
中軸骨格　117
中軸中胚葉　60
中内胚葉　46, 61, 68
中脳　75, 93
　——・後脳境界　95
　——室　94
　——胞　93
中胚葉　34, 60
　——誘導因子　64
超オス　180
腸系の血管系　137
椎間板　121
椎体　118, 123
　——間関節　122
T-ボックス型転写因子　68
ディプロテン期　107
デスモゾーム　14
デスリガンド　18
転写　6
　——因子　6
点変異　170
凍結保護剤　186
凍結保存　186

頭骨　117
動物極　21, 37, 49
頭部誘導因子　78
透明帯　30
倒立顕微鏡　174
突然変異体　2
ドナー　160
ドミナントネガティブ　169
トランスジェニック　164
　——メダカ　143
トランスフォーマー　77

な 行

内臓逆位　57
内臓頭蓋　118
内胚葉　34, 60
内部移行　45
内翻　94
軟骨魚類　4
　——胚の初期血管系　138
軟骨内骨化　120
軟質魚類　24
ナンセンス変異　171
II型分裂　107
肉鰭類　5
二次肝門静脈系　137
二次抗体　164
二次造血　132, 134, 135
偽オス　179
偽メス　180
二倍体　182
二本鎖RNA　169
ニューコープセンター　53, 62, 71
ニューロメア　96
ニューロン新生　99
ヌクレアーゼ　172
ネクローシス　17
熱ショック　176
脳室帯　98
濃度勾配　127
脳の性分化　115
囊胚　34
脳胞　93
ノード　55, 66, 67, 70
　——流　56
ノックアウト　170
ノックイン　173

ノックダウン　168	腹側化因子　53	免疫組織化学　163
は 行	ブスルファン　189	モザイク状　165
胚　1	付属骨格　117	戻し交配　168
──発生　1	フランシス・クリック　2	モルフォゲン　10, 54, 65, 67
胚芽層　98	フローサイトメーター　183	
胚環　61	プロゲスチン　21	**や 行**
配偶子　102	分化　16	有性生殖　20
──形成　102	分子生物学　1	雄性前核　22, 30
胚盾　45, 49, 53, 70	分節時計　81	雄性先熟　112
倍数体　22	吻側脳胞　93	雄性発生　185
胚性幹細胞　3, 16	平滑筋　145	雄性ホルモン　109
背側オーガナイザー　54	β-カテニン　11	誘導　1, 16
背側化因子　53	ヘミデスモゾーム　14	有尾両生類胚の初期血管系　136
背側決定因子　50, 64	ペルオキシダーゼ　162	輸精管　24
背側大動脈　135	ペレット法　186	葉状突起　42
胚盤　30, 37, 160	辺縁帯　98	葉足　42
──周縁部　61	ヘンゼン結節　56, 76	翼板　91
──葉下層　45, 67	鞭毛運動　24, 25	4シグナルモデル　62, 67
──葉上層　46	傍軸細胞　149	四倍体　183
発生遺伝学　1	放精　24	
発生学　1	胞胚　34	**ら 行**
発生生物学　1	──腔　64, 72	ライディッヒ細胞　111
パラホルムアルデヒド　162	放卵　24	ラディアルグリア　97, 98
パラログ　9	ホールマウント　162	卵　20
バルジング　43	母性因子　38, 50	卵黄　126
盤割　35	母性効果変異体　51	──吸収静脈　139
ハンス・シュペーマン　1	ホメオティック遺伝子　7	──細胞　40
半数体症候群　185	ホメオティック変異　127	──多核層　40, 53, 62, 63, 71
B型精原細胞　111	ホルモン　10	──蓄積　110
尾芽　50	翻訳　6	──動脈　137, 141
光イオンチャンネル　175		──を吸収する血管　138
光イオンポンプ　175	**ま 行**	卵核　49
皮筋節　150	マーカー遺伝子　16	──胞崩壊　22, 165
微小管　51	マーカータンパク質　16	卵割　20, 34
皮節　120	マイクロインジェクション　160	──腔　42
非相同末端連結　173	巻き込み　45	卵丘細胞層　30
尾側脳胞　93	──運動　60	卵原幹細胞　109, 189
ビタミンA　125	膜電位の変化　31	卵原細胞　20, 104, 107
非中軸中胚葉　77	膜内骨化　120	卵成熟　110
被覆層　40	マニピュレーター　177	──誘起ステロイド　21
尾部造血組織　135	ミオスタチン　170	──誘起物質　21
表現型　2	ミクログリア　98	卵巣　20
表層回転　51	未受精卵　165	──腔　110
表層反応　29	ミトコンドリア雲　50	──コード　114
表層胞　22	未分化生殖腺　103	卵付活　22, 29
ヒルデ・マンゴルド　1	未分節中胚葉　79	卵胞　107
複糸期　107	無顎類無顎類　4	卵母細胞　20, 107

——成熟促進因子　　22
卵膜　20
　　——の硬化　　29
卵門　20, 49
　　——管　25
　　——細胞　21
卵濾胞　107
リガンド　10
リプログラミング　17
菱脳峡　95
菱脳節　124
菱脳胞　93
緑色蛍光タンパク質　114
リンパ管　130
　　——系　142
　　——系発生解剖アトラス　143
　　——内皮　142
リンパ球　132
リンパ節　142
レクチン　29
レセプター　9
レチナール　125
レチノイン酸　58, 77, 125, 128
　　——応答配列　126
　　——分解酵素　127
レポーター遺伝子　165
ロビュール構造　110
濾胞組織　20
ロンボメア　96

アルファベット

A

acrosome　23
　　—— reaction　26
adaxial cell　149
adherence junction　13
alar plate　91
allotriploid　183
amh　106
AMH/MIS　111
amhr2　106
ANB　96
androgen　109
androgenesis　185
aneuploidy　183
animal pole　21, 37

ANR　96
anterior boundary of the neural plate　96
anterior neural ridge　96
apoptosis　17
appendicular skeleton　117
aromatase　109
astrocyte　98
axial skeleton　117

B

Balbiani body　50
basal plate　91
basement membrane　13
blastdisc　30
blastodisc　37
blastomere　35
blastula　34
bleb　42
blood island　132
BMP/Bmp　53, 67, 73, 92, 152
bone morphogenetic protein　53, 67, 73, 92
brain vesicle　93
Buc　102
Buckey ball　102
bulging　43

C

cadherin　13
caged　176
cardiac muscle　146
Cas9　172
caspase　18
Cdk　15
cell adhesion　12
　　—— molecule　12
cell cycle　15
cell death　17
centrum/vertebral body　118
Cerberus ファミリー　58
chemokine　19
chordin　20, 67, 75
Chrd　67, 75
chromosome set manipulation　181
Cilia　56
cleavage　20, 34

clock and wavefront モデル　81
confocal laser scanning microscope　174
connective tissue　12
connexin　14
convergence　45, 54
cortical alveolus　22
cortical reaction　29
cortisol　113
CRISPR/Cas9　171
crRNA　172
cryopreservation　186
cryoprotectant　186
CSF　22
Cxcr4　103
cyclin-dependent kinase　15
cytokine　10
cytoplasmic streaming　37
cytostatic factor　22

D

DCL　40
Decapentaplegic　75
deep cell layer　40
definitive hematopoiesis　132
dermatome　120
dermis　150
dermomyotome　150
dermyotome　150
desmosome　14
developmental biology　1
developmental genetics　1
Dickkopf1　77
diencephalon　93
differentiation　16
DIG　162
digoxigenin　162
diploid　182
discoidal cleavage　35
Dkk1　77
Dmrt1　111
dmrt1by　106
dmy　106
DNA 多型　168
donor　160
dorsal determinant　50
dorsal yolk syncytial layer　53

double strand break 173
double-stranded RNA 169
Dpp 75
DSB 173
dsRNA 169

E

ectoderm 34
Edward B. Lewis 2
EGF-CFC 66
egg 20
—— activation 22
—— envelope 20
—— release 24
embryo 1
embryology 1
embryonic development 1
embryonic shield 45, 49, 53, 70
embryonic stem cell 3, 16
endochondral ossification 120
endoderm 34
ENU 170
enveloping layer 40
ependymoglia 98
ephrin 96
epiblast 46
epiboly 36, 49
epithelial tissue 12
erythrocyte 131
ES 細胞 3, 16
estrogen 109
eversion 94
EVL 40
evo-devo 3
evolutionary developmental biology 3
exocytosis 26
experimental embryology 1
extension 45, 54
external ligament 121
extracellular matrix 12, 122

F

fast muscle fiber 147
fertilization 20
—— cone 27
FGF/Fgf 64, 77, 152

fibroblast growth factor 64, 77
filopodia 42
fin ray 119
floor plate 91, 151
follistatin-like 1b 67, 75
forward genetics 2
fourth ventricle 94
Foxl2 112
Francis H. C. Crick 2
Frizzled 11
Fstl 1b 67, 75

G

gamete 102
gametogenesis 102
gap junction 14
gastrocoel roof plate 56
gastrula 34
gene 6
—— expression 6
—— targeting 178
genetics 2
germ cell 102
germinal epithelium 109
germinal granule 102
germinal vesicle breakdown 22
germline stem cell 3, 109, 187
germplasm 102
GFP 114
gonad 102
gonadal somatic cell 102
granulocyte 131
granulosa cell 21, 107
growth factor 10
gsdfy 106
GVBD 22, 165
gynogenesis 184
gynogenetic diploid 185

H

Hans Spemann 1
haploid syndrome 185
hedgehog 152
hemidesmosome 14
Hensen's node 56, 70
Hilde Mangold 1
homeotic gene 7

homologous recombinaton 173
hormone 10
hox 遺伝子 96, 124
hpv1 137
hypoblast 45, 67

I

in situ ハイブリダイゼーション 161
induced pluripotent stem cell 3
induction 2, 16
ingression 45
integrin 13
intermediate cell mass 133
intermediate zone 98
internalization 45
intervertebral disk 121
intervertebral joint 122
intramembranous ossification 121
invagination 45
inversion 94
inverted microscope 174
involution 45, 60
iPS 細胞 3, 16
irf9 106
isthmus 95

J

James D. Watson 2

K

kidney 134
knockdown 168
knockin 173
knockout 170
Kupffer's vesicle 55

L

lamillipodia 42
lateral inhibition 12
lateral plate mesoderm 120, 132
Leydig cell 111
ligand 10
limiting sulcus 91
lymph node 142

M

male pronucleus 22
mantle layer 98
marginal layer 61
marginal zone 60, 98
maternal factor 38
matrix layer 98
maturation-inducing steroid 21
maturation-inducing substance 21
maturation-promoting factor 22
MBT 39, 50
medulla oblongata 93
meiosis 15, 107
mesencephalic ventricle 94
mesencephalic vesicle 93
mesencephalon 93
mesenchymal-epithelial transition 81
mesendoderm 46, 61
mesoderm 34
MET 81
metencephalon 93
MHB 95
microglia 98
microinjection 160
micropylar canal 25
micropyle 20
mid-blastula transition 39, 50
midbrain-hindbrain boundary 95
midline barrier 58
MIS 21
mitosis 14
molecular biology 1
monocyte 131
monosex culture 181
monospermy 30
morphogen 10
MPF 15, 22
M-phase promoting factor 15, 22
mRNA 161
multipotency 16
muscle fiber 146
―― hyperplasia 153
―― hypertrophy 153
muscle satellite cell 154
muscle tissue 12
myelencephalon 93
myoblast 146
myofibril 146
myogenic regulatory factors 146
myoseptum 147
myotome 120, 147
myotube 146

N

Nanos 102
necrosis 17
nerve tissue 12
N-ethyl-N-nitorosourea 170
neural crest 91
―― cell 19
neural induction 70
neural keel 90
neural plate 70, 90
neural rod 90
neural stem cell 3
neural tube 70
neurocranium 118
neuroepithelial cell 97
neurogenesis 99
neuromere 96
NHEJ 173
Nieuwkoop center 53
no tail 123
Nodal 63, 64, 67, 69
―― flow 56
―― ファミリー 54
node 55, 66, 70
Nog 67, 75
noggin 67, 75
non-homologous endo joining 173
Notch シグナル 12
notochord 91, 151
―― sheath 122
nuclear transplantation 186
nucleus/nuclei 89

O

oligodendroglia 98
oocyte 20, 107
―― maturation 110
oogonial stem cell 109, 189
oogonium/oogonia 20, 107
optic tectum 95
optogenetics 175
organ 12
organizer 1
orphan receptor 10
ortholog/orthologue 9
osteoblast 119
ovarian cavity 110
ovarian follicle 107

P

paralog/paralogue 9
parthenogenesis 26, 181
perivitelline space 22
PFA 162
pharyngeal arch 124
pharyngeal pouch 124
phenotype 2
physiological polyspermy 31
pluripotency 16
polyploid 22
polyspermy 30
precocious fertilization 22
prethalamus 96
primitive hematopoiesis 132
primordial germ cell 20, 103, 187
progestin 21
prosencephalic vesicle 93
pseudofemale 180
pseudomale 180

R

radial glia 97
Ras-MAP キナーゼ経路 64
receptor 9
reprogramming 17
retinoic acid 77
reverse genetics 2
rhombencephalic vesicle 93
rhombomere 96, 124
RNAi 169
roof plate 91

S

scale 119
sclerotome 120, 151
Sdf1 103
second polar body 181

segmentation cavity　　42
segmentation clock　　81
seminal lobule　　23
seminiferous tubule/testis cord　　108
Sertoli cell　　102, 107
sex chromosome　　105
sex determination　　105
sex determining region Y-box 32　　69
sex difference　　107
sexual differentiation　　102
sexual dimorphism　　107
sexual plasticity　　188
sgRNA　　172
Shh　　92, 121
short-gastrulation　　75
single-guide RNA　　172
situs inversus　　57
skeletal muscle　　145
skull　　117
slow muscle fiber　　147
Smad　　65, 74
SMIF　　26
smooth muscle　　146
Sog　　75
somatic cell　　102
sonic hedgehog　　92, 121
sox3　　106
Sox32　　69
Sox9　　111
sperm　　20
sperm maturation　　23
sperm motility initiation factor　　26
sperm release　　24
spermatid　　23, 108
spermatocyte　　23, 108
spermatogonium/spermatogonia　　20, 108
spermatogonial stem cell　　111, 189
spermiogenesis　　23
Sry　　106
stem cell　　16
stereo microscope　　174
steroidogenic cell　　109
striated muscle　　145
stromal compartment　　110
super male　　180

T

tailbud　　50
TALEN　　171
Tbx16　　67
telencephalic ventricle　　94
telencephalon　　93
teleost　　5
testis　　102
tetraploid　　183
TGF-β　　65
――スーパーファミリー　　65, 73
theca cell　　109
third ventricle　　94
thrombocyte　　131
thymus　　134
tight junction　　13
tissue　　12
―― section　　161
Tolloid ファミリー　　54
totipotency　　16
tracrRNA　　172
transcription　　6
―― factor　　6
transforming growth factor-β　　65
translation　　6
triploid　　182

U

upright microscope　　174

V

Vasa　　102
vegetal pole　　22, 37
Vegt　　67
ventral thalamus　　96
ventricular zone　　98
vertebral column　　117
via　　137, 141
visceral cranium　　118
vitellogenesis　　110

W

Wnt　　11, 67, 77
Wnt/β-カテニンシグナル　　11, 52, 71
Wnt4　　112
W 染色体　　105

X

X 染色体　　105
XX/XY 型　　179

Y

Y 染色体　　105
yolk cell　　40
yolk syncytial layer　　40, 62
YSL　　40, 62

Z

Z 染色体　　105
ZFN　　171
ZLI　　96
zona limitans intrathalmica　　96

魚類発生学の基礎 （ぎょるいはっせいがくのきそ） 2018年9月20日　初版第1刷発行	編　者　大久保範聡・吉崎悟朗・越田澄人 © 　　　　（おおくぼかたあき　よしざきごろう　こしだすみと） 発行者　片　岡　一　成 発行所　恒星社厚生閣 　　　〒160-0008　東京都新宿区四谷三栄町3番14号 　　　電話 03（3359）7371（代） 　　　http://www.kouseisha.com/ 印刷・製本　シナノ

ISBN978-4-7699-1485-3　C3045
定価はカバーに表示してあります

JCOPY ＜(社)出版者著作権管理機構　委託出版物＞
本書の無断複写は著作権上での例外を除き禁じられています．複写される場合は，その都度事前に，(社)出版社著作権管理機構（電話03-3513-6969，FAX03-3513-6979，e-maili:info@jcopy.or.jp）の許諾を得て下さい．

好評発売中

増補改訂版 魚類生理学の基礎

会田勝美・金子豊二 編

B5判・278頁・定価（本体3,800円＋税）

魚類生理学の定番テキストとして好評を得た前書を，新知見が集積されてきたことにふまえ，内容を大幅に改訂．生体防御，生殖，内分泌など進展著しい生理学分野の新知見，そして魚類生理の基本的事項を的確にまとめる．［主な目次］1章 総論　2章 神経系　3章 呼吸・循環　4章 感覚　5章 遊泳　6章 内分泌　7章 生殖　8章 変態　9章 消化・吸収　10章 代謝　11章 浸透圧調節・回遊　12章 生体防御　［執筆者］会田勝美・足立伸次・天野勝文・植松一眞・潮秀樹・大久保範聡・金子豊二・黒川忠英・神原淳・小林牧人・末武弘章・鈴木譲・田川正朋・塚本勝巳・難波憲二・半田岳志・三輪理・山本直之・渡邊壯一・渡部終五

水圏生物科学入門

会田勝美 編

B5判・256頁・定価（本体3,800円＋税）

水生生物をこれから学ぶ方の入門書．幅広く海洋学，生態学，生化学，養殖などの基礎は勿論，現在の水産業が直面する問題を簡潔にまとめた．主な内容と執筆者　1. 水圏の環境（古谷 研・安田一郎）　2. 水圏の生物と生態系（金子豊二・塚本勝巳・津田 敦・鈴木 譲・佐藤克文）　3. 水圏生物の資源と生産（青木一郎・小川和夫・山川 卓・良永知義）　4. 水圏生物の化学と利用（阿部宏喜・渡部終五・落合芳博・岡田 茂・吉川尚志・木下滋晴・金子 元・松永茂樹）　5. 水圏と社会との関わり（黒倉 寿，松島博英・黒萩真悟・山下東子・日野明徳・生田和正・清野聡子・有路昌彦・古谷 研・岡本純一郎・八木信行）

魚類生態学の基礎

塚本勝巳 編

B5判・336頁・定価（本体4,500円＋税）

生態学の各分野の第一人者と新鋭の研究者が，これから生態学を学ぶ人たちに向けて書き下ろした魚類生態学ガイドブック．概論，方法論，各論に分け，コンパクトに解説．［主な目次］第1部　概論［1 環境・2 生活史・3 行動・4 社会・5 集団と種分化・6 回遊］第2部　方法論［7 形態観察・8 遺伝子解析・9 耳石解析・10 安定同位体分析・11 行動観察・12 個体識別・13 バイオロギング］第3部　各論［14 変態と着底・15 生残と成長・16 性転換・17 寿命と老化・18 採餌生態・19 捕食と被食・20 産卵と子の保護・21 攻撃・22 なわばり・23 群れ行動・24 共生・25 個体数変動・26 外来種による生態系の攪乱］

水産資源のデータ解析入門

赤嶺達郎 著

B5判・180頁・定価（本体3,200円＋税）

本書は水産資源のみならず，生物資源管理を十全に行うための基礎となるデータ解析について，対話形式で平易に解説した入門書．これまであまり紹介されていない水産資源解析の歴史や，確率分布を用いた数値計算・モデル構築の基本を丁寧に説明．前著「水産資源解析の基礎」と併用することで，資源解析の全てをマスターできる．〔目次〕1. 水産資源解析の歴史　2. 連立方程式の解法　3. 混合正規分布　4. 成長式あれこれ　5. 個体数推定は難しい？　6. ベイズ統計と生態学　7. 落ち穂拾い　8. 標準偏差の不偏推定は n−1 で割る？　9. ウォリスの公式再び　10. オイラー　11. 円周率と確率分布

改訂 魚病学概論 第二版

小川和夫・室賀清邦 編

B5判・214頁・定価（本体3,800円＋税）

本書は，好評を得た「改訂 魚病学概論」を最新情報に基づき内容を更新したもので，病名・病原体名の変更のみならずウナギのヘルペスウイルス性鰓弁壊死症やアサリのブラウンリング病など4つの新疾病を新たに加え，第二版として出版．試験場，研究者，学生，企業に必要な最新情報を提供．〔目次〕第1章　序論（魚病学の歴史，魚病学の領域と意義）　第2章　魚類の生体防御，第3章　ウイルス病，第4章　細菌病，第5章　真菌病，第6章　原虫病，第7章　粘液胞子虫病，第8章　寄生虫病，第9章　環境性疾病およびストレス，第10章　栄養性疾病，第11章　感染症の診断法と病原体の分離・培養法，索引・宿主（学名）一覧

恒星社厚生閣